熱物理学・統計物理学演習

―キッテルの理解を深めるために―

沼居貴陽 著

丸善出版

はしがき

　熱物理学と統計物理学は，それら自身が重要なのはもちろん，電磁気学や量子力学などとともに，固体物理学の基礎を支えている大切な分野です．しかし，電気・電子系の学科では，熱物理学や統計物理学といった科目が，かならずしも開講されているわけではありません．このような学科では，固体物理学の講義の中で簡単な説明があれば，まだよいほうです．ましてや，これらの科目の演習は，一部の物理学科を除いては，ほとんどないのが実状です．これでは，固体物理の勉強をするときに難しいと感じるのは，無理もありません．だからといって，自分で教科書を読んでみても，それだけでは，なかなか本質をつかむことはたいへんで，数式に振り回されてしまうというのが，正直なところでしょう．理解への近道は，やはり，自分で演習問題を解いてみることだと思います．本書は，このような状況を踏まえて，筆者が北海道大学助教授時代に，ゼミの学生を指導するために作成したノートをまとめたものです．レベルとしては，学部上級から大学院修士課程までの内容を含んでおり，大学院受験の準備にもなると考えています．たとえば，『キッテル 熱物理学』第2版(丸善)などと併用すると，効果的でしょう．参考のために，本書の内容と大学院入試(類題の出題校)との関係を表にまとめました．また，研究開発に従事している社会人にとっても，基礎を固めるのに役立つと思われます．いずれにせよ，この演習書が，少しでも熱物理学と統計物理学の理解の手助けになれば幸いです．

　本書では，前半に基礎事項と演習問題をまとめ，後半にその解答を示しました．基礎事項は，演習問題を解くために必要な内容を整理したもので，なるべく本書だけで独立した演習書として利用できるよう心がけました．問題を一目見てピンとこなかったら，ぜひ基礎事項の該当箇所を勉強してみてください．きっと，ヒントが隠されているはずです．また，演習問題は，関連するものをなるべく隣接す

るように配置しています．そのため，続けて問題を解くことで，いくつかの問題に共通する考え方(これが本質的な部分だと思います)をつかむことができると期待しています．そして，問題を解き終わったら，本書の解答と比べてみるだけでなく，ぜひデータブックなどを参照して，数値を代入し，計算してほしいと思います．物理量のオーダーをつかんでおくことは，研究開発に従事する上で，とても大切なことだからです．また，解答を終えた後で基礎事項を復習するのも，理解を深めるのに有効でしょう．参考文献にあげた，教科書や専門書などと併用すると，いっそう効果があると思います．

なお，解答については，念には念を入れたつもりですが，もし考え違いや誤りがあれば，なるべく早い機会に訂正したいので，ご連絡いただけると幸いです．

最後に，筆者が，これまで研究や若手の指導に従事してくることができたのは，学生時代からご指導いただいている東京大学名誉教授(元慶應義塾大学教授)霜田光一先生，慶應義塾大学教授上原喜代治先生，東海大学教授(元慶應義塾大学教授)藤岡知夫先生，慶應義塾大学教授小原實先生のおかげであり，ここで改めて感謝したいと思います．また，本書をまとめるにあたり，ひとかたならぬお世話になった丸善株式会社出版事業部第二出版部長の桑原輝明氏，編集の本間正信氏はじめ多くの方々にお礼を申し上げます．

2001 年 1 月

沼 居 貴 陽

はしがき v

本書の内容と大学院入試との関係 (1–4 章)

基礎事項/演習問題		類題の出題校
基礎事項 1.2	多重度関数	University of California, Berkeley, Princeton University
基礎事項 1.5	熱平衡とエントロピー	九州大学，青山学院大学，早稲田大学
基礎事項 1.6	温度	九州大学，早稲田大学
基礎事項 1.7	熱力学の法則	九州大学
演習問題 1.3	量子調和振動子	高知大学
基礎事項 2.1	ボルツマン因子	京都大学
基礎事項 2.2	分配関数	北海道大学
基礎事項 2.3	熱容量と比熱	東京大学，神戸大学
基礎事項 2.6	ヘルムホルツの自由エネルギー	九州大学
基礎事項 2.7	分配関数とヘルムホルツの自由エネルギーとの関係	東京大学，九州大学
演習問題 2.1	二つの状態をもつ系	東北大学，九州大学，広島大学
演習問題 2.3	調和振動子	北海道大学，高知大学
演習問題 2.6	二原子分子の回転	Princeton University
演習問題 2.9	高分子の弾性	東京大学，筑波大学
基礎事項 3.2	プランクの法則とシュテファン–ボルツマンの放射法則	東京大学，東京工業大学
基礎事項 3.3	固体中のフォノン—デバイの理論	東北大学，東京大学，京都大学，九州大学，青山学院大学，早稲田大学
演習問題 3.7	地球の表面温度	東京大学, University of California, Berkeley
演習問題 3.9	熱放射の圧力	東京大学
演習問題 3.10	光子気体の等エントロピー膨張	University of California, Berkeley
演習問題 3.11	光子気体の自由エネルギー	北海道大学
演習問題 3.13	熱遮断	名古屋大学
演習問題 3.14	反射による熱遮断	京都大学
演習問題 3.16	光子とフォノンの熱容量	東北大学，東京大学，名古屋大学，東京工業大学，東京都立大学
基礎事項 4.4	ギブス因子とギブス和	京都大学
演習問題 4.1	2 準位系に対するギブス和	University of California, Berkeley, Princeton University
演習問題 4.2	正イオンと負イオンの状態	東北大学，広島大学
演習問題 4.5	O_2 分子の多重捕獲	東北大学, Princeton University
演習問題 4.8	半導体中の不純物原子のイオン化	東北大学，広島大学

本書の内容と大学院入試との関係 (5–6 章)

基礎事項/演習問題		類題の出題校
基礎事項 5.1	フェルミ–ディラック分布関数	東北大学, 京都大学, 九州大学, 広島大学
基礎事項 5.2	ボーズ–アインシュタイン分布関数	東北大学, 名古屋大学, 京都大学, 九州大学, 広島大学
基礎事項 5.4	単原子理想気体	東北大学, 東京大学, 名古屋大学, 京都大学
基礎事項 5.6	可逆な等エントロピー膨張	東京大学, University of California, Berkeley
基礎事項 5.7	分子から構成される理想気体	東京大学, University of California, Berkeley
演習問題 5.1	フェルミ–ディラック分布関数	電気通信大学
演習問題 5.11	混合のエントロピー	東北大学, 東京大学
演習問題 5.12	大きな揺らぎが生じるための時間	京都大学
演習問題 5.13	遠心分離器	University of California, Berkeley, Princeton University
演習問題 5.14	高度による大気圧の変化	東京大学
演習問題 5.17	重力場における気体	東京大学
演習問題 5.22	理想気体における等温膨張と等エントロピー過程	神戸大学, University of California, Berkeley
演習問題 5.26	ディーゼルエンジンにおける圧縮	東京大学
演習問題 5.27	内部自由度をもつ原子の気体	東京大学, University of California, Berkeley
基礎事項 6.1	フェルミ気体	京都大学, 九州大学, 慶應義塾大学
基礎事項 6.2	状態密度	九州大学, 慶應義塾大学
基礎事項 6.3	電子気体の比熱	東北大学, 東京大学, 京都大学, University of California, Berkeley
基礎事項 6.4	ボーズ気体とアインシュタイン凝縮	東北大学, 九州大学
演習問題 6.1	1 次元および 2 次元の状態密度	九州大学
演習問題 6.3	縮退したフェルミ気体	京都大学, University of California, Berkeley
演習問題 6.4	化学ポテンシャルと温度の関係	東北大学, 京都大学
演習問題 6.5	フェルミ気体としての ^3He	東北大学, 九州大学
演習問題 6.10	縮退したボーズ気体	東北大学, 京都大学
演習問題 6.14	化学ポテンシャルと濃度の関係	京都大学, University of California, Berkeley

本書の内容と大学院入試との関係 (7–14 章)

基礎事項/演習問題		類題の出題校
基礎事項 7.2	熱機関	東北大学, University of California, Berkeley
基礎事項 7.3	冷却機	東北大学
基礎事項 7.4	カルノー・サイクル	九州大学, Princeton University
演習問題 7.3	光子のカルノー機関	東北大学, 東京大学, 東京工業大学, 東京都立大学
基礎事項 8.1	ギブスの自由エネルギー	青山学院大学
基礎事項 9.1	蒸気圧方程式	学習院大学
演習問題 9.1	ファン・デル・ワールス気体	東京大学, 京都大学
演習問題 9.2	水に対する dT/dp	University of California, Berkeley
演習問題 9.7	超伝導状態への転位 (2)	Princeton University
基礎事項 11.2	ジュール–トムソン効果による気体の液化	東京大学
演習問題 11.1	ファン・デル・ワールス気体としてのヘリウム	東京大学
基礎事項 11.5	消磁冷却の初期温度	東京大学, University of California, Berkeley
基礎事項 12.1	真性半導体	北海道大学, 東北大学, 東京大学, 早稲田大学
基礎事項 12.2	不純物半導体	東京大学, 電気通信大学
演習問題 12.5	わずかにドープされた半導体	東京大学
演習問題 12.7	抵抗率と不純物濃度	東北大学, 東京大学, 大阪大学, 東京工業大学, 電気通信大学, 名古屋工業大学
演習問題 12.9	ビルトイン電場	慶應義塾大学
基礎事項 13.1	理想気体の法則の運動論	東京大学
基礎事項 13.2	輸送過程	慶應義塾大学
基礎事項 13.4	希薄気体の法則	東京大学, University of California, Berkeley
演習問題 13.1	マクスウェル分布における平均速度	東京工業大学, 電気通信大学
演習問題 13.4	金属の熱伝導率	University of California, Berkeley
基礎事項 14.1	拡散方程式と熱伝導方程式	Princeton University
基礎事項 14.4	固定境界条件をもつ拡散	青山学院大学
演習問題 14.5	p–n 接合：一定の表面濃度からの不純物の拡散	名古屋大学, 名古屋工業大学

目　次

1. **エントロピーと温度** ... 1
   - 1.1 状態と多重度 ... 1
   - 1.2 多重度関数 ... 1
   - 1.3 閉じた系における確率 ... 4
   - 1.4 もっとも確からしい配列 ... 5
   - 1.5 熱平衡とエントロピー ... 6
   - 1.6 温　度 ... 7
   - 1.7 熱力学の法則 ... 8
   - 演習問題 ... 8

2. **ボルツマン分布とヘルムホルツの自由エネルギー** ... 10
   - 2.1 ボルツマン因子 ... 10
   - 2.2 分配関数 ... 11
   - 2.3 熱容量と比熱 ... 12
   - 2.4 圧　力 ... 12
   - 2.5 熱力学の恒等式 ... 13
   - 2.6 ヘルムホルツの自由エネルギー ... 14
   - 2.7 分配関数とヘルムホルツの自由エネルギーとの関係 ... 14
   - 演習問題 ... 15

3. **熱放射とプランク分布** ... 19
   - 3.1 プランク分布関数 ... 19
   - 3.2 プランクの法則とシュテファン–ボルツマンの放射法則 ... 20

x　目　次

   3.3　固体中のフォノン—デバイの理論 ———————————— 22
       演 習 問 題 ———————————————————————— 24

4　化学ポテンシャルとギブス分布 ———————————————— 29
   4.1　化学ポテンシャル ———————————————————— 29
   4.2　化学ポテンシャルとエントロピー ————————————— 30
   4.3　熱力学の恒等式 —————————————————————— 32
   4.4　ギブス因子とギブス和 —————————————————— 32
   4.5　ポアソン分布 ——————————————————————— 35
       演 習 問 題 ———————————————————————— 36

5　理 想 気 体 ——————————————————————————— 40
   5.1　フェルミ–ディラック分布関数 ——————————————— 40
   5.2　ボーズ–アインシュタイン分布関数 ————————————— 41
   5.3　古典分布関数 ——————————————————————— 42
   5.4　単原子理想気体 —————————————————————— 43
   5.5　可逆な等温膨張 —————————————————————— 46
   5.6　可逆な等エントロピー膨張 ————————————————— 46
   5.7　分子から構成される理想気体 ———————————————— 46
       演 習 問 題 ———————————————————————— 48

6　フェルミ気体とボーズ気体 ——————————————————— 55
   6.1　フェルミ気体 ——————————————————————— 55
   6.2　状 態 密 度 ——————————————————————— 56
   6.3　電子気体の比熱 —————————————————————— 57
   6.4　ボーズ気体とアインシュタイン凝縮 ————————————— 57
       演 習 問 題 ———————————————————————— 59

7　熱 と 仕 事 ——————————————————————————— 63
   7.1　熱 と 仕 事 ——————————————————————— 63
   7.2　熱 機 関 ————————————————————————— 63
   7.3　冷 却 機 ————————————————————————— 66

	7.4 カルノー・サイクル	67
	演 習 問 題	68

8 ギブスの自由エネルギーと化学反応 — 72
8.1	ギブスの自由エネルギー	72
8.2	反応における平衡	73
	演 習 問 題	75

9 相 転 移 — 78
9.1	蒸気圧方程式	78
9.2	ファン・デル・ワールスの状態方程式	80
	演 習 問 題	81

10 二 元 化 合 物 — 85
10.1	溶解度ギャップ	85
10.2	混合のエネルギーと混合のエントロピー	86
	演 習 問 題	86

11 低 温 物 理 — 89
11.1	膨張エンジンによる冷却	89
11.2	ジュール–トムソン効果による気体の液化	90
	演 習 問 題	91

12 半導体の統計 — 95
12.1	真 性 半 導 体	95
12.2	不 純 物 半 導 体	98
12.3	非 平 衡 半 導 体	100
	演 習 問 題	102

13 運 動 論 — 104
13.1	理想気体の法則の運動論	104
13.2	輸 送 過 程	106
13.3	ボルツマンの輸送方程式	110

13.4 希薄気体の法則 113
      演習問題 114

14 伝　搬 117
  14.1 拡散方程式と熱伝導方程式 117
  14.2 分　散　関　係 118
  14.3 媒質内での温度の振動 118
  14.4 固定境界条件をもつ拡散 119
      演習問題 119

演習問題の解答 123

付録 A　熱物理学・統計物理学における物理量の関係 249
  A.1 エントロピー σ, S 249
  A.2 温度 T, τ 249
  A.3 分配関数 Z 250
  A.4 熱容量 C_V 250
  A.5 圧力 p 250
  A.6 ヘルムホルツの自由エネルギー F 250
  A.7 化学ポテンシャル μ 251
  A.8 基本温度 τ，圧力 p，化学ポテンシャル μ 251
  A.9 熱力学の恒等式 252
  A.10 ギブス和 $\mathcal{Z}$ 252
  A.11 エンタルピー H 252
  A.12 ギブスの自由エネルギー G 252

参　考　文　献 255

索　引 257

1　エントロピーと温度

基 礎 事 項

1.1　状態と多重度

　エネルギーや粒子数など観測される物理量が，時間に依存しない状態，すなわち定常的な量子状態にある系を考える．おのおのの量子状態は，はっきりと決まったエネルギーをもつ．そして，同一のエネルギーをもつ量子状態は，同じエネルギー準位に属しているという．また，一つのエネルギー準位に属する量子状態の数を**多重度** (multiplicity) あるいは**縮退度** (degeneracy) という．熱物理学や統計物理学において重要なのは，量子状態の数であって，エネルギー準位の数ではないことに注意してほしい．また，1粒子系の量子状態は，**軌道** (orbital) ともよばれる．

1.2　多重度関数

　例として，空間に固定された N 個の区別できる場所に置かれた基本磁石を考えよう．ここで，基本磁石とは，上向きか下向きか，どちらか一方の向きだけをとることができる磁石であり，それぞれの向きに対応する磁気モーメントは $\pm m$ である．全磁気モーメント M の可能な組合せは，

$$M = Nm,\ (N-2)m,\ (N-4)m,\ (N-6)m,\ \cdots,\ -Nm \tag{1.1}$$

である．いま，N を偶数，s を整数として，$N_\uparrow = \frac{1}{2}N + s$ 個の基本磁石が上向きで，$N_\downarrow = \frac{1}{2}N - s$ 個の基本磁石が下向きであると仮定する．このとき，

$$N_\uparrow - N_\downarrow = 2s \tag{1.2}$$

を**スピン差** (spin excess) という．なお，基本磁石の略語として，**スピン** (spin) という言葉がよく用いられる．

さて，系のあらゆる状態は，

$$(\uparrow + \downarrow)^N = \sum_s \frac{N!}{\left(\frac{1}{2}N+s\right)!\left(\frac{1}{2}N-s\right)!} \uparrow^{\frac{1}{2}N+s} \downarrow^{\frac{1}{2}N-s} \tag{1.3}$$

と表すことができる．ここで，$\uparrow^{\frac{1}{2}N+s}\downarrow^{\frac{1}{2}N-s}$ の係数 $g(N,s)$ は，$\frac{1}{2}N + s$ 個の基本磁石が上向きで，$\frac{1}{2}N - s$ 個の基本磁石が下向きである状態の数を示している．この状態数 $g(N,s)$ は**多重度関数** (multiplicity function) とよばれ，次式で与えられる．

$$g(N,s) = \frac{N!}{\left(\frac{1}{2}N+s\right)!\left(\frac{1}{2}N-s\right)!} = \frac{N!}{N_\uparrow! N_\downarrow!} \tag{1.4}$$

この多重度関数 $g(N,s)$ の自然対数をとると，次式のようになる．

$$\ln g(N,s) = \ln N! - \ln\left(\frac{1}{2}N+s\right)! - \ln\left(\frac{1}{2}N-s\right)! \tag{1.5}$$

ここで，**スターリングの近似** (Stirling approximation) を用いると，$N \gg 1$ のとき，

$$N! \simeq (2\pi N)^{1/2} N^N \exp\left(-N + \frac{1}{12N} + \cdots\right) \tag{1.6}$$

だから，

$$\ln g(N,s) \cong \frac{1}{2}\ln\left(\frac{2}{\pi N}\right) + N\ln 2 - \frac{2s^2}{N} \tag{1.7}$$

となる．したがって，

$$g(N,s) \cong g(N,0)\exp\left(-\frac{2s^2}{N}\right), \quad g(N,0) \simeq \left(\frac{2}{\pi N}\right)^{1/2} 2^N \tag{1.8}$$

が導かれる．このような分布は，**ガウス分布** (Gaussian distribution) とよばれる．図 1.1 は，式 (1.4) と式 (1.8) を $N = 4, 10, 100$ の場合についてプロットしたもの

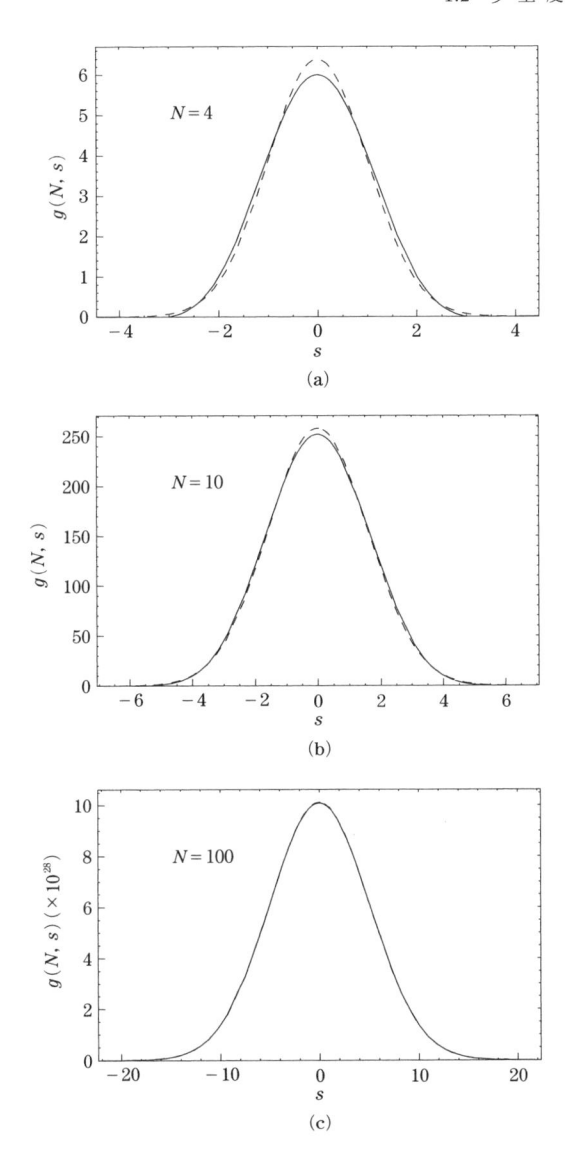

図 1.1　二項係数 $g(N, s)$ に対する多重度関数 (実線) とガウス分布関数 (破線)

である．実線が式 (1.4) で表される多重度関数，破線が式 (1.8) のガウス分布関数である．N が大きくなるにつれて，両者がよく一致してくることがわかる．

なお，基本磁石のスピン量子数は 1/2 であり，このように半整数のスピン (量子数) をもつ粒子を**フェルミ粒子** (fermion) という．そして，式 (1.4) は，フェルミ粒子に対する多重度関数となっている．このような系が複数個存在するときの状態数 g は，

$$N \to N_j, \qquad s \to s_j$$

と置き換えて，

$$g = \prod_j g(N_j, s_j) \tag{1.9}$$

となる．ここで，j は j 番目の系を示している．整数のスピン (量子数) をもつ粒子，すなわちボーズ粒子に対する状態数は，問題 1.3 で扱う．

1.3 閉じた系における確率

これから**閉じた系** (closed system) について考える．閉じた系では，そのエネルギー，粒子数，体積が一定であり，また系に影響を及ぼしうる電場，磁場などすべての外部パラメーターも一定な値をもつ．そして，許される量子状態のうちで，閉じた系がどの状態をとるかという可能性は，どの量子状態に対しても等しいと仮定する．

一つの閉じた系が，g 個の許された状態をとることができ，そしてどの状態をとる可能性も等しいとする．この系が量子状態 s に見いだされる確率 $P(s)$ は，状態 s が許される状態のとき，

$$P(s) = \frac{1}{g} \tag{1.10}$$

であり，状態 s が許されない状態のとき $P(s) = 0$ である．また，次の規格化条件を満たす．

$$\sum_s P(s) = 1 \tag{1.11}$$

確率 $P(s)$ によって記述される系において，物理量 X の平均値 $\langle X \rangle$ は，

$$\langle X \rangle = \sum_s X(s) P(s) \tag{1.12}$$

であり，閉じた系に対しては，

$$\langle X \rangle = \sum_s X(s) \frac{1}{g} \tag{1.13}$$

となる．一方，閉じていない系に対しては，確率 $P(s)$ は，エネルギー U と粒子数 N に依存する．

1.4　もっとも確からしい配列

二つの系 $\mathcal{S}_1$ と $\mathcal{S}_2$ が接触しており，エネルギーが一つの系から他の系に自由に移動できるとする．このような接触を**熱的接触** (thermal contact) という．二つの系が接触すると，一つのより大きな閉じた系 $\mathcal{S} = \mathcal{S}_1 + \mathcal{S}_2$ が形成され，エネルギー $U = U_1 + U_2$ は，一定に保たれる．

全エネルギーのもっとも確からしい分配は，結合系の許される状態数が最大になるような分配である．そして，結合系の多重度関数 $g(N,s)$ は，次式で与えられる．

$$g(N,s) = \sum_{s_1} g_1(N_1, s_1) g_2(N_2, s - s_1) \tag{1.14}$$

例として，熱的に接触している二つのスピン系を考えよう．結合系の多重度関数は，$s_2 = s - s_1$ の関係を用いて，次のように表される．

$$g_1(N_1, s_1) g_2(N_2, s_2) = g_1(N_1, 0) g_2(N_2, 0) \exp\left[-\frac{2s_1^2}{N_1} - \frac{2(s-s_1)^2}{N_2}\right] \tag{1.15}$$

この自然対数をとると，

$$\ln g_1(N_1, s_1) g_2(N_2, s_2) = \ln g_1(N_1, 0) g_2(N_2, 0) - \frac{2s_1^2}{N_1} - \frac{2(s-s_1)^2}{N_2} \tag{1.16}$$

となる．これが極値をとる条件は，

$$\frac{\partial}{\partial s_1} [\ln g_1(N_1, s_1) g_2(N_2, s_2)] = -\frac{4s_1}{N_1} + \frac{4(s-s_1)}{N_2} = 0 \tag{1.17}$$

である．また，

$$\frac{\partial^2}{\partial s_1{}^2}\left[\ln g_1(N_1,s_1)g_2(N_2,s_2)\right] = -4\left(\frac{1}{N_1}+\frac{1}{N_2}\right) < 0 \tag{1.18}$$

だから，この場合の極値は極大値である．極大値をとるときの s_1, s_2 をそれぞれ $\hat{s}_1$, $\hat{s}_2$ と表すと，式 (1.17) から

$$\frac{\hat{s}_1}{N_1} = \frac{\hat{s}_2}{N_2} = \frac{s}{N} \tag{1.19}$$

となる．式 (1.15) に式 (1.19) を代入すると，

$$(g_1g_2)_{\max} = g_1(N_1,0)g_2(N_2,0)\exp\left(-\frac{2s^2}{N}\right) \tag{1.20}$$

が得られる．結合系の多重度関数の鋭さをしらべるために

$$s_1 = \hat{s}_1 + \delta, \qquad s_2 = \hat{s}_2 - \delta \tag{1.21}$$

とおくと，

$$g_1(N_1,s_1)g_2(N_2,s_2) = (g_1g_2)_{\max}\exp\left(-\frac{2\delta^2}{N_1}-\frac{2\delta^2}{N_2}\right) \tag{1.22}$$

と表される．

1.5 熱平衡とエントロピー

一定のエネルギー $U = U_1 + U_2$ をもち，熱的に接触している任意の二つの系を考える．結合系の多重度関数 $g(N,U)$ は，

$$g(N,U) = \sum_{U_1} g_1(N_1,U_1)g_2(N_2,U-U_1) \tag{1.23}$$

で与えられる．なお，$U \geq U_1$ を満たす，すべての U_1 に対して和をとる．

熱平衡の条件は，多重度関数 $g(N,U)$ が極大値をとる条件，すなわち

$$dg = \left(\frac{\partial g_1}{\partial U_1}\right)_{N_1} g_2\, dU_1 + g_1\left(\frac{\partial g_2}{\partial U_2}\right)_{N_2} dU_2 = 0, \qquad dU_1 + dU_2 = 0 \tag{1.24}$$

である．この式から

$$\frac{1}{g_1}\left(\frac{\partial g_1}{\partial U_1}\right)_{N_1} = \frac{1}{g_2}\left(\frac{\partial g_2}{\partial U_2}\right)_{N_2} \tag{1.25}$$

すなわち，

$$\left(\frac{\partial \ln g_1}{\partial U_1}\right)_{N_1} = \left(\frac{\partial \ln g_2}{\partial U_2}\right)_{N_2} \tag{1.26}$$

が得られる．

ここで，**エントロピー** (entropy)

$$\sigma(N, U) \equiv \ln g(N, U) \tag{1.27}$$

を導入すると，熱平衡の条件は，

$$\left(\frac{\partial \sigma_1}{\partial U_1}\right)_{N_1} = \left(\frac{\partial \sigma_2}{\partial U_2}\right)_{N_2} \tag{1.28}$$

と表される．

1.6 温　　度

二つの系が熱平衡状態にある場合，二つの系の温度は等しい．すなわち，次式が成り立つ．

$$T_1 = T_2 \tag{1.29}$$

また，絶対温度 T は，**ボルツマン定数** (Boltzmann constant) k_B とエントロピー σ を用いて，次のように表される．

$$\frac{1}{T} = k_B \left(\frac{\partial \sigma}{\partial U}\right)_N \tag{1.30}$$

$$k_B = 1.381 \times 10^{-23} \text{ J} \cdot \text{K}^{-1} = 1.381 \times 10^{-16} \text{ erg} \cdot \text{K}^{-1} \tag{1.31}$$

また，**基本温度** (fundamental temperature) τ は，次式で与えられる．

$$\frac{1}{\tau} = \left(\frac{\partial \sigma}{\partial U}\right)_N, \qquad \tau = k_B T \tag{1.32}$$

なお，古典的な熱力学の定義では，エントロピー S は，次式で与えられる．

$$\frac{1}{T} = \left(\frac{\partial S}{\partial U}\right)_N, \qquad S = k_B \sigma \tag{1.33}$$

1.7 熱力学の法則

第0法則 二つの系が，それぞれ第3の系と熱平衡にあるならば，二つの系は互いに熱平衡でなければならない．これは，$\tau_1 = \tau_3$ かつ $\tau_2 = \tau_3$ ならば $\tau_1 = \tau_2$ であることを意味する．

第1法則 熱はエネルギーの一形態である．

第2法則 二つの系が熱的に接触すると，全エントロピーは常に増加する．エントロピーを増加させる諸因子として，粒子を加える，エネルギーを加える，体積を増す，分子を分解する，線形高分子を曲げることなどがある．

第3法則 系のエントロピーは，温度がゼロに近づくと一定値に近づく．

演習問題

1.1 エントロピーと温度 多重度関数 $g(U) = CU^{3N/2}$ を考える．ここで，C は定数，N は粒子数である．

(a) エネルギー U を基本温度 τ の関数として求めよ．

(b) エントロピーを σ とするとき，$(\partial^2 \sigma / \partial U^2)_N$ が負であることを示せ．

1.2 常磁性 磁場(磁束密度 B)の中に，1個あたり磁気モーメント m をもつスピンが，N 個おかれている．また，スピンが，ガウス分布をとっているとする．このとき，基本温度 τ において，磁化の割合

$$\frac{M}{Nm} = \frac{2\langle s \rangle}{N}$$

の平衡値は，いくらか？ただし，スピン差は $2s$ である．

1.3 量子調和振動子

(a) $N (\gg 1)$ 個の量子調和振動子から構成される系を考える．それぞれの量子調和振動子は任意の数の状態をとることができ，一つの状態のエネルギーは $\hbar\omega$ である．ここで，$\hbar$ はディラック定数，ω は量子調和振動子の角振動数である．この系の全エネルギー U が $n\hbar\omega$ であるとき，系のエントロピー σ を全量子数 n の関数として求めよ．

(b) 系の全エネルギー U と量子調和振動子の個数 N の関数として，エントロピーを $\sigma(U, N)$ の形で表せ．また，全エネルギー U を基本温度 τ の関数として表せ．

1.4 「決して起こらない」の意味　100 億 ($= 10^{10}$) 匹のサルが，宇宙の年齢，すなわち 10^{18} s の間，ずっとタイプライターに向かっていると仮定する．そして，1 匹のサルは，1 秒間に 10 個のキーを打つことができるとする．タイプライターには 44 個のキーがあり，大文字のかわりに小文字をタイプしてもよいことにする．シェイクスピアの『ハムレット』が 10^5 文字で書かれていると仮定して，サルたちは『ハムレット』を打ち出すことができるだろうか？

(a) ランダムにタイプした一連の 10^5 個の文字が，正しい順番 (『ハムレット』の順番) に並んでいる確率を求めよ．

(b) 宇宙の年齢の間に，サルが『ハムレット』を完成させる確率を計算せよ．

1.5 二つのスピン系のエントロピーの加算　それぞれの多重度関数が $g_1(N_1, s_1)$, $g_2(N_2, s - s_1)$ であり，$N_1 \simeq N_2 = 10^{22}$ 個のスピンをもつ二つの系を考える．

(a) $s_1 = \hat{s}_1 + 10^{11}$ かつ $s = 0$ に対して，

$$\frac{g_1 g_2}{(g_1 g_2)_{\max}}$$

を計算せよ．

(b) $s = 10^{20}$ の場合，$(g_1 g_2)_{\max}$ を何倍すると $\sum_{s_1} g_1(N_1, s_1) g(N_2, s - s_1)$ に等しくなるか？この因子の大体のオーダーを求めよ．

(c) 問題 1.5(b) で求めた因子を無視すると，エントロピーにおける誤差の割合はどれくらいになるか？

1.6 偏差の積分　基礎事項 1.4 の例でとりあげた「熱的に接触している二つのスピン系」に対して，平衡値からの偏差の割合 δ/N_1 が 10^{-10} 以上になる確率を計算せよ．

2 ボルツマン分布とヘルムホルツの自由エネルギー

基 礎 事 項

2.1 ボルツマン因子

問題にしている系 $\mathcal{S}$ が，**熱浴** (resorvoir) とよばれる非常に大きな系 $\mathcal{R}$ と熱平衡にあるとする．全系 $\mathcal{R}+\mathcal{S}$ は閉じた系であり，全エネルギー $U_0 = U_\mathcal{R} + U_\mathcal{S}$ は一定である．

これから，系 $\mathcal{S}$ が量子状態 s をとる確率を考えよう．このとき，系 $\mathcal{S}$ はエネルギー ϵ_s をもち，熱浴 $\mathcal{R}$ はエネルギー $U_0 - \epsilon_s$ をもつ．系 $\mathcal{S}$ の状態は指定されているから，系 $\mathcal{S}$ の状態数は $g_\mathcal{S} = 1$ である．したがって，全系の可能な状態数 $g_{\mathcal{R}+\mathcal{S}}$ は，次のように熱浴 $\mathcal{R}$ がとりうる状態数 $g_\mathcal{R}$ に等しくなる．

$$g_{\mathcal{R}+\mathcal{S}} = g_\mathcal{R} \times g_\mathcal{S} = g_\mathcal{R} \times 1 = g_\mathcal{R} \tag{2.1}$$

系 $\mathcal{S}$ が量子状態 s をとる確率 $P(\epsilon_s)$ と状態数 $g_\mathcal{R}$ との間には，次のような関係がある．

$$\frac{P(\epsilon_1)}{P(\epsilon_2)} = \frac{g_\mathcal{R}(U_0 - \epsilon_1)}{g_\mathcal{R}(U_0 - \epsilon_2)} = \frac{\exp[\sigma_\mathcal{R}(U_0 - \epsilon_1)]}{\exp[\sigma_\mathcal{R}(U_0 - \epsilon_2)]}$$
$$= \exp[\Delta\sigma_\mathcal{R}] \tag{2.2}$$

ただし，$\sigma_\mathcal{R}$ は熱浴 $\mathcal{R}$ のエントロピーであり，

$$\Delta\sigma_\mathcal{R} \equiv \sigma_\mathcal{R}(U_0 - \epsilon_1) - \sigma_\mathcal{R}(U_0 - \epsilon_2) \tag{2.3}$$

とおいた．ここで，$\sigma_\mathcal{R}(U_0 - \epsilon_s)$ を $\sigma_\mathcal{R}(U_0)$ のまわりでテイラー展開すると

$$\sigma_\mathcal{R}(U_0 - \epsilon_s) = \sigma_\mathcal{R}(U_0) - \epsilon_s \left(\frac{\partial \sigma_\mathcal{R}}{\partial U}\right)_{V,N} + \frac{1}{2!} {\epsilon_s}^2 \left(\frac{\partial^2 \sigma_\mathcal{R}}{\partial U^2}\right)_{V,N} + \cdots$$

$$= \sigma_\mathcal{R}(U_0) - \frac{\epsilon_s}{\tau} + \cdots \tag{2.4}$$

となるから，式 (2.3) は次のように書き換えられる．

$$\Delta \sigma_\mathcal{R} = -\frac{\epsilon_1 - \epsilon_2}{\tau} \tag{2.5}$$

したがって，式 (2.2) は次のように表される．

$$\frac{P(\epsilon_1)}{P(\epsilon_2)} = \frac{\exp(-\epsilon_1/\tau)}{\exp(-\epsilon_2/\tau)} \tag{2.6}$$

ここで現れた $\exp(-\epsilon_s/\tau)$ を**ボルツマン因子** (Boltzmann factor) という．

2.2 分 配 関 数

系が量子状態 s をとるとき，この系がエネルギー ϵ_s をもつとする．このとき，**分配関数** (partition function) $Z(\tau)$ を次式で定義する．

$$Z(\tau) = \sum_s \exp\left(-\frac{\epsilon_s}{\tau}\right) \tag{2.7}$$

この分配関数 $Z(\tau)$ を用いると，系 $\mathcal{S}$ が量子状態 s をとる確率 $P(\epsilon_s)$ は，

$$P(\epsilon_s) = \frac{1}{Z} \exp\left(-\frac{\epsilon_s}{\tau}\right), \quad \sum_s P(\epsilon_s) = 1 \tag{2.8}$$

と表される．また，系の平均エネルギー $U = \langle \epsilon_s \rangle$ は，次のようになる．

$$U = \sum_s \epsilon_s P(\epsilon_s) = \frac{1}{Z} \sum_s \epsilon_s \exp\left(-\frac{\epsilon_s}{\tau}\right) = \tau^2 \frac{\partial}{\partial \tau} \ln Z \tag{2.9}$$

なお，最後の等号は，次の関係から導かれたものである．

$$\frac{\partial}{\partial \tau} \ln Z = \frac{\partial Z}{\partial \tau} \frac{\partial}{\partial Z} \ln Z = \frac{1}{Z} \cdot \frac{1}{\tau^2} \sum_s \epsilon_s \exp\left(-\frac{\epsilon_s}{\tau}\right) \tag{2.10}$$

2.3 熱容量と比熱

系の体積 V が一定の場合，**熱容量** (heat capacity) C_V は，

$$C_V \equiv \tau \left(\frac{\partial \sigma}{\partial \tau}\right)_V \tag{2.11}$$

で定義される．粒子数が一定ならば，後述の式 (2.23) を用いて，次式のように表される．

$$C_V \equiv \left(\frac{\partial U}{\partial \tau}\right)_V \tag{2.12}$$

なお，単位質量あたりの熱容量を**比熱** (specific heat) というが，両者を区別しないで使っていることも多い．

2.4 圧　　力

エネルギー ϵ_s をもつ量子状態 s を考える．そして，ϵ_s が系の体積 V の関数であると仮定する．いま，外部から力を加え，体積が V から $V - \Delta V$ まで，ゆっくり減少したとする．すなわち，圧縮される間，系は同じ量子状態にとどまっているとする．

体積変化後の系のエネルギーは，次式で与えられる．

$$\epsilon_s(V - \Delta V) = \epsilon_s(V) - \frac{d\epsilon_s}{dV}\Delta V + \cdots \tag{2.13}$$

一方，圧力によって系に加えられた力学的仕事は，次のように系のエネルギー変化として現れる．

$$U(V - \Delta V) - U(V) = \Delta U = -\frac{d\epsilon_s}{dV}\Delta V + \cdots \tag{2.14}$$

また，立方体の一つの面の面積を A，圧力を p_s とすると，

$$\Delta U = p_s \Delta V = p_s A(\Delta x + \Delta y + \Delta z) \tag{2.15}$$

という関係がある．ただし，$\Delta x, \Delta y, \Delta z$ は，系が圧縮されるとき正の値をとるとした．これを式 (2.14) と比較すると，次式が得られる．

$$p_s = -\frac{d\epsilon_s}{dV} \tag{2.16}$$

平均の圧力 $\langle p_s \rangle = p$ は，式 (2.16) をすべての状態に対して平均することによって求められ，次のようになる．

$$p = -\left(\frac{\partial U}{\partial V}\right)_\sigma \tag{2.17}$$

ただし，$U = \langle \epsilon_s \rangle$ であり，エントロピー σ が一定であることに注意してほしい．

粒子数 N が一定の場合，エントロピー σ は，エネルギー U と体積 V だけに依存する．したがって，次式が成り立つ．

$$d\sigma(U, V) = \left(\frac{\partial \sigma}{\partial U}\right)_V dU + \left(\frac{\partial \sigma}{\partial V}\right)_U dV \tag{2.18}$$

エントロピー σ が一定の場合，

$$\left(\frac{\partial \sigma}{\partial U}\right)_V (\delta U)_\sigma + \left(\frac{\partial \sigma}{\partial V}\right)_U (\delta V)_\sigma = 0 \tag{2.19}$$

となる．ここで，

$$\frac{(\delta U)_\sigma}{(\delta V)_\sigma} \equiv \left(\frac{\partial U}{\partial V}\right)_\sigma \tag{2.20}$$

と定義し，式 (1.32) と式 (2.17) を用いると

$$\left(\frac{\partial U}{\partial V}\right)_\sigma = -\tau \left(\frac{\partial \sigma}{\partial V}\right)_U = -p \tag{2.21}$$

が得られる．すなわち，圧力 p は，次のように表すこともできる．

$$p = \tau \left(\frac{\partial \sigma}{\partial V}\right)_U \tag{2.22}$$

2.5 熱力学の恒等式

式 (1.32) と式 (2.22) を用いて式 (2.18) を書き換えると，

$$\tau d\sigma = dU + p \, dV \tag{2.23}$$

となる．これは，**熱力学の恒等式** (thermodynamic indentity) とよばれている．ここで，粒子数 N が一定であることに注意してほしい．

2.6 ヘルムホルツの自由エネルギー

温度が一定の場合，熱力学において系の安定性を決める指標として，ヘルムホルツの自由エネルギー (Helmholtz free energy) F が，次式で定義されている．

$$F \equiv U - \tau\sigma \tag{2.24}$$

ヘルムホルツの自由エネルギー F が果たす役割は，通常の力学過程でエネルギー U が果たす役割と同様である．通常の力学過程では，エントロピー σ は一定に保たれ，安定な状態ではエネルギー U が極小値をとる．これに対し，一定温度，一定体積のもとで系が安定ならば，ヘルムホルツの自由エネルギー F は，他のすべての変化に関して極小値をとる．

さて，式 (2.23) と式 (2.24) から，

$$\mathrm{d}F = \mathrm{d}U - \tau\mathrm{d}\sigma - \sigma\mathrm{d}\tau = -\sigma\mathrm{d}\tau - p\,\mathrm{d}V \tag{2.25}$$

が得られる．したがって，エントロピー σ と圧力 p は，次のように表すこともできる．

$$\sigma = -\left(\frac{\partial F}{\partial \tau}\right)_V \quad , \quad p = -\left(\frac{\partial F}{\partial V}\right)_\tau \tag{2.26}$$

温度が一定の場合，式 (2.24) と式 (2.26) から，圧力 p は

$$p = -\left(\frac{\partial U}{\partial V}\right)_\tau + \tau\left(\frac{\partial \sigma}{\partial V}\right)_\tau \tag{2.27}$$

と表現することもできる．第 1 項のエネルギー圧力 $-(\partial U/\partial V)_\tau$ は，固体で支配的である．一方，第 2 項のエントロピー圧力 $\tau(\partial\sigma/\partial V)_\tau$ は，気体や弾性高分子で支配的である．

2.7 分配関数とヘルムホルツの自由エネルギーとの関係

式 (2.9)，式 (2.24)，式 (2.26) から，

$$F = U + \tau\left(\frac{\partial F}{\partial \tau}\right)_V \quad , \quad U = -\tau^2\frac{\partial}{\partial \tau}\left(\frac{F}{\tau}\right) = \tau^2\frac{\partial \ln Z}{\partial \tau} \tag{2.28}$$

という関係が得られる．したがって，

$$F = -\tau \ln Z \tag{2.29}$$

が導かれる．

例として，1個のスピンについて考えてみよう．分配関数 Z は，

$$Z = \exp\left(\frac{mB}{\tau}\right) + \exp\left(-\frac{mB}{\tau}\right) = 2\cosh\left(\frac{mB}{\tau}\right) \tag{2.30}$$

で与えられるから，ヘルムホルツの自由エネルギー F は，

$$F = -\tau \ln Z = -\tau \ln\left[2\cosh\left(\frac{mB}{\tau}\right)\right] \tag{2.31}$$

となる．

演習問題

2.1 二つの状態をもつ系

(a) 系が二つの状態をもち，それぞれの状態のエネルギーを 0, ϵ とする．この系に対する，ヘルムホルツの自由エネルギー F を基本温度 τ の関数として求めよ．

(b) ヘルムホルツの自由エネルギー F から，系のエネルギー U とエントロピー σ を計算せよ．また，エントロピー σ を τ/ϵ の関数として図示せよ．

2.2 磁気感受率

(a) 磁場(磁束密度 B)におけるスピンを考える．スピンの濃度を n，1個のスピンの磁気モーメントを $\pm m$ とするとき，磁化 M と感受率 $\chi \equiv dM/dB$ を求めよ．

(b) ヘルムホルツの自由エネルギーを求め，その結果を基本温度 τ とパラメーター

$$x \equiv \frac{M}{nm}$$

の関数として表せ．

(c) $mB \ll \tau$ の極限で，感受率が

$$\chi = \frac{nm^2}{\tau}$$

であることを示せ．

2.3 調和振動子 1次元の調和振動子は，等間隔で無限に並んだエネルギー状態をもっている．そのエネルギーは $\epsilon_s = s\hbar\omega$ であり，s は 0 または正の整数，ω は振動子の古典的な角振動数である．なお，状態 $s = 0$ のエネルギーを 0 としている．

(a) 調和振動子に対するヘルムホルツの自由エネルギー F を求めよ．
(b) エントロピー σ を求めよ．
(c) この系の体積が一定の場合の熱容量 C_V を求めよ．

2.4 エネルギーの揺らぎ 熱浴と熱的に接触している，体積が一定の系を考える．系のエネルギーを ϵ とするとき，ϵ の揺らぎの 2 乗平均が

$$\langle (\epsilon - \langle \epsilon \rangle)^2 \rangle = \tau^2 \left(\frac{\partial U}{\partial \tau} \right)_V \tag{2.32}$$

と表されることを示せ．ここで，U は平均エネルギー $\langle \epsilon \rangle$ である．

2.5 オーバーハウザー効果 熱浴が系と熱的に接触している．そして，熱浴の外部に機械的あるいは電気的な装置があるとする．この場合，適切な装置を用いれば，熱浴が系に量子エネルギー ϵ を与えるときはいつでも，熱浴のエネルギーに $\alpha\epsilon$ を加えることができる．このとき，熱浴のエネルギーの正味の増加は $(\alpha - 1)\epsilon$ となる．このような系のエネルギーが ϵ である確率 $P(\epsilon)$ を求めよ．

2.6 二原子分子の回転 分子は回転することができ，これに応じた運動エネルギーをもつ．回転運動を量子化すると，二原子分子のエネルギー準位は，次のような形で表される．

$$\epsilon(j) = j(j+1)\epsilon_0 \tag{2.33}$$

ここで，j はゼロ以上の整数である．また，それぞれの回転準位の多重度は，

$$g(j) = 2j + 1 \tag{2.34}$$

である．
(a) 一つの分子の回転準位に対する分配関数 $Z_R(\tau)$ を求めよ．
(b) $\tau \gg \epsilon_0$ の場合，$Z_R(\tau)$ はどうなるか？
(c) $\tau \ll \epsilon_0$ の場合，$Z_R(\tau)$ はどうなるか？
(d) 問題 2.6(b), (c) 両方の極限において，エネルギー U と熱容量 C を τ の関数として求めよ．また，U と C を図示せよ．

2.7 ジッパーの問題 ジッパーは N 個の接合部をもっている．そして，それぞれの接合部は，エネルギー 0 の閉じた状態と，エネルギー ϵ の開いた状態をもつ．また，ジッパーは，左の端からのみ開けることができる．そして，接合部 s は，その左側のすべての接合部 $(1, 2, \ldots, s-1)$ がすでに開いているときのみ，開くことができるとする．
(a) 分配関数 Z を求めよ．
(b) $\epsilon \gg \tau$ の極限において，開いている接合部の数の平均値を求めよ．

2.8 二つの系に対する分配関数 二つの独立な系 1 と 2 が同一の基本温度 τ で熱的に接触している．このとき，分配関数 $Z(1+2)$ を求めよ．

2.9 高分子の弾性 1 次元系の熱力学の恒等式は，

$$\tau d\sigma = dU - f dl \tag{2.35}$$

である．ここで f は系に対して加えられた外力，dl は系の伸びである．式 (2.22) との類推から，次式が得られる．

$$-\frac{f}{\tau} = \left(\frac{\partial \sigma}{\partial l}\right)_U \tag{2.36}$$

なお，力の向きは，通常の圧力の方向とは逆である．

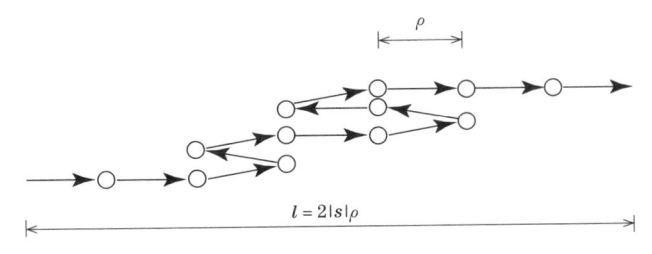

図 2.1 N 個の接合部をもつ鎖状高分子

ここで，図 2.1 のような N 個の接合部をもつ鎖状高分子を考えよう．それぞれの接合部の長さは ρ で，また接合部が右を向く確率と左を向く確率が等しいとする．

(a) 先頭から終端までの長さが $l = 2|s|\rho$ となるような配置の組み合わせの数を求めよ．

(b) $|s| \ll N$ に対して，エントロピー $\sigma(l)$ を求めよ．

(c) 伸びの長さが l のとき，力 f はどうなるか?

3 熱放射とプランク分布

基礎事項

3.1 プランク分布関数

一つのモードに s 個の光子 (photon) が存在する場合,この状態のエネルギー ϵ_s は,

$$\epsilon_s = s\hbar\omega \tag{3.1}$$

である.ここで,s は 0 以上の整数,ω は電磁波の角振動数である.なお,零点エネルギー $\frac{1}{2}\hbar\omega$ は省略している.

このとき,分配関数 Z は,

$$Z = \sum_s \exp\left(-\frac{s\hbar\omega}{\tau}\right) = \frac{1}{1-\exp(-\hbar\omega/\tau)} \tag{3.2}$$

であり,系がエネルギー $s\hbar\omega$ をもつ状態 s にある確率 $P(s)$ は,

$$P(s) = \frac{1}{Z}\exp\left(-\frac{s\hbar\omega}{\tau}\right) \tag{3.3}$$

となる.したがって,光子数の熱平均値 $\langle s \rangle$ は,

$$\langle s \rangle = \sum_{s=0}^{\infty} sP(s) = \frac{1}{Z}\sum_{s=0}^{\infty} s\exp\left(-\frac{s\hbar\omega}{\tau}\right) \tag{3.4}$$

すなわち,

$$\langle s \rangle = \frac{1}{\exp(\hbar\omega/\tau)-1} \tag{3.5}$$

で与えられる.これは,光子数の熱平均値に対する**プランク分布関数** (Planck distribution function) である.式 (3.5) をプロットすると,図 3.1 のようになる.

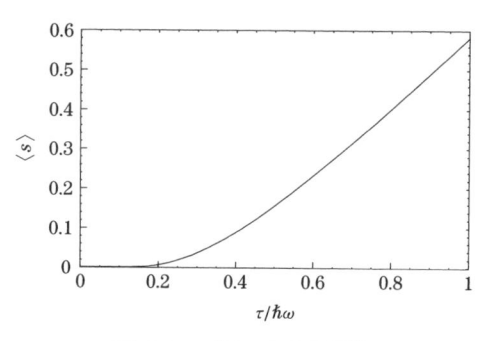

図 **3.1** プランク分布関数

3.2 プランクの法則とシュテファン–ボルツマンの放射法則

一つのモードに対して，光子の熱平均エネルギー $\langle \epsilon \rangle$ は，

$$\langle \epsilon \rangle = \langle s \rangle \hbar \omega = \frac{\hbar \omega}{\exp(\hbar \omega / \tau) - 1} \tag{3.6}$$

である．ここで，空洞 (cavity) 内に存在する電磁波の定在波モードを考えよう．空洞が1辺の長さ L の立方体であり，立方体の各面が導体でできているとする．このとき，電場の x, y, z 成分は，0以上の整数を用いて，次のように表すことができる．

$$\begin{aligned}
E_x &= E_{x0} \sin \omega t \cos\left(\frac{n_x \pi x}{L}\right) \sin\left(\frac{n_y \pi y}{L}\right) \sin\left(\frac{n_z \pi z}{L}\right) \\
E_y &= E_{y0} \sin \omega t \sin\left(\frac{n_x \pi x}{L}\right) \cos\left(\frac{n_y \pi y}{L}\right) \sin\left(\frac{n_z \pi z}{L}\right) \\
E_z &= E_{z0} \sin \omega t \sin\left(\frac{n_x \pi x}{L}\right) \sin\left(\frac{n_y \pi y}{L}\right) \cos\left(\frac{n_z \pi z}{L}\right)
\end{aligned} \tag{3.7}$$

これらの式を波動方程式

$$c^2 \left(\frac{\partial^2}{\partial x^2} + \frac{\partial^2}{\partial y^2} + \frac{\partial^2}{\partial z^2} \right) E_z = \frac{\partial^2 E_z}{\partial t^2} \tag{3.8}$$

に代入すると，

$$c^2 \pi^2 \left(n_x{}^2 + n_y{}^2 + n_z{}^2 \right) = \omega^2 L^2 \tag{3.9}$$

が得られる．ただし，c は真空中の光速である．ここで，

$$n \equiv \left(n_x{}^2 + n_y{}^2 + n_z{}^2 \right)^{1/2} \tag{3.10}$$

を導入すると，角振動数は

$$\omega_n = \frac{n\pi c}{L} \tag{3.11}$$

と表される．

空洞内の光子の全エネルギー U は，二つの偏波方向を考慮して，

$$\begin{aligned}
U &= \sum_n \langle \epsilon_n \rangle = \sum_n \frac{\hbar \omega_n}{\exp(\hbar \omega_n / \tau) - 1} \\
&= 2 \times \frac{1}{8} \int_0^\infty dn\, 4\pi n^2 \frac{\hbar \omega_n}{\exp(\hbar \omega_n / \tau) - 1} \\
&= \frac{\pi^2 \hbar c}{L} \int_0^\infty dn\, n^3 \frac{1}{\exp(\pi \hbar c n / \tau L) - 1}
\end{aligned} \tag{3.12}$$

である．ここで，

$$x \equiv \frac{\pi \hbar c n}{\tau L} \tag{3.13}$$

とおくと，

$$\begin{aligned}
U &= \frac{\pi^2 \hbar c}{L} \left(\frac{\tau L}{\pi \hbar c} \right)^4 \int_0^\infty dx\, \frac{x^3}{\exp x - 1} \\
&= \frac{\pi^2 \hbar c}{L} \left(\frac{\tau L}{\pi \hbar c} \right)^4 \times \frac{\pi^4}{15}
\end{aligned} \tag{3.14}$$

となる．したがって，

$$\frac{U}{V} = \frac{\pi^2}{15 \hbar^3 c^3} \tau^4 \tag{3.15}$$

が導かれる．ただし，$V = L^3$ である．この式は，シュテファン-ボルツマンの放射法則 (Stefan–Boltzmann law of radiation) として知られている．

また，式 (3.12) を書き換えると，

$$\frac{U}{V} = \int_0^\infty d\omega\, u_\omega = \frac{\hbar}{\pi^2 c^3} \int_0^\infty d\omega\, \frac{\omega^3}{\exp(\hbar \omega / \tau) - 1} \tag{3.16}$$

だから

$$u_\omega = \frac{\hbar}{\pi^2 c^3} \frac{\omega^3}{\exp(\hbar \omega / \tau) - 1} \tag{3.17}$$

が得られる．ここで，u_ω はスペクトル密度 (spectral density) であり，式 (3.17) はプランクの放射則 (Planck radiation law) である．

体積が一定のとき，式 (3.15) を式 (2.23) に代入すると，

$$d\sigma = \frac{4\pi^2 V}{15\hbar^3 c^3}\tau^2 d\tau \tag{3.18}$$

となる．したがって，エントロピー $\sigma(\tau)$ は，

$$\sigma(\tau) = \frac{4\pi^2 V}{45}\left(\frac{\tau}{\hbar c}\right)^3 \tag{3.19}$$

と表される．

また，**放射エネルギー流束密度** (radiant flux density) J_U は，単位面積あたりのエネルギー放出の割合として定義され，

$$J_U = \frac{cU(\tau)}{4V} = \frac{\pi^2 \tau^4}{60\hbar^3 c^2} = \sigma_B T^4 \tag{3.20}$$

$$\begin{aligned}\sigma_B &\equiv \frac{\pi^2 k_B{}^4}{60\hbar^3 c^2} = 5.67\times 10^{-8}\,\mathrm{W\cdot m^{-2}\cdot K^{-4}} \\ &= 5.67\times 10^{-5}\,\mathrm{erg\cdot cm^{-2}\cdot s^{-1}\cdot K^{-4}}\end{aligned} \tag{3.21}$$

で与えられる．ここで，σ_B はシュテファン–ボルツマン定数 (Stefan–Boltzmann constant) である．

3.3 固体中のフォノン――デバイの理論

固体中を伝搬する弾性波 (結晶格子の振動) を量子化したものが**フォノン** (phonon) であり，光子と似たような統計物理学的扱いをすることができる．

弾性波は，縦モード 1 個，横モード 2 個の合計 3 個の偏りをもっているから，和を積分で置き換えるとき，

$$\sum_n (\cdots) = \frac{3}{8}\int 4\pi n^2\, dn(\cdots) \tag{3.22}$$

となる．N 個の原子がある場合，弾性波のモードは $3N$ 個だから，

$$\frac{3}{8}\int_0^{n_{\max}} 4\pi n^2\, dn = \frac{3}{8}\int_0^{n_D} 4\pi n^2\, dn = 3N \tag{3.23}$$

である．したがって，次の関係が得られる．

$$\frac{1}{2}\pi n_D{}^3 = 3N, \quad n_D = \left(\frac{6N}{\pi}\right)^{1/3} \tag{3.24}$$

フォノンの熱エネルギー U は，

$$U = \sum_n \langle \epsilon_n \rangle = \sum_n \langle s_n \rangle \hbar \omega_n = \sum_n \frac{\hbar \omega_n}{\exp(\hbar \omega_n/\tau) - 1}$$
$$= \frac{3\pi}{2} \int_0^{n_D} \mathrm{d}n\, n^2 \frac{\hbar \omega_n}{\exp(\hbar \omega_n/\tau) - 1} \tag{3.25}$$

である．デバイモデルでは，すべてのモードの速度 v が等しいと考えるので，

$$\omega_n = \frac{n\pi v}{L} \tag{3.26}$$

である．ここで，

$$x \equiv \frac{\pi \hbar v n}{\tau L} \tag{3.27}$$

とおくと，

$$U = \frac{3\pi^2 \hbar v}{2L}\left(\frac{\tau L}{\pi \hbar v}\right)^4 \int_0^{x_D} \mathrm{d}x \frac{x^3}{\exp x - 1} \tag{3.28}$$

$$x_D = \frac{\pi \hbar v n_D}{\tau L} = \frac{\hbar v}{\tau}\left(\frac{6\pi^2 N}{V}\right)^{1/3} = \frac{\theta}{T} = \frac{k_B \theta}{\tau} \tag{3.29}$$

となる．ここで現れた θ は，**デバイ温度** (Debye temperature) とよばれ，次式で定義されている．

$$\theta = \frac{\hbar v}{k_B}\left(\frac{6\pi^2 N}{V}\right)^{1/3} \tag{3.30}$$

$T \ll \theta$ のときは，

$$\int_0^{x_D} \mathrm{d}x \frac{x^3}{\exp x - 1} \simeq \int_0^\infty \mathrm{d}x \frac{x^3}{\exp x - 1} = \frac{\pi^4}{15} \tag{3.31}$$

だから

$$U(T) \simeq \frac{3\pi^4 N \tau^4}{5(k_B \theta)^3} = \frac{3\pi^4 N k_B T^4}{5\theta^3} \propto T^4 \tag{3.32}$$

となる．また，定積熱容量 C_V は，

$$C_V = \left(\frac{\partial U}{\partial \tau}\right)_V = \frac{12\pi^4 N}{5}\left(\frac{\tau}{k_B \theta}\right)^3 \tag{3.33}$$

となる．なお，通常の単位では，次のようになる．

$$C_V = \left(\frac{\partial U}{\partial T}\right)_V = \frac{12\pi^4 N k_B}{5}\left(\frac{T}{\theta}\right)^3 \tag{3.34}$$

演習問題

3.1 放射エネルギー流束
(a) 立体角 $d\Omega$ の中に到達する放射エネルギー流束のスペクトル密度を求めよ．ただし，単位角振動数領域あたりのエネルギー密度を u_ω とする．
(b) 放射エネルギー流束のスペクトル密度に関して，すべての入射光線に対する和を計算せよ．

3.2 放射線を出す物体の映像 1 個のレンズが，面積 A_0 の黒体面上に面積 A_H の空洞孔の映像をつくるとする．Ω_H と Ω_0 とが，それぞれ孔と黒体とがレンズに対して張る立体角であるとき，平衡の議論から $A_H \Omega_H$ と $A_0 \Omega_0$ との関係を求めよ．なお，すべての光線がほとんど平行であると仮定する．

3.3 エントロピーと占有数 宇宙の膨張とともに，黒体放射の波長が大きくなるので，宇宙黒体放射の各モードの振動数は減少する．しかし，各モードの光子数は，時間とともに変化しない．したがって，エントロピーは，時間によって変化しない．

ここで，角振動数 ω の一つのモードに対して，エントロピー σ を光子の占有数 $\langle s \rangle$ のみの関数として求めよ．

3.4 太陽の表面温度 太陽から地球に降り注ぐ全放射エネルギー流束密度 (入射光線に対して垂直な単位面積あたりの流束) の地表における値は，地球の**太陽定数** (solar constant) とよばれる．太陽と地球の間の距離として平均値を用い，放出される波長のすべてについて積分すると，太陽定数 J_E

は，
$$J_\mathrm{E} = 0.136 \,\mathrm{J \cdot s^{-1} \cdot cm^{-2}}$$
である．

(a) 太陽の単位時間あたりのエネルギー生成量を求めよ．

(b) シュテファン–ボルツマン定数 $\sigma_\mathrm{B} = 5.67 \times 10^{-12}\,\mathrm{J \cdot s^{-1} \cdot cm^{-2} \cdot K^{-4}}$ と問題 3.4(a) の結果から，太陽表面を黒体として扱った場合の有効温度を計算せよ．ただし，太陽と地球の間の距離は $D = 1.5 \times 10^{13}\,\mathrm{cm}$，太陽の半径は $R_\mathrm{S} = 7 \times 10^{10}\,\mathrm{cm}$ である．

3.5 太陽内部の平均温度

(a) 太陽の自己重力エネルギーは，どれくらいのオーダーか？ 太陽の質量は $M_\mathrm{S} = 2 \times 10^{33}\,\mathrm{g}$，太陽の半径は $R_\mathrm{S} = 7 \times 10^{10}\,\mathrm{cm}$，重力定数は $G = 6.6 \times 10^{-8}\,\mathrm{dyn \cdot cm^2 \cdot g^{-2}}$ である．なお，すべての原子がお互いに無限に離れている状態をエネルギーの基準にとること．

(b) 力学におけるヴィリアル定理の結果から，太陽内の原子の全熱運動エネルギーが，重力エネルギーの $-\frac{1}{2}$ 倍であると仮定する．このとき，太陽の平均温度を求めよ．なお，粒子数を 1×10^{57} とする．

3.6 太陽の寿命 太陽が，単位時間あたり $4 \times 10^{26}\,\mathrm{J \cdot s^{-1}}$ のエネルギーを放出していると仮定する．

(a) 太陽のエネルギー源は，水素原子 (原子量 1.0078) が，ヘリウム原子 (原子量 4.0026) に変換するときに発生するエネルギーである．もともと存在していた水素原子の数を 1×10^{57} とする．そして，この 10 % がヘリウムに変わったとき，反応が停止すると仮定する．このとき，放射に使用できる太陽の全エネルギーを求めよ．

(b) 問題 3.6(a) の結果を用いて，太陽の寿命を計算せよ．

3.7 地球の表面温度 地球が熱平衡にある黒体であると仮定し，太陽から受け取ったのと同量の熱放射を再放出しているとする．このとき，地球表面の温度を計算せよ．また，地球の表面の温度は，昼夜を通じて一定であると仮定する．なお，太陽表面の有効温度は $T_\mathrm{S} = 5800\,\mathrm{K}$，太陽の半径は $R_\mathrm{S} = 7 \times 10^{10}\,\mathrm{cm}$，太陽と地球との間の距離は $D = 1.5 \times 10^{13}\,\mathrm{cm}$ で

ある．

3.8 熱平衡状態における光子数 体積 V の空洞内で，基本温度 τ において熱平衡にある光子数 $N = \sum_n \langle s_n \rangle$ を求めよ．

3.9 熱放射の圧力 1辺 L の立方体 (体積 $V = L^3$) の箱の中に，光子気体が入っている．そして，j 番目のモードの光子数を s_j，角振動数を ω_j とする．

(a) このとき，光子気体の圧力 p が

$$p = -\left(\frac{\partial U}{\partial V}\right)_\sigma = -\sum_j s_j \hbar \frac{d\omega_j}{dV} \tag{3.35}$$

と表されることを示せ．

(b) 問題 3.9(a) の因子 $d\omega_j/dV$ を ω_j と V を用いて示せ．

(c) 光子気体のエネルギー U と体積 V を用いて，光子気体の圧力 p を示せ．

(d) $1\,\text{mol}\cdot\text{cm}^{-3}$ の濃度の水素原子気体 (これは太陽における平均の状態である) の与える運動圧力と，その熱放射の圧力とを比較せよ．どれくらいの温度で二つの圧力は等しくなるか？ ただし，この気体を理想気体と仮定して，運動圧力を求めよ．

3.10 光子気体の等エントロピー膨張 基本温度 τ において，体積 V の立方体の中で熱平衡状態にある光子気体を考える．空洞の体積が膨張すると，膨張の間に熱放射は仕事をし，放射の温度は下がる．エントロピーに対する結果から，このような膨張が起きるとき，$\tau V^{1/3}$ が一定であることがわかっている．

(a) 宇宙黒体放射の温度と物体の温度は，両者がともに $3000\,\text{K}$ になったとき以降，無関係になったと仮定する．そのときの宇宙の半径は，現在の半径と比較して，どれくらいの大きさか？ もし，宇宙の半径が時間に比例して増加してきたとすれば，宇宙黒体温度と物体の温度が無関係になったのは，いつか？

(b) 初期状態の基本温度 τ_i，体積 V_i，終状態の基本温度 τ_f を用いて，膨張の間に光子によってなされた仕事を表せ．

演習問題

3.11 光子気体の自由エネルギー
(a) 光子気体の分配関数 Z を求めよ．
(b) 光子気体に対して，ヘルムホルツの自由エネルギー F を計算せよ

3.12 1次元の光子気体 長さ L の伝送線があり，それに沿って伝搬する電磁波が，1次元の波動方程式

$$c^2 \frac{\partial^2 E}{\partial x^2} = \frac{\partial^2 E}{\partial t^2} \tag{3.36}$$

を満足すると仮定する．ここで，E は電場の成分である．基本温度 τ で熱平衡にあるとき，線上の光子の熱容量を求めよ．ただし，長さ L の伝送線の中で定在波が形成されているとする．

3.13 熱遮断 温度 T_u の反射のない黒体平板が，温度 T_l の他の黒体平板に平行に置かれている．二つの平板間の真空部分における正味のエネルギー流束密度 J_U は，シュテファン–ボルツマン定数 σ_B を用いて

$$J_U = \sigma_\mathrm{B}(T_\mathrm{u}{}^4 - T_l{}^4) \tag{3.37}$$

と表される．温度 T_u と T_l の二つの平板の間に N 個の独立な反射のない黒体平板 (熱遮断面) を入れ，それらの温度変化を許すとき，正味のエネルギー流束密度は，

$$J_U = \frac{\sigma_\mathrm{B}(T_\mathrm{u}{}^4 - T_l{}^4)}{N+1} \tag{3.38}$$

となる．いま，第3の黒体平板を上述の二つの平板の間に挿入し，温度 T_m の定常状態に到達したとする．このとき，T_m と正味のエネルギー流束密度を求めよ．

3.14 反射による熱遮断 吸収率 a，放射率 e，および反射率 $r = 1 - a$ をもつ物質でできた平板を考える．この平板をそれぞれ温度 T_u と T_l とに保たれた2枚の黒体の板の間に挿入し，それらと平行になるようにつるす．2枚の黒体板間の熱放射の正味の流束密度を，問題 3.13 のように中間の板も黒体であった場合，すなわち $a = e = 1, r = 0$ の場合の流束密度と比較せよ．

3.15 銀河間の空間の熱容量 銀河の間の空間は，$1\,\mathrm{m}^3$ に1個程度の濃度の水素原子によって満たされていると考えられている．また，この空間は，宇

宙創生時のビッグバンに由来する 2.9 K の熱放射によって占められている．物質の熱容量と放射の熱容量の比を求めよ．

3.16 光子とフォノンの熱容量 デバイ温度が $\theta = 100\,\mathrm{K}$ で，$1\,\mathrm{cm}^3$ に 10^{22} 個の原子を含む誘電体を考える．熱容量に対する光子の寄与が，1 K におけるフォノンの寄与と等しくなる温度を求めよ．

3.17 高温の極限における固体の熱容量 温度を T，デバイ温度を θ とするとき，$T \gg \theta$ の極限において，固体の熱容量は，どうなるか？

3.18 低温における固体内のエネルギーの揺らぎ デバイの T^3 則が成り立つような低温において，N 個の原子から構成される固体を考える．なお，固体は，熱浴と熱的に接触している．エネルギー ϵ の揺らぎの割合の平均2乗根を $\mathcal{F}$ とすると，

$$\mathcal{F}^2 = \frac{\langle (\epsilon - \langle \epsilon \rangle)^2 \rangle}{\langle \epsilon \rangle^2} \tag{3.39}$$

である．この $\mathcal{F}^2$ を温度 T とデバイ温度 θ を用いて表せ．

3.19 低温における液体 ^{4}He の熱容量 液体 ^{4}He (密度 $0.145\,\mathrm{g\cdot cm^{-3}}$) における縦音波の速度は，0.6 K 以下の極低温で $2.383 \times 10^4\,\mathrm{cm\cdot s^{-1}}$ である．また，液体には，横音波は存在しない．

(a) デバイ温度を計算せよ．

(b) デバイ理論によって 1 g あたりの熱容量 (比熱) を計算し，実験値 $C_V = 2.04 \times 10^{-2} T^3 (\mathrm{J\cdot g^{-1}\cdot K^{-1}})$ と比較せよ．ここで，T は温度である．

4 化学ポテンシャルとギブス分布

基礎事項

4.1 化学ポテンシャル

　二つの系が接触しており，粒子が一つの系から他の系に自由に移動できる場合，このような接触を **拡散接触** (diffusive contact) という．いま，二つの系 $\mathcal{S}_1$ と $\mathcal{S}_2$ が，熱的接触と同時に拡散接触しているとする．二つの系がこのように接触すると，一つのより大きな閉じた系 $\mathcal{S} = \mathcal{S}_1 + \mathcal{S}_2$ が形成される．そして，エネルギー $U = U_1 + U_2$ と，粒子数 $N = N_1 + N_2$ は，それぞれ一定に保たれる．

　系 $\mathcal{S}$ のヘルムホルツの自由エネルギー F は，次式で与えられる．

$$F = F_1 + F_2 = U_1 + U_2 - \tau(\sigma_1 + \sigma_2) \tag{4.1}$$

　系 $\mathcal{S}$ が拡散平衡状態にあるとき，F は粒子数 N の変化に対して，極小値をとる．すなわち，

$$dF = \left(\frac{\partial F_1}{\partial N_1}\right)_\tau dN_1 + \left(\frac{\partial F_2}{\partial N_2}\right)_\tau dN_2 = 0 \tag{4.2}$$

となる．また，

$$dN_1 = -dN_2 \tag{4.3}$$

という関係があるから，これは次のように書き換えられる．

$$dF = \left[\left(\frac{\partial F_1}{\partial N_1}\right)_\tau - \left(\frac{\partial F_2}{\partial N_2}\right)_\tau\right] dN_1 = 0 \tag{4.4}$$

したがって，

$$\left(\frac{\partial F_1}{\partial N_1}\right)_\tau = \left(\frac{\partial F_2}{\partial N_2}\right)_\tau \tag{4.5}$$

が成り立つ．

ここで，**化学ポテンシャル** (chemical potential) μ を次式で定義する．

$$\mu(\tau, V, N) \equiv \left(\frac{\partial F}{\partial N}\right)_{\tau, V} \tag{4.6}$$

化学ポテンシャル μ は，系の粒子の流れを支配しており，これを用いると，式 (4.5) は

$$\mu_1 = \mu_2 \tag{4.7}$$

と表される．

さて，系の全化学ポテンシャル μ_{tot} は，

$$\mu_{\text{tot}} = \mu_{\text{ext}} + \mu_{\text{int}} \tag{4.8}$$

で与えられる．ここで μ_{ext} は粒子1個あたりの外部ポテンシャルエネルギー，μ_{int} は内部化学ポテンシャル，すなわち外部ポテンシャルがゼロのときに存在する化学ポテンシャルである．そして，平衡条件 $\mu_1 = \mu_2$ は，次のように表される．

$$\Delta\mu_{\text{ext}} = -\Delta\mu_{\text{int}} \tag{4.9}$$

4.2 化学ポテンシャルとエントロピー

化学ポテンシャルは，

$$\frac{\mu(U, V, N)}{\tau} = -\left(\frac{\partial \sigma}{\partial N}\right)_{U, V} \tag{4.10}$$

のように表すこともできる．これを以下で示そう．

$$d\sigma = \left(\frac{\partial \sigma}{\partial U}\right)_{V, N} dU + \left(\frac{\partial \sigma}{\partial V}\right)_{U, N} dV + \left(\frac{\partial \sigma}{\partial N}\right)_{U, V} dN \tag{4.11}$$

4.2 化学ポテンシャルとエントロピー

において，体積 V 一定，すなわち $dV = 0$ とすると，

$$(\delta\sigma)_{\tau,V} = \left(\frac{\partial\sigma}{\partial U}\right)_{V,N}(\delta U)_{\tau,V} + \left(\frac{\partial\sigma}{\partial N}\right)_{U,V}(\delta N)_{\tau,V} \tag{4.12}$$

となる．したがって，

$$\begin{aligned}\frac{(\delta\sigma)_{\tau,V}}{(\delta N)_{\tau,V}} &\equiv \left(\frac{\partial\sigma}{\partial N}\right)_{\tau,V} = \left(\frac{\partial\sigma}{\partial U}\right)_{N,V}\left(\frac{\partial U}{\partial N}\right)_{\tau,V} + \left(\frac{\partial\sigma}{\partial N}\right)_{U,V}\\ &= \frac{1}{\tau}\left(\frac{\partial U}{\partial N}\right)_{\tau,V} + \left(\frac{\partial\sigma}{\partial N}\right)_{U,V}\end{aligned} \tag{4.13}$$

が導かれる．これから，

$$\mu \equiv \left(\frac{\partial F}{\partial N}\right)_{\tau,V} \equiv \left(\frac{\partial U}{\partial N}\right)_{\tau,V} - \tau\left(\frac{\partial\sigma}{\partial N}\right)_{\tau,V} \tag{4.14}$$

すなわち

$$\mu = -\tau\left(\frac{\partial\sigma}{\partial N}\right)_{U,V} \tag{4.15}$$

が得られる．

ここまでに示したように，基本温度 τ，圧力 p，化学ポテンシャル μ は，エントロピー σ，エネルギー U，ヘルムホルツの自由エネルギー F を用いて表すことができる．これを表 4.1 にまとめて示す．

表 4.1 基本温度 τ，圧力 p，化学ポテンシャル μ をエントロピー σ，エネルギー U，ヘルムホルツの自由エネルギー F の偏微分で表した．ここで，σ, U, F は，独立変数の関数である．

	$\sigma(U,V,N)$	$U(\sigma,V,N)$	$F(\tau,V,N)$
τ	$\dfrac{1}{\tau} = \left(\dfrac{\partial\sigma}{\partial U}\right)_{V,N}$	$\tau = \left(\dfrac{\partial U}{\partial\sigma}\right)_{V,N}$	—
p	$\dfrac{p}{\tau} = \left(\dfrac{\partial\sigma}{\partial V}\right)_{U,N}$	$-p = \left(\dfrac{\partial U}{\partial V}\right)_{\sigma,N}$	$-p = \left(\dfrac{\partial F}{\partial V}\right)_{\tau,N}$
μ	$-\dfrac{\mu}{\tau} = \left(\dfrac{\partial\sigma}{\partial N}\right)_{U,V}$	$\mu = \left(\dfrac{\partial U}{\partial N}\right)_{\sigma,V}$	$\mu = \left(\dfrac{\partial F}{\partial N}\right)_{\tau,V}$

4.3 熱力学の恒等式

表 4.1 の関係を用いて,式 (4.11) を書き換えると,

$$d\sigma = \frac{1}{\tau}dU + \frac{p}{\tau}dV - \frac{\mu}{\tau}dN \tag{4.16}$$

すなわち,

$$dU = \tau d\sigma - p\,dV + \mu\,dN \tag{4.17}$$

となる.これは,系が熱平衡かつ拡散平衡状態にあるときの熱力学の恒等式である.

4.4 ギブス因子とギブス和

系が熱浴と熱的接触し,量子状態 s がエネルギー ϵ_s をもつとする.このとき,系が量子状態 s をとる確率 $P(\epsilon_s)$ は,ボルツマン因子を用いて

$$\frac{P(\epsilon_1)}{P(\epsilon_2)} = \frac{\exp(-\epsilon_1/\tau)}{\exp(-\epsilon_2/\tau)} \tag{4.18}$$

と表される.

これに対して,系が熱浴と熱的接触かつ拡散接触しているとき,ボルツマン因子を一般化したものを**ギブス因子** (Gibbs factor) という.これから,ギブス因子を求めてみよう.系 $\mathcal{S}$ が粒子数 N,エネルギー ϵ_s をもつ場合,その状態数 $g(\mathcal{R}+\mathcal{S})$ は,

$$g(\mathcal{R}+\mathcal{S}) = g(\mathcal{R}) \times 1 = g(\mathcal{R}) \tag{4.19}$$

である.この状態をとる確率 $P(N, \epsilon_s)$ は,

$$P(N, \epsilon_s) \propto g(N_0 - N, U_0 - \epsilon_s) \tag{4.20}$$

である.また,エントロピーの定義から,

$$g(N_0, U_0) \equiv \exp[\sigma(N_0, U_0)] \tag{4.21}$$

だから

$$\frac{P(N_1, \epsilon_1)}{P(N_2, \epsilon_2)} = \frac{g(N_0 - N_1, U_0 - \epsilon_1)}{g(N_0 - N_2, U_0 - \epsilon_2)} = \exp(\Delta\sigma) \tag{4.22}$$

$$\Delta\sigma \equiv \sigma(N_0 - N_1, U_0 - \epsilon_1) - \sigma(N_0 - N_2, U_0 - \epsilon_2) \tag{4.23}$$

となる．ここで，$\sigma(N_0 - N, U_0 - \epsilon)$ を $\sigma(N_0, U_0)$ のまわりでテイラー展開すると，

$$\sigma(N_0 - N, U_0 - \epsilon) = \sigma(N_0, U_0) - N\left(\frac{\partial\sigma}{\partial N_0}\right)_{U_0} - \epsilon\left(\frac{\partial\sigma}{\partial U_0}\right)_{N_0} + \cdots \tag{4.24}$$

となるから，式 (4.23) は次のように書き換えられる．

$$\begin{aligned}\Delta\sigma &= -(N_1 - N_2)\left(\frac{\partial\sigma}{\partial N_0}\right)_{U_0} - (\epsilon_1 - \epsilon_2)\left(\frac{\partial\sigma}{\partial U_0}\right)_{N_0} \\ &= \frac{(N_1 - N_2)\mu}{\tau} - \frac{\epsilon_1 - \epsilon_2}{\tau}\end{aligned} \tag{4.25}$$

ただし，ここで

$$\frac{1}{\tau} \equiv \left(\frac{\partial\sigma}{\partial U_0}\right)_{N_0}, \quad -\frac{\mu}{\tau} \equiv \left(\frac{\partial\sigma}{\partial N_0}\right)_{U_0} \tag{4.26}$$

を用いた．

したがって，式 (4.22) は次のように表される．

$$\frac{P(N_1, \epsilon_1)}{P(N_2, \epsilon_2)} = \frac{\exp[(N_1\mu - \epsilon_1)/\tau]}{\exp[(N_2\mu - \epsilon_2)/\tau]} \tag{4.27}$$

ここで現れた

$$\exp\left(\frac{N_s\mu - \epsilon_s}{\tau}\right)$$

がギブス因子である．

系 $\mathcal{S}$ が熱浴 $\mathcal{R}$ と熱的に接触している場合，ボルツマン因子の和として，分配関数 Z を定義した．一方，熱的接触かつ拡散接触している場合，ギブス因子の和として，**ギブス和** (Gibbs sum) $\mathcal{Z}$ を次式で定義する．

$$\mathcal{Z}(\mu, \tau) = \sum_{N=0}^{\infty}\sum_{s(N)} \exp\left[\frac{N\mu - \epsilon_{s(N)}}{\tau}\right] = \sum_{\text{ASN}} \exp\left[\frac{N\mu - \epsilon_{s(N)}}{\tau}\right] \tag{4.28}$$

ここで，和はすべての粒子に対して，系のすべての状態にわたってとる．また，和に $N = 0$ を含めることに注意してほしい．なお，ギブス和は，**大分配関数** (grand partition function) あるいは**グランドカノニカル分配関数** (grand canonical partition function) ともよばれる．

ギブス和を用いると，系が粒子数 N_1，エネルギー ϵ_1 の状態にある確率 $P(N_1, \epsilon_1)$ は，

$$P(N_1, \epsilon_1) = \frac{1}{\mathcal{Z}} \exp\left(\frac{N_1 \mu - \epsilon_1}{\tau}\right) \tag{4.29}$$

$$\sum_N \sum_s P(N, \epsilon_s) = 1 \tag{4.30}$$

と表される．

系が N 個の粒子をもち，状態 s にあるときの物理量 X の値を $X(N, s)$ とすると，X の平均値 $\langle X \rangle$ は，

$$\langle X \rangle = \sum_{\text{ASN}} X(N, s) P(N, \epsilon_s) = \frac{1}{\mathcal{Z}} \sum_{\text{ASN}} X(N, s) \exp\left(\frac{N\mu - \epsilon_s}{\tau}\right) \tag{4.31}$$

となる．また，粒子数 N の平均値 $\langle N \rangle$ は，

$$\langle N \rangle = \frac{1}{\mathcal{Z}} \sum_{\text{ASN}} N \exp\left(\frac{N\mu - \epsilon_s}{\tau}\right) \tag{4.32}$$

であり，

$$\frac{\partial \mathcal{Z}}{\partial \mu} = \frac{1}{\tau} \sum_{\text{ASN}} N \exp\left(\frac{N\mu - \epsilon_s}{\tau}\right) \tag{4.33}$$

だから

$$\langle N \rangle = \frac{\tau}{\mathcal{Z}} \frac{\partial \mathcal{Z}}{\partial \mu} = \tau \frac{\partial}{\partial \mu} \ln \mathcal{Z} \tag{4.34}$$

と表される．

ここで，**絶対活動度** (absolute activity) λ を導入する．

$$\lambda \equiv \exp\left(\frac{\mu}{\tau}\right) \tag{4.35}$$

これを用いると，ギブス和 $\mathcal{Z}$ は，

$$\mathcal{Z} = \sum_N \sum_{s(N)} \lambda^N \exp\left(-\frac{\epsilon_s}{\tau}\right) = \sum_{\text{ASN}} \lambda^N \exp\left(-\frac{\epsilon_s}{\tau}\right) \tag{4.36}$$

と表される．また，式 (4.34) は

$$\langle N \rangle = \lambda \frac{\partial}{\partial \lambda} \ln \mathcal{Z} \tag{4.37}$$

と書き換えられる．

4.5 ポアソン分布

格子の R 個の独立なサイト (site) が，気体と熱的かつ拡散的に接触しているとして，ポアソン分布関数を導出してみよう．

N 個の原子が R 個のサイトに吸着される確率 $P(N)$ を考える．ただし，一つのサイトは，1 個の原子によって占められるか，あるいは空であるとする．そして，一つのサイトの束縛エネルギーをゼロとする．このとき，1 個のサイトに対するギブス和 $\mathcal{Z}_1$ は，

$$\mathcal{Z}_1 = 1 + \lambda \tag{4.38}$$

となる．したがって，1 個のサイトに原子が吸着される確率 f は，

$$f = \frac{\lambda}{1+\lambda} \tag{4.39}$$

と表される．

R 個の独立なサイトが存在するから，全ギブス和 $\mathcal{Z}_{\text{tot}}$ は，

$$\mathcal{Z}_{\text{tot}} = \mathcal{Z}_1 \mathcal{Z}_2 \cdots \mathcal{Z}_R = (1+\lambda)^R \tag{4.40}$$

で与えられる．

さて，1 個のサイトの占有確率 f が小さく，$f \ll 1$ の場合を考える．このとき，$f \cong \lambda$ だから，N の平均値 $\langle N \rangle$ は，

$$\langle N \rangle = fR = \lambda R \tag{4.41}$$

となる．これを用いると，式 (4.40) は

$$\mathcal{Z}_{\text{tot}} = \left(1 + \frac{\langle N \rangle}{R}\right)^R \tag{4.42}$$

と書き換えられる．次に R がきわめて大きいとすると，

$$\lim_{R \to \infty} \left(1 + \frac{\langle N \rangle}{R}\right)^R = \exp\langle N \rangle \tag{4.43}$$

から

$$\mathcal{Z}_{\text{tot}} \simeq \exp\langle N \rangle = \exp(\lambda R) = \sum_N \frac{(\lambda R)^N}{N!} \tag{4.44}$$

が得られる．したがって，

$$P(N) = \frac{(\lambda R)^N}{N!} \frac{1}{\mathcal{Z}_{\text{tot}}} = \frac{(\lambda R)^N \exp(-\lambda R)}{N!} \tag{4.45}$$

と表される．ここで，式 (4.41) を用いると，

$$P(N) = \frac{\langle N \rangle^N \exp(-\langle N \rangle)}{N!} \tag{4.46}$$

が導かれる．これが**ポアソンの分布則** (Poisson distribution law) である．

演習問題

4.1 2準位系に対するギブス和

(a) 二つの準位をもつ系があり，一つの準位のエネルギーはゼロ，もう一方の準位のエネルギーは ϵ である．両方の準位が空でエネルギーゼロ，あるいは二つの状態のうちどちらか一方が 1 個の粒子によって占有されるとする．二つの状態が同時に占有されることはないと仮定し，この系のギブス和を求めよ．

(b) 系を占めている粒子数の熱平均値 $\langle N \rangle$ を求めよ．

(c) エネルギー ϵ の状態を占めている粒子数の熱平均値 $\langle N(\epsilon) \rangle$ を求めよ．

(d) 系のエネルギーの熱平均値 $U = \langle \epsilon \rangle$ を求めよ．

(e) もし，エネルギー 0 の軌道とエネルギー ϵ の軌道が，それぞれ同時に 1 個の粒子によって占められる可能性があれば，このギブス和 $\mathcal{Z}$ は，どうなるか？

4.2 正イオンと負イオンの状態 格子点に固定された水素原子から構成される格子を考える．各原子は，表 4.2 のように四つの状態をとりうると仮定する．

表 4.2 格子点に固定された水素原子の状態

状　　態	電子数	エネルギー
基底状態	1	$-\frac{1}{2}\Delta$
正イオン状態	0	$-\frac{1}{2}\delta$
負イオン状態	2	$\frac{1}{2}\delta$
励起状態	1	$\frac{1}{2}\Delta$

このとき，1 原子あたりの平均電子数が 1 になるための条件を求めよ．

4.3 一酸化炭素中毒 一酸化炭素中毒は，血液中のヘモグロビン (Hb) 分子に吸着している O_2 分子が CO 分子に置換されることによって生じる．この効果を示すために，次のモデルを考える．すなわち，Hb 分子上の各吸着サイトについて，空である状態，1 個の O_2 分子が占有してエネルギー ϵ_A をもつ状態，1 個の CO 分子が占有してエネルギー ϵ_B をもつ状態の三つが存在すると仮定する．そして，体温 37°C のとき，絶対活動度が $\lambda(O_2) = 1 \times 10^{-5}$，$\lambda(CO) = 1 \times 10^{-7}$ を満たすような濃度において，N 個の固定された Hb 分子のサイトが，気相の O_2 分子，CO 分子と熱平衡にあると仮定する．なお，スピンによる多重度は無視する．

(a) 最初に CO の存在しない系を考える．Hb 分子サイトの 90 % が O_2 によって占められるようなエネルギー ϵ_A の値を，O_2 分子 1 個あたりについて eV 単位で求めよ．

(b) ある特定の条件の下で，CO の存在が許されているとする．Hb 分子サイトのわずか 10 % が O_2 によって占められるような ϵ_B の値を求めよ．

4.4 磁場内での O_2 分子の吸着 問題 4.3 のように，1 個の Hb 分子は，たかだ

か 1 個の O_2 分子を束縛することができるとする．そして，$\lambda(O_2) = 10^{-5}$ の場合，90 % の Hb 分子は，O_2 によって占められていると仮定する．O_2 分子はスピン 1 をもち，その磁気モーメントが μ_B であると考える．$T = 300$ K において，吸着量を 1 % 変化させるのに必要な磁場の強さはいくらか？

4.5 O_2 分子の多重捕獲 1 個のヘモグロビン分子は，4 個の O_2 分子を捕らえることができる．束縛された各 O_2 分子のエネルギーは，無限遠方に静止した状態を基準として ϵ である．溶液中のように，自由な O_2 分子の絶対活動度 $\exp(\mu/\tau)$ を λ と書くことにする．

(a) 1 個だけの O_2 分子が 1 個のヘモグロビン分子に吸着されている確率は，いくらか？ 結果を λ の関数としてグラフに示せ．

(b) 4 個の O_2 分子が 1 個のヘモグロビン分子に吸着されている確率は，いくらか？ この結果も λ の関数としてグラフに示せ．

4.6 濃度の揺らぎ 熱浴と拡散接触している系では，粒子数は一定ではない．また，式 (4.34) から

$$\langle N \rangle = \frac{\tau}{\mathcal{Z}} \left(\frac{\partial \mathcal{Z}}{\partial \mu} \right)_{\tau, V} \tag{4.47}$$

である．

(a) 次の式を導け．

$$\langle N^2 \rangle = \frac{\tau^2}{\mathcal{Z}} \frac{\partial^2 \mathcal{Z}}{\partial \mu^2} \tag{4.48}$$

ただし，N の $\langle N \rangle$ からの変位に関する 2 乗平均偏差 $\langle (\Delta N)^2 \rangle$ は，

$$\langle (\Delta N)^2 \rangle = \langle (N - \langle N \rangle)^2 \rangle = \langle N^2 \rangle - 2 \langle N \rangle \langle N \rangle + \langle N \rangle^2$$
$$= \langle N^2 \rangle - \langle N \rangle^2 \tag{4.49}$$

$$\langle (\Delta N)^2 \rangle = \tau^2 \left[\frac{1}{\mathcal{Z}} \frac{\partial^2 \mathcal{Z}}{\partial \mu^2} - \frac{1}{\mathcal{Z}^2} \left(\frac{\partial \mathcal{Z}}{\partial \mu} \right)^2 \right] \tag{4.50}$$

によって定義される．

(b) 2 乗平均偏差 $\langle (\Delta N)^2 \rangle$ が，

$$\langle (\Delta N)^2 \rangle = \tau \frac{\partial \langle N \rangle}{\partial \mu} \tag{4.51}$$

と表されることを示せ．

4.7 化学ポテンシャルの別の定義 化学ポテンシャルとして，表 4.1 に示した

$$\mu = \left(\frac{\partial U}{\partial N}\right)_{\sigma,V} \tag{4.52}$$

が，式 (4.6) と等価であることを証明せよ．

4.8 半導体中の不純物原子のイオン化 不純物原子は，余分の電子を 1 個だけもち，エネルギー I を受け取ると，この電子を放出してイオン化すると仮定する．イオン化したときの原子のエネルギー ϵ を 0 とする．このとき，状態 s，粒子数 N，エネルギー ϵ の関係をまとめると表 4.3 のようになる．

表 4.3 半導体中の不純物原子の状態

状態 s	説 明	N	ϵ
1	電子脱離	0	0
2	電子束縛，スピン ↑	1	$-I$
3	電子束縛，スピン ↓	1	$-I$

(a) ギブス和 $\mathcal{Z}$ を求めよ．
(b) 不純物がイオン化 ($N=0, \epsilon=0$) している確率 P_{ionized} と，不純物が中性 ($N=1, \epsilon=-I$) である確率 P_{neutral} を求めよ．

4.9 ランダムなパルス ある放射線源が α 粒子を放出し，平均して毎秒 1 個の α 粒子が計数される．
(a) 5 s 間に正確に 10 個の α 粒子を計数する確率はいくらか？
(b) 1 s 間に正確に 2 個の α 粒子を計数する確率はいくらか？
(c) 5 s 間に α 粒子をまったく計数しない確率はいくらか？

4.10 ガウス分布への漸近 $\langle N \rangle$ が大きいとき，ポアソン分布関数

$$P(N) = \frac{\langle N \rangle^N \exp(-\langle N \rangle)}{N!}$$

が，ガウス分布関数に近づくことを示せ．

5 理想気体

基礎事項

5.1 フェルミーディラック分布関数

半整数のスピンをもつ粒子を**フェルミ粒子** (fermion) という. パウリの排他律 (Pauli exclusion principle) によって, 一つの軌道は, 空であるか, あるいは 1 個のフェルミ粒子によって占有される. したがって, ギブス和は,

$$\mathcal{Z} = 1 + \lambda \exp\left(-\frac{\epsilon}{\tau}\right) \tag{5.1}$$

となる. ただし, ここで式 (4.28) において, $N=0$ のとき $\epsilon_s = 0$, $N=1$ のとき $\epsilon_s = \epsilon$ とした. これから, 一つの軌道の占有数の平均値 $\langle N(\epsilon) \rangle$ は,

$$\langle N(\epsilon) \rangle = \frac{0 \times 1 + 1 \cdot \lambda \exp(-\epsilon/\tau)}{1 + \lambda \exp(-\epsilon/\tau)} = \frac{1}{\lambda^{-1} \exp(\epsilon/\tau) + 1} \tag{5.2}$$

となる. ここで

$$f(\epsilon) \equiv \langle N(\epsilon) \rangle \tag{5.3}$$

とおくと, 式 (5.2) は

$$f(\epsilon) = \frac{1}{\exp[(\epsilon - \mu)/\tau] + 1} \tag{5.4}$$

と表される. これは, **フェルミーディラック分布関数** (Fermi-Dirac distribution function) として知られており, τ をパラメータとして図 5.1 に示す. 破線は $\tau = 0$, 実線は $\tau/\mu = 0.25$ に対応している.

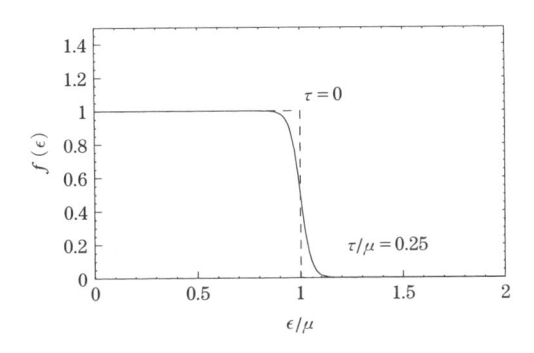

図 5.1 フェルミ–ディラック分布関数

固体物理学では，化学ポテンシャル μ は，**フェルミ準位** (Fermi level) とよばれることが多い．μ は一般に温度に依存し，絶対零度における化学ポテンシャル

$$\mu(0) = \epsilon_F \tag{5.5}$$

を**フェルミ・エネルギー** (Fermi energy) という．ただし，半導体関連の文献では，$\mu(\tau) = \epsilon_F$ と表現していることが多いので，注意してほしい．

5.2 ボーズ–アインシュタイン分布関数

整数のスピンをもつ粒子を**ボーズ粒子** (boson) という．フェルミ粒子と異なり，一つの軌道は任意の数のボーズ粒子によって占有される．一つの軌道が N 個のボーズ粒子によって占有されているとき，エネルギーを $N\epsilon$ とすると，ギブス和は，

$$\mathcal{Z} = \sum_{N=0}^{\infty} \lambda^N \exp\left(-\frac{N\epsilon}{\tau}\right) \tag{5.6}$$

すなわち，

$$\mathcal{Z} = \frac{1}{1 - \lambda \exp(-\epsilon/\tau)} \tag{5.7}$$

となる．式 (4.37) から，一つの軌道の占有数の平均値 $\langle N(\epsilon) \rangle = f(\epsilon)$ は，次のようになる．

$$\langle N(\epsilon) \rangle = f(\epsilon) = \lambda \frac{\partial}{\partial \lambda} \ln \mathcal{Z} = \frac{1}{\lambda^{-1} \exp(\epsilon/\tau) - 1} \tag{5.8}$$

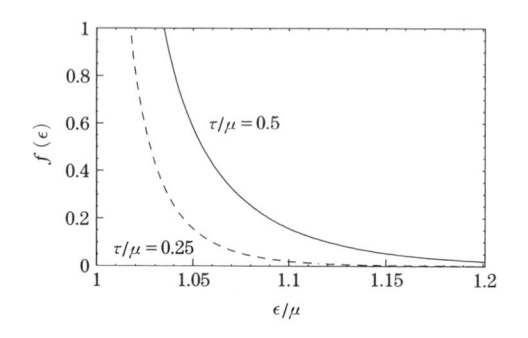

図 5.2 ボーズ–アインシュタイン分布関数

これを書き換えると,

$$f(\epsilon) = \frac{1}{\exp[(\epsilon - \mu)/\tau] - 1} \tag{5.9}$$

と表される．これは，**ボーズ–アインシュタイン分布関数** (Bose–Einstein distribution function) として知られており，図 5.2 にこの関数を示す．破線は $\tau/\mu = 0.25$, 実線は $\tau/\mu = 0.5$ に対応している．

5.3 古典分布関数

分布関数が $f(\epsilon) \ll 1$ となるとき，フェルミ–ディラック分布関数と，ボーズ–アインシュタイン分布関数は，ともに次の関係を満たす．

$$\exp\left(\frac{\epsilon - \mu}{\tau}\right) \gg 1 \tag{5.10}$$

したがって，このとき分布関数 $f(\epsilon)$ は，

$$f(\epsilon) \simeq \exp\left(\frac{\mu - \epsilon}{\tau}\right) = \lambda \exp\left(-\frac{\epsilon}{\tau}\right) \tag{5.11}$$

となる．これは，**古典分布関数** (classical distribution function) として知られており，図 5.3 に示すように，減衰関数となる．破線は $\tau/\mu = 0.25$, 実線は $\tau/\mu = 0.5$ に対応している．

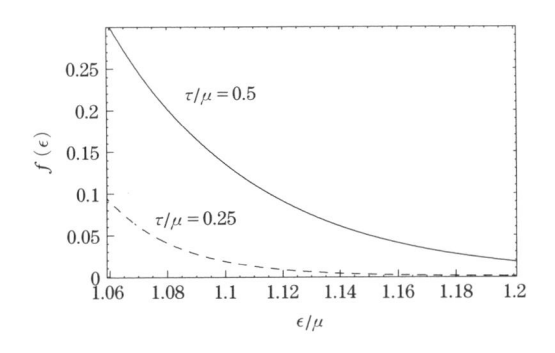

図 **5.3** 古典分布関数

5.4 単原子理想気体

まず，体積 $V = L^3$ の箱の中を運動している，質量 M の1個の原子を考えよう．このエネルギー ϵ_n は，量子力学によって，次のように与えられる．

$$\epsilon_n = \frac{\hbar^2}{2M}\frac{\pi^2}{L^2}(n_x{}^2 + n_y{}^2 + n_z{}^2) \tag{5.12}$$

ただし，n_x, n_y, n_z は正の整数である．ここで，

$$\alpha^2 = \frac{\hbar^2\pi^2}{2ML^2\tau} \tag{5.13}$$

とおくと，$\epsilon_n - \epsilon_{n-1} \ll \tau$ のとき，分配関数 Z は，次のように表される．

$$\begin{aligned}
Z_1 &= \sum_{n_x}\sum_{n_y}\sum_{n_z} \exp[-\alpha^2(n_x{}^2 + n_y{}^2 + n_z{}^2)] \\
&= \int_0^\infty \mathrm{d}n_x \int_0^\infty \mathrm{d}n_y \int_0^\infty \mathrm{d}n_z \exp[-\alpha^2(n_x{}^2 + n_y{}^2 + n_z{}^2)] \\
&= \left[\int_0^\infty \mathrm{d}n_x \exp(-\alpha^2 n_x{}^2)\right]^3 = \frac{\pi^{3/2}}{8\alpha^3} \\
&= V\left(\frac{M\tau}{2\pi\hbar^2}\right)^{3/2} = n_\mathrm{Q} V, \quad n_\mathrm{Q} \equiv \left(\frac{M\tau}{2\pi\hbar^2}\right)^{3/2}
\end{aligned} \tag{5.14}$$

ただし，ここで**量子濃度** (quantum concentration) n_Q を導入した．量子濃度とは，1辺の長さがド・ブロイ波長 (de Broglie wavelength) の熱平均値 $[2\pi\hbar^2/(M\tau)]^{1/2}$

と等しい立方体の中に，原子1個が存在するときの濃度である．気体の濃度 n が $n \ll n_Q$ を満たす場合，気体は**古典領域** (classical regime) にあるという．そして，古典領域にある，原子間の相互作用のない気体を**理想気体** (ideal gas) と定義する．

箱の中の原子の熱平均エネルギー U は，式 (2.9) から分配関数 Z_1 を用いて次のように求められる．

$$U = \frac{1}{Z_1} \sum_n \epsilon_n \exp\left(-\frac{\epsilon_n}{\tau}\right) = \tau^2 \frac{\partial}{\partial \tau} \ln Z_1 = \frac{3}{2}\tau \tag{5.15}$$

つぎに，箱の中に N 個の同一粒子が存在する場合を考える．N 個の同一粒子の分配関数 Z_N は，古典領域において

$$Z_N = \frac{1}{N!} Z_1{}^N = \frac{1}{N!}(n_Q V)^N \tag{5.16}$$

である．したがって，式 (2.9) から原子の熱平均エネルギー U は，次のようになる．

$$U = \tau^2 \frac{\partial}{\partial \tau} \ln Z_N = \frac{3}{2} N \tau \tag{5.17}$$

ヘルムホルツの自由エネルギー F は，式 (2.29) と式 (5.16) から

$$F = -\tau \ln Z_N = -\tau \ln Z_1{}^N + \tau \ln N! \tag{5.18}$$

となる．ここで，$N \gg 1$ として，スターリングの近似

$$\ln N! \simeq N \ln N - N \tag{5.19}$$

を用いると，

$$\begin{aligned} F &= -\tau N \ln(n_Q V) + \tau N \ln N - \tau N \\ &= N\tau \left[\ln\left(\frac{n}{n_Q}\right) - 1\right] \end{aligned} \tag{5.20}$$

が得られる．したがって，圧力 p は，式 (2.26) と式 (5.20) から

$$p = -\left(\frac{\partial F}{\partial V}\right)_\tau = \frac{N\tau}{V} \tag{5.21}$$

となる．これから，**理想気体の法則** (ideal gas law)

$$pV = N\tau \tag{5.22}$$

が導かれる．

また，エントロピー σ は，式 (2.26)，式 (5.14)，式 (5.20) から

$$\sigma = -\left(\frac{\partial F}{\partial \tau}\right)_V = N \ln(n_Q V) + \frac{3}{2}N - N \ln N + N$$
$$= N\left[\ln\left(\frac{n_Q}{n}\right) + \frac{5}{2}\right] \tag{5.23}$$

となる．ここで，$n \equiv N/V$ を用いた．この式は，単原子理想気体におけるサックール–テトロード (Sackur–Tetrode) 方程式とよばれる．

このような単原子理想気体では，一つの軌道の占有数 N は，その平均値 $\langle N \rangle$ と等しく，

$$N = \langle N \rangle = \sum_s f(\epsilon_s) = \lambda \sum_s \exp\left(-\frac{\epsilon_s}{\tau}\right)$$
$$= \lambda Z_1 = \lambda n_Q V = \frac{\lambda n_Q}{n} N \tag{5.24}$$

となる．したがって，

$$\lambda = \exp\left(\frac{\mu}{\tau}\right) = \frac{n}{n_Q} \tag{5.25}$$

$$\mu = \tau \ln\left(\frac{n}{n_Q}\right) \tag{5.26}$$

となる．

また，定積熱容量 C_V は，次式で与えられる．

$$C_V \equiv \tau\left(\frac{\partial \sigma}{\partial \tau}\right)_V = \frac{3}{2}N \tag{5.27}$$

一方，定圧熱容量 C_p は，

$$\tau \, d\sigma = dU + p \, dV \tag{5.28}$$

から

$$C_p = \tau\left(\frac{\partial \sigma}{\partial \tau}\right)_p = \left(\frac{\partial U}{\partial \tau}\right)_p + p\left(\frac{\partial V}{\partial \tau}\right)_p$$
$$= C_V + N = \frac{5}{2}N \tag{5.29}$$

となる．

5.5 可逆な等温膨張

単原子理想気体が可逆的な等温膨張をするとき，エントロピー σ は，

$$\sigma(V) = N \ln V + \text{constant} \tag{5.30}$$

となる．したがって，次の関係が成り立つ．

$$\sigma_2 - \sigma_1 = N \ln \left(\frac{V_2}{V_1}\right) \tag{5.31}$$

5.6 可逆な等エントロピー膨張

単原子理想気体のエントロピー σ は，

$$\sigma(\tau, V) = N(\ln \tau^{3/2} + \ln V + \text{constant}) \tag{5.32}$$

だから，エントロピーが一定の場合，

$$\tau^{3/2} V = \text{constant} \tag{5.33}$$

となる．

この結果を一般化すると，次のようになる．

$$\tau_1 V_1^{\gamma-1} = \tau_2 V_2^{\gamma-1}, \qquad \tau_1^{\gamma/(1-\gamma)} p_1 = \tau_2^{\gamma/(1-\gamma)} p_2, \qquad p_1 V_1^\gamma = p_2 V_2^\gamma \tag{5.34}$$

ただし，

$$\gamma = \frac{C_p}{C_V} \tag{5.35}$$

である．

5.7 分子から構成される理想気体

分子の全エネルギー ϵ は，

$$\epsilon = \epsilon_\text{n} + \epsilon_\text{int} \tag{5.36}$$

と表される．ここで，ϵ_n は重心の並進運動エネルギーである．一方，ϵ_{int} は内部自由度に関係しており，分子の場合，回転エネルギーと振動エネルギーの和である．

これから，古典領域でのギブス和 $\mathcal{Z}$ は，軌道 n に対して，

$$\mathcal{Z} = 1 + \lambda \sum_{\text{int}} \exp\left(-\frac{\epsilon_n + \epsilon_{\text{int}}}{\tau}\right) \tag{5.37}$$

となる．ここで，

$$Z_{\text{int}} = \sum_{\text{int}} \exp\left(-\frac{\epsilon_{\text{int}}}{\tau}\right) \tag{5.38}$$

とおくと，

$$\mathcal{Z} = 1 + \lambda Z_{\text{int}} \exp\left(-\frac{\epsilon_n}{\tau}\right) \tag{5.39}$$

と表される．

分子から構成される理想気体では，内部自由度があるため，単原子理想気体とは異なり，

$$\lambda = \frac{n}{n_Q Z_{\text{int}}} \tag{5.40}$$

$$\mu = \tau \left[\ln\left(\frac{n}{n_Q}\right) - \ln Z_{\text{int}}\right] \tag{5.41}$$

となる．この結果，ヘルムホルツの自由エネルギー F は，単原子理想気体に比べて，

$$F_{\text{int}} = -N\tau \ln Z_{\text{int}} \tag{5.42}$$

だけ増加する．また，エントロピー σ も，

$$\sigma_{\text{int}} = -\left(\frac{\partial F_{\text{int}}}{\partial \tau}\right)_V \tag{5.43}$$

だけ増加する．

演習問題

5.1 フェルミ-ディラック分布関数 フェルミ-ディラック分布関数 $f(\epsilon)$ の，フェルミ準位 $\epsilon = \mu$ における微係数

$$\left[-\frac{\partial f}{\partial \epsilon}\right]_{\epsilon=\mu}$$

の値を計算せよ．

5.2 充填された軌道と空の軌道との対称性 $\epsilon = \mu + \delta$ とすれば，フェルミ-ディラック分布関数 $f(\epsilon)$ は，$f(\mu + \delta)$ と表される．このとき，

$$f(\mu + \delta) = 1 - f(\mu - \delta) \tag{5.44}$$

であることを示せ．

5.3 2個まで占有可能な軌道

(a) 一つの軌道を占有可能な粒子数が $0, 1, 2$ であるような系を考える．そして，これらの占有数に対応するエネルギーの値をそれぞれ $0, \epsilon, 2\epsilon$ とする．この軌道から構成される系が，基本温度 τ，化学ポテンシャル μ の熱浴と熱的および拡散的に接触している．このとき，占有数のアンサンブル平均 $\langle N \rangle$ を求めよ．

(b) エネルギー準位が2重に縮退している場合，すなわち二つの軌道が同じエネルギー ϵ をもつ場合を考える．このとき，準位の占有数のアンサンブル平均を求めよ．なお，両方の軌道が占められているとき，エネルギーは 2ϵ である．

5.4 量子濃度 1個の粒子が，1辺の長さ L の立方体の中に閉じ込められている．このとき，濃度は $n = 1/L^3$ である．粒子が基底軌道にあるとき，粒子の運動エネルギーは，いくらか？ また，濃度 n_0 において，この零点量子運動エネルギーが，基本温度 τ に等しくなる．量子濃度 n_Q を用いて，この濃度 n_0 を表せ．

5.5 理想気体に対する熱力学の恒等式 粒子数が一定のとき，熱力学の恒等式

から，次の式が得られる．

$$d\sigma = \frac{dU}{\tau} + \frac{p\,dV}{\tau}$$
$$= \frac{1}{\tau}\left(\frac{\partial U}{\partial \tau}\right)_V d\tau + \frac{1}{\tau}\left(\frac{\partial U}{\partial V}\right)_\tau dV + \frac{p\,dV}{\tau} \quad (5.45)$$

これを積分して，理想気体のエントロピー σ を求めよ．

5.6 圧力とエネルギー密度との関係
(a) 熱浴と熱的に接触している系の平均圧力が，

$$p = -\frac{1}{Z}\sum_s \left(\frac{\partial \epsilon_s}{\partial V}\right)_N \exp\left(-\frac{\epsilon_s}{\tau}\right) \quad (5.46)$$

で与えられることを示せ．和は，系のすべての状態についてとる．
(b) 自由粒子の気体に対して，

$$\left(\frac{\partial \epsilon_s}{\partial V}\right)_N$$

を求めよ．
(c) 系の熱平均エネルギー U と体積 V を用いて，相互作用のない非相対論的自由粒子に対する圧力 p を表せ．

5.7 1次元の理想気体 質量 M の N 個の粒子からなる理想気体が，長さ L の1次元の線の中に閉じ込められている．このとき，基本温度 τ におけるエントロピーを求めよ．なお，粒子のスピンは，ゼロとする．

5.8 2次元の理想気体
(a) N 個の原子から構成される単原子理想気体が，面積 $A = L^2$ の正方形内に閉じ込められている．この2次元の単原子理想気体の化学ポテンシャルを求めよ．ただし，スピンは，ゼロとする．
(b) この気体のエネルギー U を求めよ．
(c) 基本温度 τ における，この気体のエントロピー σ を求めよ．

5.9 理想気体に対するギブス和
(a) 式 (5.16) を用いて，同一種類の原子から構成される理想気体に対するギブス和 $\mathcal{Z}$ を求めよ．
(b) 熱浴と拡散接触している体積 V の気体を考える．この中に N 個の原子が存在している確率 $P(N)$ を求めよ．

(c) 問題 5.9(b) の $P(N)$ が

$$\sum_N P(N) = 1, \qquad \sum_N NP(N) = \langle N \rangle$$

を満足することを確かめよ．

5.10 極端に相対論的な粒子から構成される気体 極端に相対論的な粒子は，$pc \gg Mc^2$ を満たすような運動量 p をもつ．ここで，M は粒子の静止質量である．量子波長に対するド・ブロイの関係式 $\lambda = h/p$ は，やはり成立する．もし，$\epsilon \cong pc$ ならば，極端に相対論的な理想気体の 1 粒子あたりの平均エネルギーは，いくらになるか？

5.11 混合のエントロピー タイプ A の原子 N 個からなる系と，同じ温度，同じ体積のタイプ B の原子 N 個からなる系がある．これらの系を拡散接触させると，拡散平衡に達した後で，全エントロピーは，どれだけ増加するか？ また，原子が同一 ($A \equiv B$) の場合，拡散平衡における全エントロピーは，どうなるか？

5.12 大きな揺らぎが生じるための時間 300 K，1 気圧において，^{4}He 原子の気体が，容積 0.1 リットルの容器を満たしているとする．すべての原子が容器の一方の半分に集まっているような状態をとるまでに，どれだけ時間がかかるだろうか？

(a) この初期条件において，系に許される状態の数を計算せよ．

(b) 気体が体積 0.05 リットルまで等温圧縮されたとする．このとき，系に許される状態の数は，いくらになるか？

(c) 0.1 リットルの容器内にある系に対して，次の比の値を求めよ．

$$\frac{(\text{すべての原子が容器の一方の半分にある場合の状態数})}{(\text{すべての原子が容器中のどこに存在してもよい場合の状態数})}$$

(d) 1 個の原子の衝突の割合を 10^{10} s^{-1} の程度とすると，この系内の全原子の衝突数は，1 年間でいくらか？

(e) 平衡分布から出発して，すべての原子が容器の一方の半分に集まるまでに要する年数を求めよ．ただし，衝突によって，系の状態が変化すると仮定する．

5.13 遠心分離器 半径 R の円筒の中に，質量 M の原子から構成される理想

気体が入っている．そして，この円筒が，基本温度 τ において，長軸のまわりを角速度 ω で回転している．このとき，長軸から動径方向に r だけ離れた点における濃度 $n(r)$ を長軸上の濃度 $n(0)$ を用いて示せ．

5.14　高度による大気圧の変化　大気を理想気体と考え，熱平衡かつ拡散平衡状態にあるとする．このとき，地上からの高さ h の関数として，粒子の濃度 $n(h)$ を求めよ．ただし，粒子の平均質量を M，地上での粒子の濃度を $n(0)$ とする．

5.15　外部化学ポテンシャル　基本温度 τ において，体積 V の中にある，質量 M の N 個の原子を考える．そして，この系の地球表面における化学ポテンシャルを $\mu(0)$ とする．

(a) この系を高さ h の場所に運んだとき，その全化学ポテンシャルが，

$$\mu(h) = \mu(0) + Mgh$$

となることを証明せよ．なお，g は重力加速度である．

(b) この結果は，問題 5.14 の結果と異なっている．その理由を説明せよ．

5.16　地球の大気内の分子　地球の半径を R，地球の中心からの距離を r，表面における重力加速度を g とする．温度 (基本温度 τ) が一定のとき，地球の大気内の分子 (質量 M) の総数 N は，どのように表されるか？ただし，位置 r における分子の濃度を $n(r)$ とする．

5.17　重力場における気体　一様な重力場 g の中にある，基本温度 τ，質量 M の原子ガスの柱を考える．このとき，1原子あたりの熱平均ポテンシャルを求めよ．

5.18　能動的な輸送　植物 (たとえば淡水藻) 細胞の内壁の K^+ イオンの濃度は，細胞が生育している池の水の中の K^+ イオンの濃度のおよそ 10^4 倍である．このため，細胞内の K^+ イオンの化学ポテンシャルは，外部よりも大きい．300 K において，細胞壁を通しての化学ポテンシャルの差は，いくらになるか？なお，化学ポテンシャルは，理想気体の場合と等しいと仮定する．

5.19　樹木における樹液の上昇　木の根が水の中にあり，木の最先端の葉が相対湿度 $r = 0.9$ の水蒸気を含む空気中にあるとする．温度が 25 °C のとき，

樹木を上昇することのできる水の最高の高さを求めよ．ただし，相対湿度が r であり，水のすぐ上にある飽和空気中の水蒸気の濃度が n_0 のとき，最先端の葉の接する空気中の水蒸気の濃度は rn_0 である．

5.20 磁場中で動くことのできる磁気粒子　1個あたり磁気モーメント m をもつ，N 個の同一粒子を考える．簡単のため，おのおののモーメントが，印加磁場（磁束密度 B）に平行（↑）または反平行（↓）であると仮定すると

$$\mu_{\text{ext}}(\uparrow) = -mB, \qquad \mu_{\text{ext}}(\downarrow) = mB$$

となる．この系を理想気体と考え，平衡状態における↑粒子と↓粒子の濃度の和を求めよ．

5.21 濃度に対する磁場効果　磁束密度 B が存在するとき，磁気粒子気体の濃度を $n(B)$ とする．$B = 20\,\text{kG}\,(2\,\text{T})$ のとき $n(B)/n(0) = 100$ ならば，磁気モーメント m と基本温度 τ の比 m/τ はどうなるか？　また，$T = 300\,\text{K}$ ならば，このような磁気濃度効果を与えるためには，粒子は何個のボーア磁子 $\mu_{\text{B}} \equiv e\hbar/2mc$ をもてばよいか？

5.22 理想気体における等温膨張と等エントロピー過程　$300\,\text{K}$，1気圧において，1モルの単原子理想気体を考える．まず，この気体をはじめの体積の2倍にまで可逆的に等温膨張させる．次に，等エントロピー過程によって，この2倍の体積から，はじめの体積の4倍にまで膨張させる．

(a) これら二つの過程それぞれにおいて，気体に加えられる熱（単位は J）はいくらか？

(b) 2番目の過程が終了したとき，系の温度はいくらか？

(c) 最初の過程を，体積がはじめの2倍になるまでの真空への非可逆膨張で置き換えたとする．非可逆膨張におけるエントロピーの増加は，$\text{J}\cdot\text{K}^{-1}$ 単位でいくらか？

5.23 理想気体の等エントロピー関係式

(a) 理想気体の等エントロピー過程において，微分変化の間に次の関係式

が満たされることを示せ.
$$\frac{dp}{p} + \gamma \frac{dV}{V} = 0$$
$$\frac{d\tau}{\tau} + (\gamma - 1)\frac{dV}{V} = 0 \qquad (5.47)$$
$$\frac{dp}{p} + \frac{\gamma}{1-\gamma}\frac{d\tau}{\tau} = 0$$

ただし, $\gamma = C_p/C_V$ である.

(b) 等エントロピー体積弾性率および等温体積弾性率は, それぞれ次のように定義されている.
$$B_\sigma = -V\left(\frac{\partial p}{\partial V}\right)_\sigma, \qquad B_\tau = -V\left(\frac{\partial p}{\partial V}\right)_\tau \qquad (5.48)$$
理想気体に対して, $B_\sigma = \gamma p$, $B_\tau = p$ であることを示せ.

5.24 **大気の対流的等エントロピー平衡** 大気圏の下部, 高さ 10–15 km の領域 (対流圏) は, しばしば等エントロピーの対流的定常状態になる (等温ではない). このような平衡状態では, pV^γ が高度によらず一定になる. ここで, $\gamma = C_p/C_V$ である. 一様な重力場における力学的平衡条件を用いて, 次の問に答えよ.

(a) 高度を z とするとき, dT/dz は, どうなるか?

(b) dT/dz の値を °C·km^{-1} 単位で求めよ. ただし, $\gamma = 7/5$ とする.

(c) 質量密度を ρ とするとき, $p \propto \rho^\gamma$ であることを示せ.

5.25 **等エントロピー膨張**

(a) 理想気体のエントロピーが, 軌道の占有数のみの関数として表されることを示せ.

(b) 問題 5.25(a) の結果から, 単原子理想気体の等エントロピー膨張において, $\tau V^{2/3}$ が一定であることを示せ.

5.26 **ディーゼルエンジンにおける圧縮** ディーゼルエンジンでは, シリンダー内部の空気を圧縮して, 温度を上げる. そして, 燃料を発火させるのに十分な温度に達したところで, 気体状にした燃料をシリンダーの中に噴射する. いま, シリンダー内の空気が, 初期温度 27°C (300 K) から等エントロピー的に圧縮されると仮定する. 圧縮比を 15 とすると, 圧縮によって熱せられた空気の最高温度は, 何度になるか? ただし, $\gamma = 1.4$ とする.

5.27 内部自由度をもつ原子の気体 二つの内部エネルギー状態をもつ原子から構成される，理想気体を考える．そして，一つの状態は，他方の状態よりもエネルギーが Δ だけ高いとする．基本温度 τ において，体積 V の中に N 個の原子があるとき，(a) 化学ポテンシャル μ, (b) ヘルムホルツの自由エネルギー F, (c) エントロピー σ, (d) 圧力 p, (e) 定圧熱容量 C_p を求めよ．

6 フェルミ気体とボース気体

基 礎 事 項

6.1 フェルミ気体

$\tau \ll \epsilon_F = \mu(0)$ のとき,フェルミ気体は,**縮退** (degenerate) しているという.このとき,ϵ_F 以下のエネルギーをもつ軌道は,ほとんどすべて占有されており,ϵ_F より大きなエネルギーをもつ軌道は,ほとんど完全に空である.一方,$\tau > \epsilon_F$ のとき,フェルミ気体は,縮退していないという.

ここで,N 個の電子が,1辺の長さ L の立方体の中に存在する系を考えよう.フェルミ・エネルギー ϵ_F は,絶対零度において占有されている軌道の中で,もっともエネルギーの高い軌道のエネルギーと等しく,次のように表される.

$$\epsilon_F = \frac{\hbar^2}{2m}\left(\frac{\pi n_F}{L}\right)^2 \tag{6.1}$$

占有されている軌道と空の軌道を分ける球の半径が n_F であり,粒子数 N と次のような関係がある.

$$N = 2 \times \frac{1}{8} \times \frac{4}{3}\pi n_F{}^3, \quad n_F = \left(\frac{3N}{\pi}\right)^{1/3} \tag{6.2}$$

ただし,ここでスピンの上向き,下向きを考慮し,因子 2 を入れている.式 (6.2) を用いると,式 (6.1) は次のように書き換えられる.

$$\epsilon_F = \frac{\hbar^2}{2m}\left(\frac{3\pi^2 N}{V}\right)^{2/3} = \frac{\hbar^2}{2m}(3\pi^2 n)^{2/3} \equiv \tau_F \equiv k_B T_F \tag{6.3}$$

ここで,$V = L^3$,$n \equiv N/V$ であり,τ_F および T_F は,**フェルミ温度** (Fermi temperature) とよばれる.

また，次式によって，**フェルミ速度** (Fermi velocity) v_F を定義する．

$$\epsilon_\mathrm{F} = \frac{1}{2}mv_\mathrm{F}^2 , \quad v_\mathrm{F} = \left(\frac{2\epsilon_\mathrm{F}}{m}\right)^{1/2} \tag{6.4}$$

基底状態 (絶対零度) では，系の全エネルギー U_0 は，

$$\begin{aligned} U_0 &= 2 \times \frac{1}{8} \times 4\pi \int_0^{n_\mathrm{F}} \mathrm{d}n\, n^2 \frac{\hbar^2}{2m}\left(\frac{\pi n}{L}\right)^2 \\ &= \frac{\pi^3}{10m}\left(\frac{\hbar}{L}\right)^2 n_\mathrm{F}^5 = \frac{3\hbar^2}{10m}\left(\frac{\pi n_\mathrm{F}}{L}\right)^2 N \\ &= \frac{3}{5}N\epsilon_\mathrm{F} \end{aligned} \tag{6.5}$$

で与えられる．

6.2 状態密度

物理量 X の平均値 $\langle X \rangle$ は，次のように表すことができる．

$$\langle X \rangle = \int \mathrm{d}\epsilon\, D(\epsilon) f(\epsilon, \tau, \mu) X(\epsilon) \tag{6.6}$$

ここで，$D(\epsilon)\mathrm{d}\epsilon$ は，エネルギーが ϵ と $\epsilon + \mathrm{d}\epsilon$ の間の軌道数であり，$D(\epsilon)$ を**軌道密度** (density of orbitals) あるいは**状態密度** (density of states) という．また，$f(\epsilon, \tau, \mu)$ は，一つの軌道を占有する粒子数の平均値，すなわち分布関数である．

フェルミ気体の場合，式 (6.3) から

$$N(\epsilon) = \frac{V}{3\pi^2}\left(\frac{2m}{\hbar^2}\right)^{3/2} \epsilon^{3/2} \tag{6.7}$$

$$D(\epsilon) \equiv \frac{\mathrm{d}N(\epsilon)}{\mathrm{d}\epsilon} = \frac{V}{2\pi^2}\left(\frac{2m}{\hbar^2}\right)^{3/2} \epsilon^{1/2} = \frac{3N(\epsilon)}{2\epsilon} \tag{6.8}$$

と表される．また，単位体積あたりの状態密度 $\mathcal{D}(\epsilon)$ は，

$$\mathcal{D}(\epsilon) \equiv \frac{D(\epsilon)}{V} = \frac{1}{2\pi^2}\left(\frac{2m}{\hbar^2}\right)^{3/2} \epsilon^{1/2} = \frac{3n(\epsilon)}{2\epsilon}, \quad n(\epsilon) = \frac{N(\epsilon)}{V} \tag{6.9}$$

となる．

6.3 電子気体の比熱

系の温度を絶対零度から温度 τ まで上昇させると,エネルギーの変化 ΔU は,

$$\Delta U \equiv U(\tau) - U(0) = \int_0^\infty d\epsilon\, \epsilon D(\epsilon) f(\epsilon) - \int_0^{\epsilon_F} d\epsilon\, \epsilon D(\epsilon)$$
$$= \int_{\epsilon_F}^\infty d\epsilon\, (\epsilon - \epsilon_F) f(\epsilon) D(\epsilon) + \int_0^{\epsilon_F} d\epsilon\, (\epsilon_F - \epsilon)[1 - f(\epsilon)] D(\epsilon) \quad (6.10)$$

となる.したがって,電子気体の比熱 C_{el} は,十分低温で

$$\begin{aligned} C_{\mathrm{el}} = \frac{dU}{d\tau} &= \int_0^\infty d\epsilon\, (\epsilon - \epsilon_F) \frac{df}{d\tau} D(\epsilon) \\ &\cong D(\epsilon_F) \int_0^\infty d\epsilon\, (\epsilon - \epsilon_F) \frac{df}{d\tau} \\ &= \frac{1}{3} \pi^2 D(\epsilon_F) \tau \end{aligned} \quad (6.11)$$

と表される.ここで,

$$D(\epsilon_F) = \frac{3N}{2\epsilon_F} = \frac{3N}{2\tau_F} \quad (6.12)$$

だから

$$C_{\mathrm{el}} = \frac{1}{2} \pi^2 N \frac{\tau}{\tau_F} \quad (6.13)$$

と書くこともできる.なお,通常の単位では,

$$C_{\mathrm{el}} = \frac{1}{2} \pi^2 N k_B \frac{T}{T_F} \quad (6.14)$$

である.

ここまで,比熱に対する電子の寄与を考えてきたが,金属の比熱は,電子の寄与と格子振動の寄与の和で与えられる.

6.4 ボーズ気体とアインシュタイン凝縮

相互作用のないボーズ粒子から構成される気体では,ある転移温度以下で次のような現象が生ずる.すなわち,ほとんどすべての粒子が,もっともエネルギーの低

い軌道 (基底軌道) を占有し，それよりもエネルギーの高い軌道を占める粒子の数が無視できるほど小さくなる．このような現象を**アインシュタイン凝縮** (Einstein condensation) という．

さて，基底軌道のエネルギーをゼロとすると，ボーズ–アインシュタイン分布関数 $f(\epsilon,\tau)$ は，

$$f(\epsilon,\tau) = \frac{1}{\exp[(\epsilon-\mu)/\tau]-1} \tag{6.15}$$

と表される．$\tau \to 0$ のとき，基底軌道の占有数 $f(0,\tau)$ は，系の全粒子数 N に近づくから，

$$N = \lim_{\tau \to 0} f(0,\tau) = \lim_{\tau \to 0} \frac{1}{\exp(-\mu/\tau)-1} \approx -\frac{\tau}{\mu}$$

となる．したがって，絶対零度付近では，

$$N = -\frac{\tau}{\mu}, \quad \mu = -\frac{\tau}{N} \tag{6.16}$$

と表される．

つぎに，軌道の占有率の温度依存性について考える．スピン 0 の自由粒子に対して，単位エネルギーあたりの軌道の数は，

$$D(\epsilon) = \frac{V}{4\pi^2}\left(\frac{2M}{\hbar^2}\right)^{3/2} \epsilon^{1/2} \tag{6.17}$$

となる．スピンが 0 だから，式 (6.8) と因子 2 だけ異なっていることに注意してほしい．

また，全粒子数 N は，

$$N = N_0(\tau) + N_e(\tau) = N_0(\tau) + \int_0^\infty d\epsilon\, D(\epsilon) f(\epsilon,\tau) \tag{6.18}$$

と表される．ここで $N_0(\tau)$ は基底軌道の粒子数，$N_e(\tau)$ は励起軌道の粒子数である．なお，$N_e(\tau)$ は，

$$\begin{aligned}
N_e(\tau) &= \frac{V}{4\pi^2}\left(\frac{2M}{\hbar^2}\right)^{3/2} \int_0^\infty \frac{\epsilon^{1/2}}{\lambda^{-1}\exp(\epsilon/\tau)-1}\, d\epsilon \\
&= \frac{1.306\,V}{4}\left(\frac{2M\tau}{\pi\hbar^2}\right)^{3/2} = 2.612\, n_Q V
\end{aligned} \tag{6.19}$$

である．ここで，量子濃度 n_Q は，

$$n_Q \equiv \left(\frac{M\tau}{2\pi\hbar^2}\right)^{3/2} \tag{6.20}$$

である．

　励起軌道の粒子数 $N_e(\tau)$ が，全粒子数 N に等しくなる，すなわち $N_e(\tau) = N$ となる温度として，**アインシュタイン凝縮温度**（Einstein condensation temperature）τ_E を定義する．これは，式 (6.19) と式 (6.20) から，次のようになる．

$$\tau_E \equiv \frac{2\pi\hbar^2}{M}\left(\frac{N}{2.612V}\right)^{2/3} \tag{6.21}$$

これを用いると，

$$\frac{N_e}{N} \simeq \left(\frac{\tau}{\tau_E}\right)^{3/2} \tag{6.22}$$

と表される．

演習問題

6.1　1次元および2次元の状態密度　基礎事項 6.2 では，3次元のフェルミ気体の状態密度を求めた．ここでは，1次元および2次元のフェルミ気体の状態密度を求めてみよう．
(a) 長さ L の線の中に閉じこめられている，1次元のフェルミ気体の状態密度を求めよ．
(b) 面積 A の正方形の中に閉じこめられている，2次元のフェルミ気体の状態密度を求めよ．

6.2　相対論的なフェルミ気体　電子のエネルギーが $\epsilon \gg mc^2$ の場合，$\epsilon \simeq pc$ となる．ここで，m は電子の静止質量，p は運動量である．体積 $V = L^3$ の立方体内の電子に対して，運動量は，

$$\frac{\pi\hbar}{L}(n_x{}^2 + n_y{}^2 + n_z{}^2)^{1/2}$$

の形をしており，これは非相対論的極限の場合と同じである．

(a) この極端に相対論的な極限において，N 個の電子からなる気体のフェルミ・エネルギーを求めよ．

(b) この気体の基底状態の全エネルギーを求めよ．

6.3 縮退したフェルミ気体

(a) 基底状態におけるフェルミ気体の圧力 p を求めよ．

(b) 基本温度 τ が $\tau \ll \epsilon_F$ を満たすとき，フェルミ気体のエントロピー σ を求めよ．

6.4 化学ポテンシャルと温度の関係 極低温において，1次元，2次元，3次元のフェルミ気体に対する，化学ポテンシャル μ と基本温度 τ の関係を説明せよ．

6.5 フェルミ気体としての液体 ^{3}He ^{3}He 原子は，スピン $I = \frac{1}{2}$ をもつフェルミ粒子である．

(a) これを相互作用のないフェルミ気体と見なして，絶対零度におけるフェルミ速度 v_F，フェルミ・エネルギー ϵ_F，フェルミ温度 T_F を計算せよ．なお，液体の密度は $0.081 \,\mathrm{g \cdot cm^{-3}}$ である．

(b) $T \ll T_F$ のような低温における熱容量を計算せよ．

6.6 天体物理学におけるフェルミ気体

(a) 太陽の質量が $M_S = 2 \times 10^{33}\,\mathrm{g}$ で与えられるとき，太陽の中の電子数を求めよ．白色矮星では，この数の電子がイオン化によって生じ，半径 $2 \times 10^9\,\mathrm{cm}$ の球の中に閉じ込められている．このときの電子のフェルミ・エネルギーを eV 単位で求めよ．

(b) 相対論的極限 $\epsilon \gg mc^2$ における電子のエネルギー ϵ は，波数 k と $\epsilon \cong pc = \hbar k c$ という関係がある．この極限におけるフェルミ・エネルギー ϵ_F を求めよ．

(c) 問題 6.6(a) で求めた数の電子が，半径 $10\,\mathrm{km}$ のパルサー星の中に閉じ込められているとする．このとき，フェルミ・エネルギー ϵ_F の大きさは，いくらか？

6.7 白色矮星 質量 M，半径 R の白色矮星を考える．電子は縮退しているが，非相対論的であるとする．一方，陽子は縮退していないと仮定する．

(a) 自己重力エネルギーを求めよ．ただし，重力定数を G とする．

(b) 基底状態における電子の運動エネルギーを計算せよ．ただし，電子の質量を m，陽子の質量を $M_{\rm H}$ とする．

(c) 力学のヴィリアルの定理から，重力エネルギーと運動エネルギーが同じ大きさであるとすると，

$$M^{1/3}R \approx 10^{20}\,{\rm g}^{1/3}\cdot{\rm cm}$$

であることを示せ．

(d) 白色矮星の質量が，太陽の質量 $(2\times 10^{23}\,{\rm g})$ に等しいとすると，白色矮星の密度はいくらか？

(e) パルサーは，中性子の冷たい縮退した気体から構成されていると考えられている．中性子星に対して，

$$M^{1/3}R \approx 10^{17}\,{\rm g}^{1/3}\cdot{\rm cm}$$

であることを示せ．また，中性子星の質量が太陽と等しいとき，その半径はいくらか？

6.8 光子の凝縮 光子数 N が一定で，その濃度が $10^{20}\,{\rm cm}^{-3}$ であるような，仮想的な宇宙を考える．熱的に励起された光子数を

$$N_{\rm e} = \frac{2.404\,V\tau^3}{\pi^2\hbar^3 c^3}$$

とすると，臨界温度以下では $N_{\rm e} < N$ となる．この臨界温度を求めよ．

6.9 相対論的白色矮星 半径 R の球内に存在する，静止質量 m の電子 N 個から構成されるフェルミ気体を考える．ある白色矮星では，大部分の電子が極端に相対論的な運動エネルギー $\epsilon \simeq pc$ をもつ．ここで，p は電子の運動量である．

ヴィリアルの定理を用いて，N の値を求めよ．ただし，星全体がイオン化した水素原子であると仮定し，陽子の運動エネルギーは，電子の運動エネルギーよりも十分小さいとして無視せよ．

6.10 縮退したボーズ気体 スピン 0 の N 個のボーズ粒子から構成される気体が，体積 V の中に閉じ込められている．また，ボーズ粒子間に相互作用はないとする．このボーズ気体のエネルギー ϵ，熱容量 C_V，およびエン

トロピー σ を基本温度 τ の関数として示せ．ただし，アインシュタイン凝縮温度 τ_E よりも低い温度領域を考える．

6.11 1次元のボーズ気体 1次元の相互作用のないボーズ気体に対して，励起軌道の粒子数 $N_e(\tau)$ が収束しないことを示せ．なお，絶対活動度 $\lambda = 1$ とせよ．

6.12 フェルミ気体の揺らぎ フェルミ粒子系の一つの軌道を考える．この軌道を占めるフェルミ粒子の数の平均値を $\langle N \rangle$ とする．いま，

$$\Delta N \equiv N - \langle N \rangle$$

とおくとき，$\langle (\Delta N)^2 \rangle$ を求めよ．

6.13 ボーズ気体の揺らぎ ボーズ粒子系の一つの軌道を考える．この軌道を占めるボーズ粒子の数の平均値を $\langle N \rangle$ とすると，式 (4.51) から

$$\langle (\Delta N)^2 \rangle = \langle N \rangle (1 + \langle N \rangle) \tag{6.23}$$

であることを示せ．

6.14 化学ポテンシャルと濃度の関係

(a) 基本温度 τ，体積 V のボーズ気体に対して，化学ポテンシャルと粒子数との関係を図示せよ．ただし，古典領域と量子領域の両方を含むこと．

(b) 基本温度 τ，体積 V のフェルミ気体に対して，化学ポテンシャルと粒子数との関係を図示せよ．ただし，古典領域と量子領域の両方を含むこと．

6.15 2個の軌道をもつボーズ粒子系 スピン 0 の N 個のボーズ粒子からなる系を考える．そして，1 個のボーズ粒子に対する軌道のエネルギーは，0 または ϵ である．また，この系の化学ポテンシャルは μ，基本温度は τ である．最低軌道を占める粒子の数の熱平均値が，エネルギー ϵ の軌道を占める粒子の数の 2 倍になる温度を求めよ．ただし，$N \gg 1$ とする．

7 熱と仕事

基礎事項

7.1 熱と仕事

　熱と仕事は，どちらもエネルギーの移動を表すが，移動の形態が異なる．すなわち，熱は熱浴との熱的接触によるエネルギーの移動であり，仕事は系を記述している外部パラメーターの変化によるエネルギー移動である．

　可逆過程の間の系のエネルギー変化を dU，エントロピーの変化を $d\sigma$，基本温度を τ とする．このとき，可逆過程の間に系が受け取る熱 $đQ$ を

$$đQ \equiv \tau d\sigma \tag{7.1}$$

で定義する．系に対してなされた仕事を $đW$ とすると，エネルギー保存則から，

$$dU = đW + đQ \tag{7.2}$$

の関係が成り立つ．したがって，

$$đW = dU - đQ = dU - \tau d\sigma \tag{7.3}$$

となる．ここで，$đW$ と $đQ$ が，経路によって異なる値をとることに注意してほしい．

7.2 熱機関

　熱機関 (heat engine) は，熱を仕事に変換する装置であり，**エネルギー変換効率** (energy conversion efficiency) やエントロピーが周期的に変化する．

まず，可逆動作する熱機関を考えてみよう．可逆過程では，系に入るエントロピーと，系から出るエントロピーは等しい．したがって，1サイクルの間に高温 τ_h で系に入った熱を Q_h，低温 τ_l で系から出た熱を Q_l とおくと，

$$\sigma_l = \sigma_h, \quad \frac{Q_l}{\tau_l} = \frac{Q_h}{\tau_h} \tag{7.4}$$

と表される．また，1サイクルの間に生じた仕事 W は，

$$W = Q_h - Q_l = \frac{\tau_h - \tau_l}{\tau_h} Q_h \tag{7.5}$$

である．可逆過程において，系に加えられた熱 Q_h とつくり出された仕事 W の比は，**カルノー効率** (Carnot efficiency) η_C とよばれ，次式で定義される．

$$\eta_C \equiv \left(\frac{W}{Q_h}\right)_{\text{rev}} = \frac{\tau_h - \tau_l}{\tau_h} = \frac{T_h - T_l}{T_h} \tag{7.6}$$

図 7.1 に可逆過程におけるエントロピーとエネルギーの流れを示す．

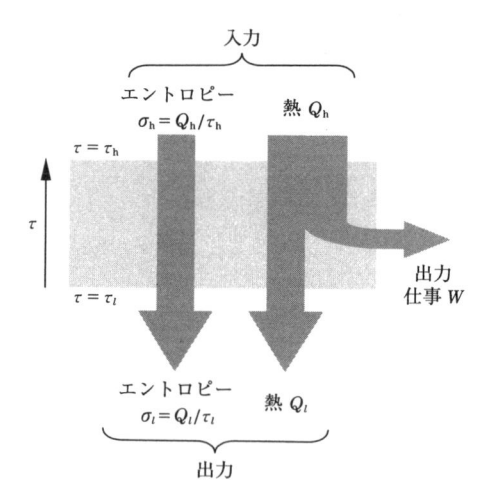

図 7.1 可逆装置におけるエントロピーとエネルギーの流れ．この装置は，連続的に動作し，熱から仕事をつくり出す．流出するエントロピーは，流入するエントロピーと等しくなければならない．

非可逆過程では，

$$\sigma_l \geq \sigma_h \tag{7.7}$$

$$Q_l \geq Q_h \frac{\tau_l}{\tau_h} \tag{7.8}$$

$$W = Q_h - Q_l \leq \eta_C Q_h \tag{7.9}$$

となる．したがって，エネルギー変換効率 η は，

$$\eta = \frac{W}{Q_h} \leq \frac{\tau_h - \tau_l}{\tau_h} \equiv \eta_C \tag{7.10}$$

と表される．これを**カルノーの不等式** (Carnot inequality) という．この式から，カルノー効率は，エネルギー変換効率の最大値を与えることがわかる．図 7.2 に非可逆過程におけるエントロピーとエネルギーの流れを示す．

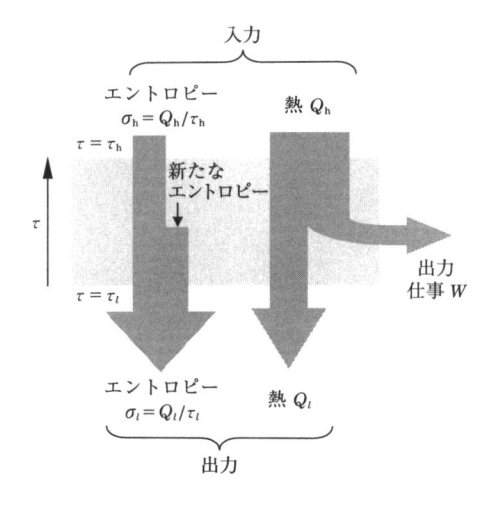

図 **7.2** 非可逆過程におけるエントロピーとエネルギーの流れ．実際の熱機関は，装置内で新たなエントロピーをつくり出すような非可逆性をもっている．低温において流出するエントロピーは，高温で流入するエントロピーよりも大きい．

7.3 冷　却　機

冷却機は，熱機関と逆の動作を行う．すなわち，外部から仕事を受け取って，熱を低温側から高温側に移す．外部から受け取る仕事を W とすると，可逆過程では

$$W = Q_h - Q_l = \frac{\tau_h - \tau_l}{\tau_l} Q_l \tag{7.11}$$

となり，冷却機の効率を表す**カルノー係数** (Carnot coefficient) γ_C は，次式で定義される．

$$\gamma_C \equiv \left(\frac{Q_l}{W}\right)_{rev} = \frac{\tau_l}{\tau_h - \tau_l} = \frac{T_l}{T_h - T_l} \tag{7.12}$$

一方，非可逆過程では，

$$\sigma_h \geq \sigma_l \tag{7.13}$$

$$Q_h \geq Q_l \frac{\tau_h}{\tau_l} \tag{7.14}$$

$$W = Q_h - Q_l \geq \frac{Q_l}{\gamma_C} \tag{7.15}$$

となる．したがって，**冷却性能係数** (coefficient of refrigerator performance) γ は，

$$\gamma = \frac{Q_l}{W} \leq \gamma_C \tag{7.16}$$

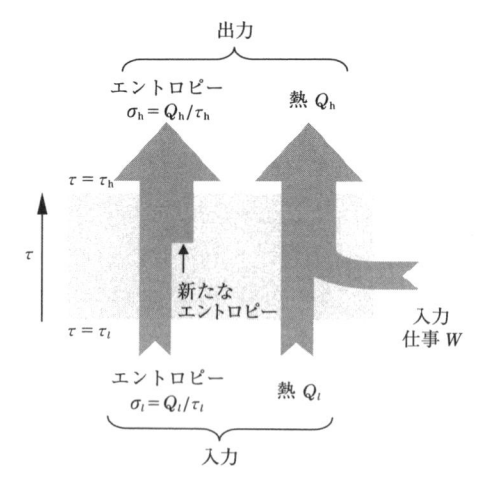

図 **7.3**　冷却機におけるエントロピーとエネルギーの流れ

となる．この式から，カルノー係数は，冷却性能係数の最大値を与えることがわかる．図 7.3 に冷却機におけるエントロピーとエネルギーの流れを示す．

さて，エアコンディショナーは，建物や自動車の中を涼しくし，熱を外界に捨てる冷却機である．外部と内側の接続を交換すれば，エアコンディショナーを冬に暖房機として用いることもできる．このような装置を**熱ポンプ** (heat pump) という．もし，$\tau_h - \tau_l \ll \tau_h$ ならば，直接加熱よりも少ない消費エネルギーで暖房が可能となる．

7.4 カルノー・サイクル

熱から仕事をつくり出す過程や，その逆に仕事を受け取って冷却する過程として，もっともよく知られているのが，図 7.4 に示す**カルノー・サイクル** (Carnot cycle) である．1 サイクルの間に系によってなされる仕事は，

$$W = (\tau_h - \tau_l)(\sigma_H - \sigma_L) \tag{7.17}$$

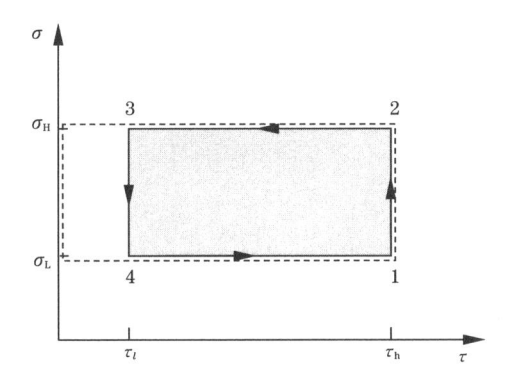

図 7.4 カルノー・サイクル．これは，熱を仕事に変換するためのサイクルで，任意の物質に対して，エントロピーと基本温度を軸にとって描いてある．このサイクルは，二つの膨張過程 ($1 \to 2$ と $2 \to 3$) と二つの圧縮過程 ($3 \to 4$ と $4 \to 1$) から成り立っている．また，$1 \to 2$ と $3 \to 4$ は等温過程であり，$2 \to 3$ と $4 \to 1$ は等エントロピー過程である．1 サイクルでなされる正味の仕事は，このループの囲む面積である．基本温度 τ_h において消費される熱は，破線で囲まれた部分の面積である．

である．また，最初の段階で基本温度 $\tau = \tau_h$ において取り出される熱は，

$$Q_h = \tau_h(\sigma_H - \sigma_L) \tag{7.18}$$

である．この二つの式から，カルノー効率 η_C を得ることができる．

演習問題

7.1 熱ポンプ

(a) 建物内部で放出される熱 1 単位に対して，可逆的な熱ポンプが必要とするエネルギーは，式 (7.6) のカルノー効率によって与えられる．すなわち，

$$\frac{W}{Q_h} = \eta_C = \frac{\tau_h - \tau_l}{\tau_h}$$

であることを示せ．もし，この熱ポンプが可逆的でなければ，どうなるか？

(b) 可逆的な熱ポンプによって消費される電気エネルギーが，基本温度 τ_{hh} と τ_l の間で動作するカルノー機関によってつくり出されなければならないと仮定する．基本温度 τ_{hh} で消費される熱と，基本温度 τ_h で放出される熱の比 Q_{hh}/Q_h は，どうなるか？ただし，$T_{hh} = 600\,\text{K}$，$T_h = 300\,\text{K}$，$T_l = 270\,\text{K}$ とする．

(c) 熱機関と熱ポンプとの結合系に対して，エネルギーとエントロピーの流れ図を描け．ただし，外部の仕事をまったく含まず，三つの温度でエネルギーとエントロピーだけが流れているとする．

7.2 吸収冷却機 持ち運びができる，家庭用やキャビン用の冷却機は，プロパンを燃料としている．そして，この吸収冷却機の駆動エネルギーは，仕事としてではなく，基本温度 $\tau_{hh} > \tau_h$ における気体の炎からの熱として供給される．

(a) このような冷却機に対して，エネルギーとエントロピーの流れ図を描け．ただし，仕事はまったく関係せず，三つの基本温度 $\tau_{hh} > \tau_h > \tau_l$ におけるエネルギーとエントロピーの流れがあるとする．

(b) 基本温度 $\tau = \tau_l$ で取り出される熱に対して，比 Q_l/Q_{hh} を計算せよ．

ただし，Q_{hh} は基本温度 $\tau = \tau_{hh}$ において入力される熱である．この過程は可逆的であると仮定する．

7.3 光子のカルノー機関 動作物質として光子気体を利用するカルノー機関を考えよう．
(a) V_1 と V_2 だけでなく τ_h と τ_l も与えられたとして，V_3 と V_4 を求めよ．
(b) 最初の等温膨張中に取り出される熱 Q_h と，この過程の間に気体によってなされる仕事はいくらか？
(c) 二つの等エントロピー過程で気体になされる仕事について，説明せよ．
(d) 1 サイクルの間に気体によってなされる全仕事と，エネルギー変換効率を計算せよ．

7.4 熱機関－冷却機の直列接続 冷却機を利用して，低温部の熱浴の温度を周囲の温度 τ_l よりも低い温度 τ_r まで下げると，熱機関の効率を改良することができる．このとき，冷却機は，熱機関によってつくり出された仕事の一部を消費する．熱機関と冷却機は，どちらも可逆的に動作すると仮定する．正味の仕事と，基本温度 τ_h において熱機関に供給される熱 Q_h との比を計算せよ．このような方法で，より大きな正味のエネルギー変換効率を得ることができるか？

7.5 熱的な汚染 大規模な動力プラントの低温部の熱浴として，水温 $T_l = 20°\text{C}$ の川を用いることにする．蒸気温度は $T_h = 500°\text{C}$ である．生態学的な理由から，その川に捨てられる熱量が $1500\,\text{MW}$ に限られている場合，このプラントが放出できる最大電力はいくらか？また，T_h を $100°\text{C}$ 上昇することができれば，このプラントの容量に対して，どのような効果があるか？

7.6 エアコンディショナー エアコンディショナーは，外気温度 T_h と部屋の温度 T_l との間で働くカルノー・サイクル冷却機として動作する．いま，$T_h > T_l$ とする．部屋は，外気から $A(T_h - T_l)$ の割合で熱を受け取り，この熱はエアコンディショナーによって取り除かれる．この冷却装置に対して供給される動力を P とする．
(a) 部屋の定常状態の温度 T_l を T_h と P を用いて表せ．
(b) 屋外の温度が $37°\text{C}$ のとき，冷却のための動力 $2\,\text{kW}$ によって，室温が

17°Cに保たれているとする．このとき，部屋の熱損失係数 A を $\mathrm{W \cdot K^{-1}}$ を単位として求めよ．

7.7 冷却機内の電球 100 W の熱を取り出すカルノー冷却機内に 100 W の電球が点灯している．この冷却機を室温以下に冷却することができるか？

7.8 地熱のエネルギー 非常に大きな質量 M をもつ多孔質の岩石を熱しておき水を注入すると，高温の蒸気が発生する．そして，この蒸気を用いてタービンを運転させると，電力を発生させることができる．熱を取り出す際に，

$$dQ_\mathrm{h} = -MC\,dT_\mathrm{h}$$

にしたがって，岩石の温度が下がる．ただし，C は岩石の比熱であり，温度には依存しないと仮定する．このプラントがカルノーの極限条件で動作するとして，この岩石から取り出すことのできる電気エネルギーの総量 W を計算せよ．なお，岩石の温度は，はじめ $T_\mathrm{h}=T_\mathrm{i}$ であり，この温度が $T_\mathrm{h}=T_\mathrm{f}$ まで下がったときにプラントを閉じるとする．低温の熱浴の温度 T_l は一定と仮定する．ただし，$M=10^{14}\,\mathrm{kg}$（約 $30\,\mathrm{km}^3$ に相当する），$C=1\,\mathrm{J \cdot g^{-1} \cdot K^{-1}}$, $T_\mathrm{i}=600°\mathrm{C}$, $T_\mathrm{f}=110°\mathrm{C}$, $T_l=20°\mathrm{C}$ とする．

7.9 非金属性の固体の $T=0$ までの冷却 非金属固体の熱容量は，十分な低温では $C=aT^3$ のように T^3 に比例して小さくなる．そして，可逆的冷却機によって，このような固体を $T=0$ まで冷却できると仮定する．ただし，この冷却機は，この固体を可変な低温熱浴として使用し，高温熱浴は一定の温度 T_h をもつとする．また，T_h は固体の最初の温度 T_i と等しい．この冷却機が必要とする電気エネルギーを求めよ．

7.10 フェルミ気体の非可逆膨張 質量 M でスピン $\frac{1}{2}$ のフェルミ粒子 N 個からなる気体を考えよう．はじめ，体積が V_i で温度が $T_\mathrm{i}=0$ とする．気体が非可逆的に真空中に膨張し，仕事をすることなく最終的な体積 V_f になるとする．そして，膨張後には，理想気体としてふるまうとする．
(a) 膨張後の気体が，理想気体としてふるまうための V_i と V_f の条件を求めよ．
(b) 粒子1個の質量が電子の質量に等しく，金属のように $N/V_\mathrm{i}=10^{22}\,\mathrm{cm}^{-3}$

の場合，膨張後の気体の温度はどうなるか?

(c) 粒子 1 個の質量が核子の質量に等しく，$N/V_\mathrm{i} = 10^{30}\,\mathrm{cm}^{-3}$ の場合，膨張後の気体の温度はどうなるか? これは，白色矮星の場合にあたる．

8 ギブスの自由エネルギーと化学反応

基礎事項

8.1 ギブスの自由エネルギー

ヘルムホルツの自由エネルギーは，体積と温度が一定の系に対する指標であった．ここでは，圧力と温度が一定の系に対する指標として，次式で定義されるギブスの自由エネルギー (Gibbs free energy) G を導入する．

$$G \equiv U - \tau\sigma + pV = F + pV \tag{8.1}$$

ここで，G の微小変化量

$$dG = dU - \tau\,d\sigma - \sigma\,d\tau + p\,dV + V\,dp$$

において，$d\tau = 0, dp = 0$ の場合を考えると，

$$dG = dU - \tau\,d\sigma + p\,dV \tag{8.2}$$

となる．また，式 (4.17) から

$$\tau\,d\sigma = dU - \mu\,dN + p\,dV \tag{8.3}$$

だから

$$dG = \mu\,dN$$

と表される．したがって，粒子数 N が一定のとき，

$$dG = 0 \tag{8.4}$$

となる．以上から，圧力，温度，粒子数が一定のとき，G が極値をとることがわかる．すなわち，G は平衡条件を表す指標となる．

さて，式 (8.3) を用いると，dG を

$$dG = \mu\, dN - \sigma\, d\tau + V\, dp \tag{8.5}$$

と表すこともできる．また，式 (8.5) は

$$dG = \left(\frac{\partial G}{\partial N}\right)_{\tau,p} dN + \left(\frac{\partial G}{\partial \tau}\right)_{N,p} d\tau + \left(\frac{\partial G}{\partial p}\right)_{N,\tau} dp \tag{8.6}$$

と書くこともできるから，式 (8.5) と式 (8.6) を比較して，

$$\mu = \left(\frac{\partial G}{\partial N}\right)_{\tau,p} \tag{8.7}$$

$$\sigma = -\left(\frac{\partial G}{\partial \tau}\right)_{N,p} \tag{8.8}$$

$$V = \left(\frac{\partial G}{\partial p}\right)_{N,\tau} \tag{8.9}$$

という関係が導かれる．

8.2 反応における平衡

化学反応方程式は，次式のように表すことができる．

$$\sum_j \nu_j A_j = \nu_1 A_1 + \nu_2 A_2 + \cdots + \nu_l A_l = 0 \tag{8.10}$$

例として，$H_2 + Cl_2 = 2HCl$ の場合を考えると，

$$A_1 = H_2,\ A_2 = Cl_2,\ A_3 = HCl,\ \nu_1 = 1,\ \nu_2 = 1,\ \nu_3 = -2 \tag{8.11}$$

となる．

さて，

$$dG = \sum_j \mu_j\, dN_j - \sigma\, d\tau + V\, dp \tag{8.12}$$

であり，$d\tau = 0, dp = 0$ の場合を考えると，

$$dG = \sum_j \mu_j \, dN_j \tag{8.13}$$

となる．いま，反応が起きる回数を $d\hat{N}$ とすると，

$$dN_j = \nu_j d\hat{N} \tag{8.14}$$

である．したがって，式 (8.13) は

$$dG = \left(\sum_j \nu_j \mu_j\right) d\hat{N} \tag{8.15}$$

と表される．平衡状態では $dG = 0$ だから，平衡条件は，

$$\sum_j \nu_j \mu_j = 0 \tag{8.16}$$

となる．

理想気体の化学ポテンシャルは，式 (5.41) から

$$\mu_j = \tau[\ln n_j - \ln n_{Q_j} Z_j(\text{int})] \tag{8.17}$$

と表される．したがって，式 (8.16) は，次のように書き換えることができる．

$$\sum_j \nu_j \ln n_j = \sum_j \nu_j \ln \left[n_{Q_j} Z_j(\text{int})\right] \tag{8.18}$$

これは，

$$\ln \prod_j n_j{}^{\nu_j} = \ln \prod_j \left[n_{Q_j} Z_j(\text{int})\right]^{\nu_j} \equiv \ln K(\tau) \tag{8.19}$$

と表すこともできる．ここで定義された $K(\tau)$ は，**平衡定数** (equilibrium constant) とよばれ，温度だけの関数である．

式 (8.16) から，平衡定数 $K(\tau)$ は，

$$\begin{aligned}
K(\tau) &\equiv \prod_j n_{Q_j}{}^{\nu_j} Z_j{}^{\nu_j}(\text{int}) \\
&= \prod_j n_{Q_j}{}^{\nu_j} \exp\left[-\frac{\nu_j F_j(\text{int})}{\tau}\right] = \prod_j n_j{}^{\nu_j}
\end{aligned} \tag{8.20}$$

と表される．これは，**質量作用の法則** (law of mass action) として知られている．

演 習 問 題

8.1 絶対零度付近での熱膨張
(a) 次の三つのマクスウェルの関係を証明せよ．

$$\left(\frac{\partial V}{\partial \tau}\right)_{p,N} = -\left(\frac{\partial \sigma}{\partial p}\right)_{\tau,N} \tag{8.21}$$

$$\left(\frac{\partial V}{\partial N}\right)_{p,\tau} = \left(\frac{\partial \mu}{\partial p}\right)_{N,\tau} \tag{8.22}$$

$$\left(\frac{\partial \mu}{\partial \tau}\right)_{N,p} = -\left(\frac{\partial \sigma}{\partial N}\right)_{\tau,p} \tag{8.23}$$

ここでは，添字を二つ示しているが，式の両辺に現れる添字は，省略することが多い．

(b) 式 (8.21) と熱力学の第 3 法則を利用して，熱膨張の体積係数

$$\alpha = \frac{1}{V}\left(\frac{\partial V}{\partial \tau}\right)_p \tag{8.24}$$

が，$\tau \to 0$ のときどうなるか説明せよ．

8.2 水素の熱解離 反応 $\mathrm{e} + \mathrm{H}^+ \rightleftarrows \mathrm{H}$ における，水素原子の形成について考えよう．ここで，e は電子であり，この反応は陽子 H^+ による電子の吸着として知られている．

(a) 反応物の平衡濃度が，サハの方程式 (Saha equation)

$$\frac{[\mathrm{e}][\mathrm{H}^+]}{[\mathrm{H}]} \cong n_\mathrm{Q} \exp\left(-\frac{I}{\tau}\right) \tag{8.25}$$

を満足することを示せ．ここで，I は水素原子をイオン化するのに必要なエネルギーである．また，

$$n_\mathrm{Q} \equiv \left(\frac{m\tau}{2\pi\hbar^2}\right)^{3/2}$$

は電子の量子濃度である．ただし，粒子のスピンは無視してよい．なお，この仮定は，最終結果には無関係である．

(b) 水素原子の第 1 励起電子状態は，基底状態より $\frac{3}{4}I$ だけ高いエネルギーをもっている．この第 1 励起電子状態にある水素原子の平衡濃度を [H(exc)] とするとき，太陽の表面における [H(exc)] と [e] を比較せよ．なお，太陽の表面では $[H] \simeq 10^{23}$ cm^{-3}, $T \simeq 5000$ K である．

8.3 半導体におけるドナー不純物のイオン化 シリコン単結晶中の 4 価のシリコンを 5 価の不純物原子 (ドナーとよばれる) で置換すると，ドナーは自由空間内の水素原子のようにふるまう．ただし，イオン化エネルギー，および不純物原子の基底状態の半径を表す式のなかで e^2 が e^2/ε に，また電子の質量 m が有効質量 m^* で置き換えられる．なお，e は電気素量，シリコンの誘電率は $\varepsilon = 11.7$，電子の有効質量は $m^* = 0.33m$ である．ドナーの濃度を 10^{17} cm^{-3} として，100 K における伝導電子の濃度を求めよ．

8.4 生物重合体の成長 同一の単量体 (monomer) から構成される，線形重合体 (polymer) 溶液の化学平衡を考えよう．基本となる反応は，

$$\text{単量体} + N \text{ 重合体} = (N+1) \text{ 重合体}$$

である．そして，この反応に対する平衡定数を K_N とする．

(a) 質量作用の法則を用いて，濃度 $[\cdots]$ が次の関係式を満たすことを示せ．

$$[N+1] = \frac{[1]^{N+1}}{K_1 K_2 K_3 \cdots K_N} \tag{8.26}$$

(b) 理想気体 (理想液体) の条件を満たせば，反応理論から次式が導かれることを示せ．

$$K_N = \frac{n_Q(N) n_Q(1)}{n_Q(N+1)} \exp\left(\frac{F_{N+1} - F_N - F_1}{\tau}\right) \tag{8.27}$$

ここで

$$n_Q(N) = \left(\frac{M_N \tau}{2\pi \hbar^2}\right)^{3/2} \tag{8.28}$$

であり，M_N は N 個の単量体から構成される重合体分子の質量，F_N はこの重合体分子に対するヘルムホルツの自由エネルギーである．

(c) $N \gg 1$ と仮定すると,

$$n_Q(N) \simeq n_Q(N+1)$$

になると考えられる. 基本となる反応段階で, ヘルムホルツの自由エネルギーの変化がゼロ, すなわち

$$\Delta F = F_{N+1} - F_N - F_1 = 0$$

のとき, 室温における濃度比 [N+1]/[N] を求めよ. バクテリア細胞内にあるアミノ酸分子のように, $[1] = 10^{20}$ cm^{-3} と仮定する. また, 単量体の分子量を 200 とする.

(d) 分子が長くなる方向に反応が進行するために, ΔF が満たすべき条件を求めよ.

8.5 粒子−反粒子間の平衡

(a) 粒子−反粒子反応 $A^+ + A^- = 0$ における熱平衡濃度 $n = n^+ = n^-$ を求めよ. 反応物は電子と陽電子, また陽子と反陽子, あるいは, 半導体中の電子と正孔などである. 質量を M とし, 粒子のスピンは無視せよ. なお, A^+ が A^- と結合するときに放出されるエネルギーの最小値を Δ とする. また, 粒子が 1 個も存在しないときのエネルギーをゼロとする.

(b) 半導体内の電子(あるいは正孔)の濃度 n を求めよ. ただし, $T = 300$ K で $\Delta/\tau = 20$ とする. また, 電子濃度は正孔濃度に等しいと仮定し, 古典領域にあるとする. 正孔は, 電子に対する反粒子と見なされる.

(c) 各粒子がスピン $\frac{1}{2}$ をもつとして, 問題 8.5(a) の結果を修正せよ. 反粒子をもつ粒子は, 通常スピン $\frac{1}{2}$ をもつフェルミ粒子である.

9 相 転 移

基 礎 事 項

9.1 蒸気圧方程式

臨界温度 (critical temperature) τ_c 以下では，液体と気体が共存することができる．二つの相が共存できる熱力学的条件は，二つの系が熱的接触，拡散接触，機械的接触しているときに平衡条件を満たしていることである．液相と気相が共存している場合，この条件は，

$$\tau_l = \tau_g, \qquad \mu_l = \mu_g, \qquad p_l = p_g \tag{9.1}$$

と表される．ここで，l と g は，それぞれ液相，気相を示している．共通の圧力 p，基本温度 τ を用いて，これらをまとめると，次のようになる．

$$\mu_l(p, \tau) = \mu_g(p, \tau) \tag{9.2}$$

液相と気相が共存しているときの圧力と温度をそれぞれ p_0，τ_0 とする．また，この近傍 $p_0 + dp$，$\tau_0 + d\tau$ でも液相と気相が共存できる場合，次の関係が成り立つ．

$$\mu_g(p_0, \tau_0) = \mu_l(p_0, \tau_0) \tag{9.3}$$

$$\mu_g(p_0 + dp, \tau_0 + d\tau) = \mu_l(p_0 + dp, \tau_0 + d\tau) \tag{9.4}$$

式 (9.4) を展開すると，

$$\begin{aligned}\mu_g(p_0, \tau_0) &+ \left(\frac{\partial \mu_g}{\partial p}\right)_\tau dp + \left(\frac{\partial \mu_g}{\partial \tau}\right)_p d\tau + \cdots \\ &= \mu_l(p_0, \tau_0) + \left(\frac{\partial \mu_l}{\partial p}\right)_\tau dp + \left(\frac{\partial \mu_l}{\partial \tau}\right)_p d\tau + \cdots \end{aligned} \tag{9.5}$$

9.1 蒸気圧方程式

となる．$\mathrm{d}p \to 0, \mathrm{d}\tau \to 0$ では，式 (9.5) は

$$\left(\frac{\partial \mu_\mathrm{g}}{\partial p}\right)_\tau \mathrm{d}p + \left(\frac{\partial \mu_\mathrm{g}}{\partial \tau}\right)_p \mathrm{d}\tau = \left(\frac{\partial \mu_l}{\partial p}\right)_\tau \mathrm{d}p + \left(\frac{\partial \mu_l}{\partial \tau}\right)_p \mathrm{d}\tau \tag{9.6}$$

となるから，

$$\frac{\mathrm{d}p}{\mathrm{d}\tau} = \frac{\left(\frac{\partial \mu_l}{\partial \tau}\right)_p - \left(\frac{\partial \mu_\mathrm{g}}{\partial \tau}\right)_p}{\left(\frac{\partial \mu_\mathrm{g}}{\partial p}\right)_\tau - \left(\frac{\partial \mu_l}{\partial p}\right)_\tau} \tag{9.7}$$

が導かれる．ここで

$$s = -\left(\frac{\partial \mu}{\partial \tau}\right)_p = \frac{\sigma}{N}, \qquad v = \left(\frac{\partial \mu}{\partial p}\right)_\tau = \frac{V}{N} \tag{9.8}$$

とおくと，式 (9.7) は

$$\frac{\mathrm{d}p}{\mathrm{d}\tau} = \frac{s_\mathrm{g} - s_l}{v_\mathrm{g} - v_l} \tag{9.9}$$

と表される．

さらに，

$$L \equiv \tau(s_\mathrm{g} - s_l) \tag{9.10}$$

$$\Delta v \equiv v_\mathrm{g} - v_l \tag{9.11}$$

とおくと，

$$\frac{\mathrm{d}p}{\mathrm{d}\tau} = \frac{L}{\tau \Delta v} \tag{9.12}$$

となる．これは，**クラウジウス–クラペイロンの方程式** (Clausius–Clapeyron equation) あるいは**蒸気圧方程式** (vapor pressure equation) とよばれ，L を蒸発の**潜熱** (latent heat) という．

気相に対して，理想気体の法則 $pV_\mathrm{g} = N_\mathrm{g}\tau$ を仮定すると，

$$\Delta v \cong v_\mathrm{g} = \frac{V_\mathrm{g}}{N_\mathrm{g}} = \frac{\tau}{p} \tag{9.13}$$

となる．ただし，ここで $v_\mathrm{g} \gg v_l$ とした．このとき，式 (9.12) は

$$\frac{\mathrm{d}p}{\mathrm{d}\tau} = \frac{L}{\tau^2} p, \qquad \frac{\mathrm{d}}{\mathrm{d}\tau} \ln p = \frac{L}{\tau^2} \tag{9.14}$$

と表される．いま，潜熱が温度 τ に依存しないとして，$L = L_0'$ とおくと，蒸気圧 p は，

$$p(\tau) = p_0 \exp\left(-\frac{L_0'}{\tau}\right) \tag{9.15}$$

となる．ここまで，1 分子あたりの潜熱を考えてきたが，1 モルあたりの潜熱を L_0 とすると，アボガドロ数 N_0 を用いて，

$$L_0' = \frac{L_0}{N_0} \tag{9.16}$$

だから

$$p(T) = p_0 \exp\left(-\frac{L_0}{N_0 k_{\rm B} T}\right) = p_0 \exp\left(-\frac{L_0}{RT}\right) \tag{9.17}$$

と表される．ここで

$$R \equiv N_0 k_{\rm B} \tag{9.18}$$

は**気体定数** (gas constant) である．

9.2　ファン・デル・ワールスの状態方程式

原子や分子などの粒子の間の距離が小さくなると，粒子どうしが反発する．このため，N 個の粒子から構成される気体では，粒子が自由に運動できる空間の体積は $V - Nb$ となる．ただし，b は粒子 1 個あたりの体積である．したがって，ヘルムホルツの自由エネルギー F は，

$$F = -N\tau\left[\ln\left(\frac{n_{\rm Q}(V - Nb)}{N}\right) + 1\right] \tag{9.19}$$

となる．

さて，二つの粒子間の距離が r のとき，ポテンシャルエネルギーを $\varphi(r)$ とすると，

$$\int_b^\infty dV \varphi(r) n = n \int_b^\infty dV \varphi(r) = -2na, \qquad -2a = \int_b^\infty dV \varphi(r) \tag{9.20}$$

と表すことができる．ここで，n は気体の濃度である．体積 V の中に N 個の粒子が存在する場合，相互作用による自由エネルギーの変化 ΔF は，

$$\Delta F \simeq \Delta U = -\frac{1}{2}(2Nna) = -\frac{N^2 a}{V} \tag{9.21}$$

となる．ただし，$n = N/V$ を用いた．したがって，ファン・デル・ワールス近似のもとでは，自由エネルギーは，

$$F(\text{vdW}) = -N\tau \left[\ln\left(\frac{n_Q(V-Nb)}{N}\right) + 1\right] - \frac{N^2 a}{V} \tag{9.22}$$

と表される．これを式 (5.21) に代入すると，圧力 p は次式で与えられる．

$$p = -\left(\frac{\partial F}{\partial V}\right)_{\tau, N} = \frac{N\tau}{V - Nb} - \frac{N^2 a}{V^2} \tag{9.23}$$

これを書き換えると，ファン・デル・ワールスの**状態方程式** (van der Waals equation of state)

$$\left(p + \frac{N^2 a}{V^2}\right)(V - Nb) = N\tau \tag{9.24}$$

が導かれる．

演習問題

9.1 ファン・デル・ワールス気体 ファン・デル・ワールス気体に対して，補正項 a および b に関して 1 次の項までを残し，(a) エントロピー σ，(b) エネルギー U，(c) エンタルピー $H \equiv U + pV$ を計算せよ．

9.2 水に対する dT/dp 水の液体–蒸気の平衡に対して，$p = 1\,\text{atm}$ 付近での dT/dp の値を蒸気圧方程式から計算せよ．100°C での気化熱は $2260\,\text{J}\cdot\text{g}^{-1}$ である．結果を K/atm を単位として示せ．

9.3 氷の気化熱 氷の上にある水蒸気の圧力は $-2°\text{C}$ で $3.88\,\text{mm Hg}$，$0°\text{C}$ では $4.58\,\text{mm Hg}$ である．$\text{J}\cdot\text{mol}^{-1}$ を単位として，$-1°\text{C}$ での氷の気化熱を求めよ．

9.4 気体–固体の平衡 (1) 振動子が固体内で 3 次元的に運動すると仮定する．また，原子 1 個あたりの固体の凝集エネルギーを $-\epsilon_0$ とする．

(a) 高温領域 ($\tau \gg \hbar\omega$) で，蒸気圧 p を求めよ．

(b) 原子 1 個あたりの潜熱 L を求めよ．

9.5 気体–固体の平衡 (2) 固体のエントロピーが無視できるときの気体–固体の平衡について考えよう．原子 1 個あたりの固体の凝集エネルギーを $-\epsilon_0$ とし，また，気体を単原子理想気体として扱う．そして，気体は容器の体積 V を占めることができ，気体の体積は，固体が占めている体積 (容器の体積 V に比べて十分小さい) に依存しないとする．

(a) 固体の原子数を N_s，気体の原子数を N_g とするとき，系のヘルムホルツの自由エネルギーの総量を求めよ．

(b) 原子の総数 $N = N_s + N_g$ を一定とするとき，N_g に対するヘルムホルツの自由エネルギーの最小値を求めよ．また，平衡条件における気体の原子数 N_g を計算せよ．

(c) 平衡状態での蒸気圧 p を求めよ．

9.6 超伝導状態への転移 (1)

(a) 超伝導の臨界磁束密度 B_c を SI 単位系で表すとき，

$$\frac{\sigma_S - \sigma_N}{V} = \frac{1}{2\mu_0}\frac{dB_c^2}{d\tau} = \frac{B_c}{\mu_0}\frac{dB_c}{d\tau} \tag{9.25}$$

であることを示せ．また，$\tau \to 0$ のとき，どうなるか？ なお，添字の S と N は，それぞれ超伝導状態，常伝導状態を表している．

(b) $\tau = \tau_c$ において $B_c = 0$ だから，$\sigma_S = \sigma_N$ となる．したがって，次の結果が得られる．

1. ヘルムホルツの自由エネルギーの 2 本の曲線は，τ_c において，交わるのではなく一体となる．

2. 超伝導状態のエネルギーと常伝導状態のエネルギーは等しい．すなわち，

$$U_S(\tau_c) = U_N(\tau_c)$$

となる．

3. $\tau = \tau_c$ における転移と関係のある潜熱は存在しない．

これらの結果について説明せよ．また，$\tau < \tau_c$ において，磁場の中で転移が生じるとき，潜熱 L はいくらか？

(c) 単位体積あたりの熱容量 C_S と C_N が，次の関係を満たしていることを示せ．

$$\Delta C = C_S - C_N = \frac{\tau}{2\mu_0} \frac{d^2}{d\tau^2} B_c^2 \qquad (9.26)$$

また，基本温度 τ が減少するにつれて，C_S は τ の 1 次の関数よりもずっと急速に減少する．一方，$C_N = \gamma\tau$ は τ の 1 次の関数である．したがって，$\tau \ll \tau_c$ では，ΔC は C_N によって支配される．このことが，

$$\gamma = -\frac{1}{\mu_0} B_c \left[\frac{d^2 B_c}{d\tau^2} \right]_{\tau=0} \qquad (9.27)$$

を意味していることを示せ．

9.7 超伝導状態への転移 (2) たいていの超伝導体の $B_c(\tau)$ 曲線は，放物線に近い形をしている．これが，次のような形をしていると仮定する．

$$B_c(\tau) = B_{c0}\left[1 - \left(\frac{\tau}{\tau_c}\right)^2\right] \qquad (9.28)$$

また．$\tau \to 0$ のとき，C_S が τ の 1 次の関数よりも急速に 0 に近づくとする．そして，フェルミ気体のように，C_N は τ に比例する ($C_N = \gamma\tau$) と仮定する．超伝導状態と常伝導状態のエントロピー σ_S, σ_N と熱容量 C_S, C_N, および単位体積あたりの転移の潜熱 L_V の τ 依存性を計算し，図示せよ．また，臨界温度における熱容量の比

$$\frac{C_S(\tau_c)}{C_N(\tau_c)}$$

を計算せよ．なお，添字の S と N は，それぞれ超伝導状態，常伝導状態を表している．

9.8 1 次の結晶変態 ある結晶において，α と β で示される二つの構造のどちらもが存在できるとする．α 構造は低温での安定な構造であり，一方 β 構造はその物質の高温での安定な形態であると仮定する．

(a) デバイ近似では，すべてのフォノンの速度が v であると考える．デバイ温度よりもずっと低い温度において，ヘルムホルツの自由エネルギー密度に対する，固体内フォノンの寄与を求めよ．

(b) 変態温度 τ_c において，次式が成立することを示せ．

$$\tau_c^4 = \frac{30\hbar^3}{\pi^2}[U_\beta(0) - U_\alpha(0)]\left(\frac{1}{v_\beta^3} - \frac{1}{v_\alpha^3}\right)^{-1} \qquad (9.29)$$

ここで，$U_\alpha(0)$ と $U_\beta(0)$ は，それぞれ α 構造と β 構造に対する，$\tau = 0$ におけるエネルギー密度である．また，v_α と v_β は，それぞれ α 構造と β 構造における音速である．

(c) 変態の潜熱は，系に変態を起こすために供給しなければならない熱エネルギーとして定義される．このモデルに対する，単位体積あたりの潜熱 L_V を $U_\alpha(0)$ と $U_\beta(0)$ を用いて表せ．

10　二元化合物

基礎事項

10.1　溶解度ギャップ

二つの異なる相が隣り合ったとき，ヘルムホルツの自由エネルギーが均一な混合物の自由エネルギーよりも小さいと，不均質な混合物を形成する．このとき，この混合物は**溶解度ギャップ** (solubility gap) を呈しているという．

元素 A と B の原子数をそれぞれ N_A, N_B とすると，全原子数 N は，

$$N = N_A + N_B \tag{10.1}$$

であり，系の組成を次のように B の割合 x を用いて表す．

$$x = \frac{N_B}{N}, \qquad 1 - x = \frac{N_A}{N} \tag{10.2}$$

系が一様な溶液であると仮定すると，原子 1 個あたりの平均自由エネルギー f は，

$$f = \frac{F}{N} \tag{10.3}$$

となる．

10.2 混合のエネルギーと混合のエントロピー

純粋な物質 A と B の原子 1 個あたりのエネルギーをそれぞれ u_A, u_B とすると，混合物の原子 1 個あたりの平均エネルギー u は，

$$u = \frac{u_A N_A + u_B N_B}{N} = u_A + (u_B - u_A)x \tag{10.4}$$

と表される．

均一な混合物のエネルギー u_M は，この u より大きい場合と小さい場合がある．$u_M > u$ の場合，$u_M - u$ を**混合のエネルギー** (energy of mixing) という．また，均一な混合物のエントロピー σ_M は，

$$\sigma_M = \ln \frac{N!}{N_A! N_B!} \simeq -N[(1-x)\ln(1-x) + x \ln x] \tag{10.5}$$

で与えられる．

演習問題

10.1　2相平衡における化学ポテンシャル　平衡状態にある2相混合物において，二つの原子 A と B の化学ポテンシャル μ_A と μ_B が，図10.1の $x=0$ と $x=1$ を通る鉛直軸と，図の中の2点の共通接線との交点で与えられることを示せ．

10.2　不純物の析出係数　B を A 中の不純物としよう．($A_{1-x}B_x$ において $x \ll 1$) この極限で，自由エネルギーの非混合部分は，液相と固相の両方に対して，

$$f_0(x) = f_0(0) + x f_0'(0)$$

のように，x の 1 次関数として表すことができる．いま，液体混合物が固体混合物と平衡状態にあると仮定する．このとき，**析出係数** (segregation coefficient) とよばれる平衡濃度比

$$k = \frac{x_S}{x_L}$$

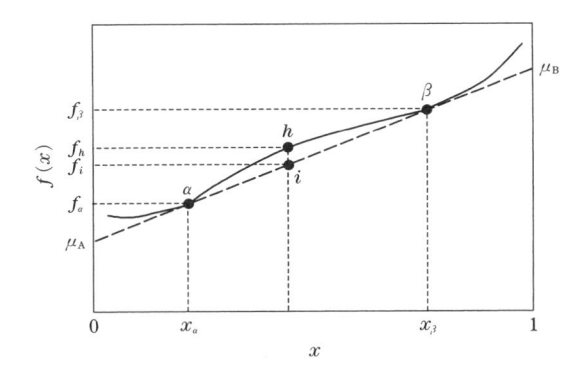

図 10.1 溶解度ギャップをもつ系に対して，原子 1 個あたりの自由エネルギーを組成の関数として示した．均一な混合物の原子 1 個あたりの自由エネルギーが，二つの異なる点 α, β において共通接線をもつような形をしていれば，この二つの点の間の組成領域は不安定である．この領域の組成をもつどんな混合物も，それぞれの組成が x_α と x_β であるような二つの相に分離する．2 相混合物の自由エネルギーは，点 h の下の直線上の点 i によって与えられる．

を計算せよ．ただし，$f_{0S}' - f_{0L}' = 1\,\mathrm{eV}$, $T = 1000\,\mathrm{K}$ とする．ここで，添字の S と L は，それぞれ固相，液相を示している．

10.3　2 元合金の凝固領域　図 10.2 の相図をもつ 2 元合金の凝固を考えよう．最

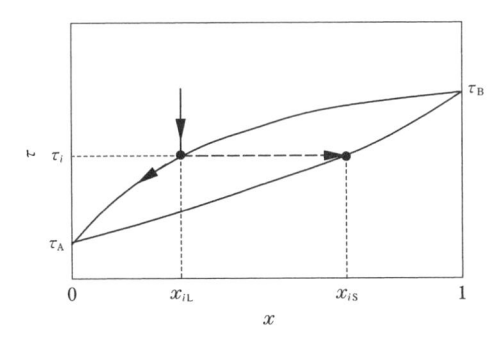

図 10.2 たいていの液体の混合物は，ある決まった温度で凝固するのではなく，有限の温度範囲 τ_i から τ_A までにわたって凝固する．はじめに高い融点をもつ成分が沈殿し，そのため低い融点をもつ成分が液体中で濃縮される．この結果，液体の凝固温度が低くなる．

初の組成に関わらず，融解残存物が凝固するまでには，融解物中の成分 B は，いつも完全に消失することを示せ．すなわち，温度が τ_A まで下がらないうちは，凝固は完了しない．

10.4 シリコン中への金の合金化

(a) Si 結晶表面に Au の層を 1000 Å 蒸着したのち，400°C まで加熱する．400°C における Si の組成は，0.32 である．このとき，シリコン結晶中に金が侵入する深さを計算せよ．Au と Si の密度は，それぞれ $19.3\,\mathrm{g\cdot cm^{-3}}$, $2.33\,\mathrm{g\cdot cm^{-3}}$ である．

(b) 800°C における Si の組成は，0.44 である．このとき，シリコン結晶中に金が侵入する深さを求めよ．

11 低温物理

基礎事項

11.1 膨張エンジンによる冷却

単原子理想気体が等エントロピー膨張し，圧力が p_1 から p_2 に変化したとする．このとき，膨張前の温度 T_1 と膨張後の温度 T_2 の間には，次の関係が成り立つ．

$$T_2 = T_1 \left(\frac{p_2}{p_1}\right)^{2/5} \tag{11.1}$$

たとえば，$p_1 = 32\,\text{atm}$, $p_2 = 1\,\text{atm}$, $T_1 = 300\,\text{K}$ とすると，$T_2 = 75\,\text{K}$ まで冷却される．

ここで，**エンタルピー** (enthalpy) H を次式で定義する．

$$H = U + pV \tag{11.2}$$

エンタルピー H は，体積一定のときに U が果たすのと同様な役割を，圧力 p が一定のときに果たす．

膨張エンジンが受け取る仕事 W は，入力気体と出力気体のエンタルピーの差で与えられ，次式のように表される．

$$W = (U_1 + p_1V_1) - (U_2 + p_2V_2) = H_1 - H_2 \tag{11.3}$$

単原子理想気体では

$$U = \frac{3}{2}N\tau, \qquad pV = N\tau$$

だから，

$$W = \frac{5}{2}N(\tau_1 - \tau_2) \tag{11.4}$$

となる．

11.2　ジュール–トムソン効果による気体の液化

　分子間の引力相互作用によって，気体の凝集が生じる．そして，凝集温度よりも少し高い温度では，引力相互作用は十分強い．このような状態で気体が膨張すると，引力相互作用に対抗して働く仕事によって，気体が冷却される．そして，十分な冷却が行われると，気体は凝集される．この効果をジュール–トムソン効果 (Joule–Thomson effect) という．

　ファン・デル・ワールス気体のエンタルピー H と反転基本温度 τ_{inv} は，

$$H = \frac{5}{2}N\tau + \frac{N^2}{V}(b\tau - 2a) \tag{11.5}$$

$$\tau_{\text{inv}} = \frac{2a}{b} \tag{11.6}$$

で与えられる．$\tau < \tau_{\text{inv}}$ ならば，温度一定の状態で体積が増えると，H は増加する．もし，H が一定ならば，式 (11.5) の右辺第 2 項の増加に伴い，第 1 項は減少する．つまり，気体が冷却される．一方，$\tau > \tau_{\text{inv}}$ ならば，温度一定の状態で体積が増えると，H は減少する．

　気体を液化する装置では，図 11.1 のように，ジュール–トムソン膨張を逆流熱交換機と組み合わせる．この組み合わせをリンデ・サイクル (Linde cycle) という．

　膨張部と熱交換機の結合部では，両者のエントロピーは等しい．したがって，この結合部に 1 モルの気体が入ったとき，そのうち λ の部分だけが液化されるとすると，

$$H_{\text{in}} = \lambda H_{\text{liq}} + (1 - \lambda)H_{\text{out}} \tag{11.7}$$

の関係が成り立つ．ここで，$H_{\text{in}} = H(T_{\text{in}}, p_{\text{in}})$ と $H_{\text{out}} = H(T_{\text{in}}, p_{\text{out}})$ は，それぞれ入力気体 (圧力 p_{in}) と出力気体 (圧力 p_{out}) の 1 モルあたりのエンタルピーであり，ともに熱交換機の上限温度 T_{in} をもつ．また，H_{liq} は，圧力 p_{out} に対する

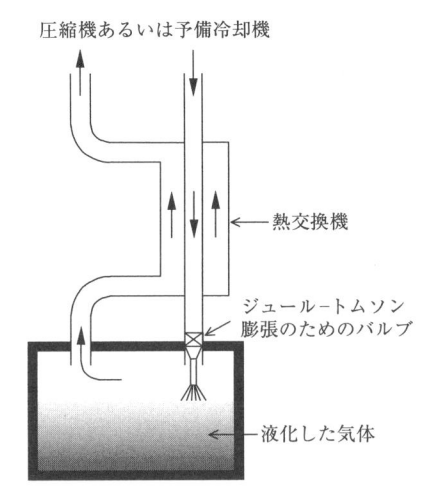

図 11.1 リンデ・サイクル．ジュール–トムソン膨張を逆流熱交換機と組み合わせて気体を液化する．

沸点での液体1モルあたりのエンタルピーである．液化係数 λ は，式 (11.7) から次式によって与えられる．

$$\lambda = \frac{H_{\text{out}} - H_{\text{in}}}{H_{\text{out}} - H_{\text{liq}}} \tag{11.8}$$

液化が生じる条件は，$H_{\text{out}} > H_{\text{in}}$，すなわち

$$H(T_{\text{in}}, p_{\text{out}}) > H(T_{\text{in}}, p_{\text{in}}) \tag{11.9}$$

である．

多くの装置では，さらに膨張エンジンによって気体を予備冷却する必要があり，膨張エンジンとリンデ・サイクルを組み合わせたものを**クロード・サイクル** (Claude cycle) という．

演習問題

11.1 ファン・デル・ワールス気体としてのヘリウム

(a) ヘリウムを等エントロピー膨張させて，液化する．このとき，ヘリウムをファン・デル・ワールス気体と見なして，ヘリウムの液化係数 λ を求めよ．なお，液体ヘリウム 1 モルの体積が $2Nb$ で，反転基本温度が $2a/b$ となるように，ファン・デル・ワールス係数 a, b を選ぶ．また，膨張したヘリウムを理想気体として扱い，式 (11.8) の分母を次のように近似せよ．

$$H_{\text{out}} - H_{\text{liq}} \simeq \Delta H + \frac{5}{2}(\tau_{\text{in}} - \tau_{\text{liq}})N \qquad (11.10)$$

ここで，ΔH は液体ヘリウムの気化の潜熱である．

(b) $T = 15$ K では，

$$V_l = 32.0\,\text{cm}^3 \cdot \text{mol}^{-1}, \quad T_{\text{inv}} = 51\,\text{K}, \quad \Delta H = 0.082\,\text{kJ} \cdot \text{mol}^{-1}$$

である．ここで，V_l は液体 1 モルの体積，T_{inv} は反転温度である．$p_{\text{in}} = 10\,\text{atm}$，$p_{\text{out}} = 1\,\text{atm}$ のとき，液化係数 λ を計算せよ．

11.2 理想カルノー液化機

(a) 液化機が可逆的に動作しているとき，単原子理想気体 1 モルを液化するのに必要な仕事 W_{L} を考えよう．なお，気体は，室温 T_0，圧力 p_0 で供給されると仮定する．気体が取り除かれるときの圧力も p_0 と同じで，通常 1 気圧である．この圧力における気体の沸点を T_{b}，気化の潜熱を ΔH とすると，

$$W_{\text{L}} = \frac{5}{2}RT_0 \left[\ln\left(\frac{T_0}{T_{\text{b}}}\right) - \frac{T_0 - T_{\text{b}}}{T_0}\right] + \frac{T_0 - T_{\text{b}}}{T_{\text{b}}}\Delta H \qquad (11.11)$$

となることを示せ．この式を導くために，次のように仮定する．まず，一定の上限温度 $T_{\text{h}} = T_0$ と気体の温度 T_l との間で動作する可逆冷却機を用いて，一定圧力 p_0 のもとで気体を T_0 から T_{b} まで冷却する．最初 $T_l = T_0$ であり，最後には $T_l = T_{\text{b}}$ である．いったん温度が T_{b} に到達したあとは，冷却機は T_{b} を保ったままで，気化の潜熱を取り出す．

(b) $T_0 = 300$ K における仕事 W_{L} は，いくらか？ただし，

$$T_{\text{b}} = 4.18\,\text{K}, \quad V_l = 32.0 \times 10^{-3}\,l \cdot \text{mol}^{-1}, \quad \Delta H = 0.082\,\text{kJ} \cdot \text{mol}^{-1}$$

である．

11.3 **クロード・サイクル型ヘリウム液化機** $T_{\text{in}} = 15\,\text{K}$ および圧力 $p_{\text{in}} = 30\,\text{atm}$ において，ヘリウム気体が $1\,\text{mol}\cdot\text{s}^{-1}$ の割合でリンデ段階に入るようなヘリウム液化機を考える．このとき，液化係数は $\lambda = 0.18$，液体 1 モルの体積は $V_l = 32.0 \times 10^{-3}\,l\cdot\text{mol}^{-1}$ である．また，潜熱を ΔH とすると，$\Delta H / V_l = 0.71\,\text{W}\cdot\text{h}\cdot l^{-1}$ である．

(a) 液化されたヘリウムは，すべて外部の実験装置を冷却するのに利用され，気化したヘリウム蒸気は大気中に逃げるとする．このような開放系において，液化レートを計算せよ．また，この液化レートにおいて，ヘリウムを気化するのに必要な冷却負荷を求めよ．一方，この装置を液化機の液体採集容器内に置き，気化した低温のヘリウム気体を熱交換機に戻すような閉じた系では，冷却負荷は $58\,\text{W}$ である．この閉じた系における冷却負荷と，先に求めた開放系における結果とを比較せよ．

(b) 圧縮機と膨張エンジンの間の熱交換機が十分に理想的であると仮定する．すなわち，圧力 p_{out} で出たあと膨張して戻ってきた気体の温度と，圧力 p_{c} で入ってくる圧縮気体の温度 T_{c} が等しいと考える．通常の液化機として動作する場合，膨張エンジンが，

$$\begin{aligned} W_{\text{e}} &= H(T_{\text{c}}, p_{\text{c}}) - H(T_{\text{in}}, p_{\text{in}}) \\ &\quad - (1-\lambda)[H(T_{\text{c}}, p_{\text{out}}) - H(T_{\text{in}}, p_{\text{out}})] \\ &\simeq \frac{5}{2}\lambda R(T_{\text{c}} - T_{\text{in}}) \end{aligned} \tag{11.12}$$

の仕事を取り出す必要があることを示せ．ただし，これは圧縮された気体 1 モルあたりの仕事である．ここで，T_{in} は熱交換機の上限温度，p_{in} と p_{out} はそれぞれ入力気体，出力気体の圧力，λ は液化係数である．なお，膨張エンジンは，圧力と温度の組合せ $(p_{\text{c}}, T_{\text{e}})$ と $(p_{\text{in}}, T_{\text{in}})$ の間で等エントロピー動作すると仮定する．また，式 (11.12) と $(p_{\text{in}}, T_{\text{in}})$ の値から，$(p_{\text{c}}, T_{\text{e}})$ を計算せよ．

(c) 液化機を動作させるのに必要な圧縮機の最小パワーを計算せよ．なお，温度 $T_{\text{c}} = 50^\circ\text{C}$ において，p_{out} から p_{c} までヘリウム気体を等温圧縮すると仮定する．このとき，開放系と閉じた系の両方に対して，問題 11.3(a) で計算した冷却負荷と冷却性能係数の関係を示せ．また，カルノーの極限

表 11.1 ^{4}He の平衡蒸気圧 p と温度 T の関係

p (Torr)	10^{-4}	10^{-3}	10^{-2}	10^{-1}	1	10	10^2
T (K)	0.56	0.66	0.79	0.98	1.27	1.74	2.64

とも比較せよ．

11.4 蒸発冷却の限界 冷却負荷が dQ/dt であり，真空ポンプが排気速度 S をもつとする．液体 ^{4}He の蒸発冷却によって達成できる最低温度 $T_{\min}$ は，(a) $dQ/dt = 0.1\,\mathrm{W}$, $S = 10^2\,l\cdot\mathrm{s}^{-1}$ と (b) $dQ/dt = 10^{-3}\,\mathrm{W}$, $S = 10^3\,l\cdot\mathrm{s}^{-1}$ の場合，それぞれいくらか？ ただし，沸騰しているヘリウム上のヘリウム気体の蒸気圧は，$T_{\min}$ に対応する平衡蒸気圧と等しいとする．また，ヘリウム気体は，ポンプに入る前に室温まで暖められ，それに応じて膨張すると仮定する．なお，ヘリウムガスの潜熱は，$\Delta H = 0.082\,\mathrm{kJ\cdot mol^{-1}}$ である．なお，膨張したヘリウムガスは，理想気体として扱うこと．また，平衡蒸気圧 p と温度 T の関係を表 11.1 に示す．

11.5 消磁冷却の初期温度 デバイ温度 100 K をもつ常磁性塩を考える．いま，$100\,\mathrm{kG} = 10\,\mathrm{T}$ の磁場を用いて，等エントロピー消磁過程によって，初期温度の 0.1 倍までの磁気冷却を継続的に生じさせたい．このためには，この塩の初期温度を何度とすればよいか？ なお，常磁性イオンの磁気モーメントを 1 ボーア磁子とする．

12 半導体の統計

基 礎 事 項

12.1 真性半導体

一般に，室温での抵抗率が 10^{-2}–$10^{9}\,\Omega\cdot\mathrm{cm}$ の範囲にある固体を**半導体** (semiconductor) という．そして，半導体の抵抗率は，温度に大きく依存する．

電気伝導に寄与するのは，**伝導帯** (conduction band) の**伝導電子** (conduction electron) と**価電子帯** (valence band) の**正孔** (hole)(価電子帯の充填されていない軌道) である．

いま，伝導電子の濃度を n_e，正孔の濃度を n_h とし，結晶が電気的に中性な場合を考える．このとき，不純物を含まない純粋な半導体，すなわち**真性半導体** (intrinsic semiconductor) では，

$$n_\mathrm{e} = n_\mathrm{h} \tag{12.1}$$

となる．抵抗率が $10^{14}\,\Omega\cdot\mathrm{cm}$ 以上の固体を絶縁体と定義した場合，絶対零度では，ほとんどの真性半導体は，絶縁体になる．しかし，温度が上がると，電子が価電子帯から伝導帯に熱的に励起され，価電子帯には電子の抜け殻である正孔が生成される．電子と正孔は，どちらも電気伝導に寄与するので，温度の上昇につれて，真性半導体の抵抗は小さくなる．

さて，伝導電子の濃度 n_e は，状態密度 $D_\mathrm{e}(\epsilon)$ とフェルミ–ディラック分布関数

$f_\mathrm{e}(\epsilon)$ を用いて,

$$n_\mathrm{e} = \int_{\epsilon_\mathrm{c}}^{\infty} D_\mathrm{e}(\epsilon) f_\mathrm{e}(\epsilon) \, d\epsilon \tag{12.2}$$

$$D_\mathrm{e}(\epsilon) = \frac{(2m_\mathrm{e})^{3/2}}{2\pi^2 \hbar^3} (\epsilon - \epsilon_\mathrm{c})^{1/2} \tag{12.3}$$

$$f_\mathrm{e}(\epsilon) = \frac{1}{\exp[(\epsilon - \mu)/k_\mathrm{B} T] + 1} \tag{12.4}$$

で与えられる.ここで,m_e は伝導電子の有効質量,ϵ_c は伝導帯の底のエネルギーである.また,μ は電子の化学ポテンシャルであり,半導体理論では**フェルミ準位** (Fermi level) とよばれ,ϵ_F と表されることも多い.

一方,正孔の濃度 n_h は,状態密度 $D_\mathrm{h}(\epsilon)$ とフェルミ–ディラック分布関数 $f_\mathrm{e}(\epsilon)$ を用いて,

$$n_\mathrm{h} = \int_{-\infty}^{\epsilon_\mathrm{v}} D_\mathrm{h}(\epsilon)[1 - f_\mathrm{e}(\epsilon)] \, d\epsilon = \int_{-\infty}^{\epsilon_\mathrm{v}} D_\mathrm{h}(\epsilon) f_\mathrm{h}(\epsilon) \, d\epsilon \tag{12.5}$$

$$D_\mathrm{h}(\epsilon) = \frac{(2m_\mathrm{h})^{3/2}}{2\pi^2 \hbar^3} (\epsilon_\mathrm{v} - \epsilon)^{1/2} \tag{12.6}$$

$$f_\mathrm{h}(\epsilon) \equiv 1 - f_\mathrm{e}(\epsilon) = \frac{1}{\exp[(\mu - \epsilon)/k_\mathrm{B} T] + 1} \tag{12.7}$$

と表される.ここで,m_h は正孔の有効質量,ϵ_v は価電子帯の頂上のエネルギーである

これから,$f_\mathrm{e}(\epsilon) \ll 1$,$f_\mathrm{h}(\epsilon) \ll 1$,すなわち,$n_\mathrm{e}$ と n_h が古典領域にある場合を考えよう.このとき,

$$f_\mathrm{e}(\epsilon) \simeq \exp\left(-\frac{\epsilon - \mu}{k_\mathrm{B} T}\right), \qquad f_\mathrm{h}(\epsilon) \simeq \exp\left(-\frac{\mu - \epsilon}{k_\mathrm{B} T}\right) \tag{12.8}$$

であり,このような半導体は,**非縮退** (nondegenerate) であるという.

伝導電子の量子濃度 n_c を

$$n_\mathrm{c} \equiv 2 \left(\frac{m_\mathrm{e} k_\mathrm{B} T}{2\pi \hbar^2}\right)^{3/2} \tag{12.9}$$

で定義すると,伝導電子の濃度 n_e は,

$$n_\mathrm{e} = n_\mathrm{c} \exp\left(-\frac{\epsilon_\mathrm{c} - \mu}{k_\mathrm{B} T}\right) \tag{12.10}$$

と表される．量子濃度 n_c は，**有効状態密度** (effective density of states) ともよばれる．ここで，伝導電子の量子濃度 n_c が，式 (5.14) の理想気体の量子濃度と因子 2 だけ違っていることに注意してほしい．これは，伝導電子における上向きと下向きのスピンを考慮したためである．同じように，正孔の量子濃度 (有効状態密度) n_v を

$$n_\mathrm{v} \equiv 2 \left(\frac{m_\mathrm{h} k_\mathrm{B} T}{2\pi \hbar^2} \right)^{3/2} \tag{12.11}$$

で定義すると，正孔の濃度 n_h は，

$$n_\mathrm{h} = n_\mathrm{v} \exp\left(-\frac{\mu - \epsilon_\mathrm{v}}{k_\mathrm{B} T} \right) \tag{12.12}$$

と表される．

古典領域では，

$$n_\mathrm{e} n_\mathrm{h} = n_\mathrm{c} n_\mathrm{v} \exp\left(-\frac{\epsilon_\mathrm{c} - \epsilon_\mathrm{v}}{k_\mathrm{B} T} \right) = n_\mathrm{c} n_\mathrm{v} \exp\left(-\frac{\epsilon_\mathrm{g}}{k_\mathrm{B} T} \right) \tag{12.13}$$

となる．ここで，

$$\epsilon_\mathrm{g} = \epsilon_\mathrm{c} - \epsilon_\mathrm{v} \tag{12.14}$$

は，伝導帯の底 (伝導体のバンド端) と価電子帯の頂上 (価電子帯のバンド端) との間のエネルギー差，すなわち**エネルギーギャップ** (energy gap) である．式 (12.13) からわかるように，$n_\mathrm{e} n_\mathrm{h}$ はフェルミ準位 μ に依存しない．

真性半導体では $n_\mathrm{e} = n_\mathrm{h}$ だから，これを n_i とおくと，次の結果が得られる．

$$n_\mathrm{i} = (n_\mathrm{c} n_\mathrm{v})^{1/2} \exp\left(-\frac{\epsilon_\mathrm{g}}{2k_\mathrm{B} T} \right) \tag{12.15}$$

ここで，n_i は**真性キャリア濃度** (intrinsic carrier concentration) である．

式 (12.13) と式 (12.15) から

$$n_\mathrm{e} n_\mathrm{h} = n_\mathrm{i}^2 \tag{12.16}$$

と表される．この結果は，半導体の質量作用の法則を示している．

真性半導体では $n_e = n_i$ だから，式 (12.10) と式 (12.15) から

$$n_c \exp\left(-\frac{\epsilon_c - \mu}{k_B T}\right) = (n_c n_v)^{1/2} \exp\left(-\frac{\epsilon_g}{2k_B T}\right)$$
$$= (n_c n_v)^{1/2} \exp\left(-\frac{\epsilon_c - \epsilon_v}{2k_B T}\right) \quad (12.17)$$

となる．したがって，真性フェルミ準位 μ は，次のように表される．

$$\mu = \frac{1}{2}(\epsilon_c + \epsilon_v) + \frac{1}{2} k_B T \ln\left(\frac{n_v}{n_c}\right) = \frac{1}{2}(\epsilon_c + \epsilon_v) + \frac{3}{4} k_B T \ln\left(\frac{m_h}{m_e}\right) \quad (12.18)$$

ここで，式 (12.9) と式 (12.11) を用いた．

12.2 不純物半導体

デバイスに使われる大部分の半導体では，電気伝導を制御するために，不純物を添加することがよく行われている．これを**ドーピング** (doping) といい，ドーピングされた半導体は，**外因性半導体** (extrinsic semiconductor) あるいは**不純物半導体**とよばれる．そして，伝導帯に電子を与える不純物を**ドナー** (donor)，価電子帯から電子を受け取る不純物を**アクセプター** (acceptor) という．

ドナーを添加した半導体では，$n_e > n_h$ となり，負電荷の多数キャリア (negative majority carrier) をもつので，n 型半導体とよばれる．ドナーのエネルギー準位は，伝導帯の底のわずか下に位置し，伝導帯の底とドナー準位との間のエネルギー差 $\Delta\epsilon_d$ は，

$$\text{(CGS)} \quad \Delta\epsilon_d = \frac{e^4 m_e}{2\varepsilon^2 \hbar^2} = \left(\frac{13.6}{\varepsilon^2} \frac{m_e}{m}\right) \text{ eV}, \quad \text{(SI)} \quad \Delta\epsilon_d = \frac{e^4 m_e}{2(4\pi\varepsilon\varepsilon_0\hbar)^2} \quad (12.19)$$

である．ここで，m_e は電子の有効質量，m は自由電子の質量，ε は半導体の (比) 誘電率，ε_0 は真空の誘電率である．また，ドナーのボーア半径 a_d は，

$$\text{(CGS)} \quad a_d = \frac{\varepsilon \hbar^2}{m_e e^2} = \left(\frac{0.53\,\varepsilon}{m_e/m}\right) \text{ Å}, \quad \text{(SI)} \quad a_d = \frac{4\pi\varepsilon\varepsilon_0 \hbar^2}{m_e e^2} \quad (12.20)$$

である．なお，これらの $\Delta\epsilon_d$ と a_d は，水素原子モデルから求めたものである．

一方，アクセプターを添加した半導体では，$n_e < n_h$ となり，正電荷の多数キャリア (positive majority carrier) をもつので，p 型半導体とよばれる．アクセプターのエネルギー準位は，価電子帯の頂上のわずか上に位置する．

いま，不純物が完全にイオン化していると仮定すると，電気中性条件から，

$$\Delta n = n_e - n_h = n_d^+ - n_a^- \tag{12.21}$$

となる．この式に n_e をかけて，式 (12.16) を用いると，

$$n_e^2 - n_e \Delta n = n_i^2 \tag{12.22}$$

となる．$n_e > 0$ であることに注意して，この 2 次方程式を解くと，次の結果が得られる．

$$n_e = \frac{1}{2}\left\{[(\Delta n)^2 + 4n_i^2]^{1/2} + \Delta n\right\} \tag{12.23}$$

$$n_h = \frac{1}{2}\left\{[(\Delta n)^2 + 4n_i^2]^{1/2} - \Delta n\right\} \tag{12.24}$$

このように，n_e と n_h は，Δn と n_i の関数として与えられるが，

$$|\Delta n| \gg n_i \tag{12.25}$$

を満たす場合，

$$[(\Delta n)^2 + 4n_i^2]^{1/2} = |\Delta n|\left[1 + \left(\frac{2n_i}{\Delta n}\right)^2\right]^{1/2}$$

$$\simeq |\Delta n| + \frac{2n_i^2}{|\Delta n|} \tag{12.26}$$

となる．n 型半導体では，$\Delta n > 0$ だから

$$n_e \simeq \Delta n + \frac{n_i^2}{\Delta n} \simeq \Delta n, \qquad n_h \simeq \frac{n_i^2}{\Delta n} \ll n_i \tag{12.27}$$

である．これに対して，p 型半導体では，$\Delta n < 0$ だから

$$n_e \simeq \frac{n_i^2}{|\Delta n|} \ll n_i, \qquad n_h \simeq |\Delta n| + \frac{n_i^2}{|\Delta n|} \simeq |\Delta n| \tag{12.28}$$

である．

式 (12.10) と式 (12.12) から，不純物半導体におけるフェルミ準位 μ は，

$$\mu = \epsilon_c - k_B T \ln\left(\frac{n_c}{n_e}\right) = \epsilon_v + k_B T \ln\left(\frac{n_v}{n_h}\right) \tag{12.29}$$

と表される．

キャリア濃度が量子濃度に近いとき，すなわち縮退している場合を考える．伝導電子の濃度 n_e は，

$$n_e = \frac{1}{2\pi^2}\left(\frac{2m_e}{\hbar^2}\right)^{3/2}\int_{\epsilon_c}^{\infty}d\epsilon\,\frac{(\epsilon-\epsilon_c)^{1/2}}{1+\exp[(\epsilon-\mu)/k_B T]} \tag{12.30}$$

で与えられるから，

$$\eta \equiv \frac{\mu-\epsilon_c}{k_B T} \tag{12.31}$$

として，次のジョイス–ディクソンの近似 (Joyce–Dixon approximation)

$$\eta - \ln r \simeq \frac{1}{\sqrt{8}}r - \left(\frac{3}{16}-\frac{\sqrt{3}}{9}\right)r^2 + \cdots, \qquad r = \frac{n_e}{n_c} \tag{12.32}$$

を用いると，

$$n_e n_h = n_i^2 \exp\left(-\frac{n_e}{\sqrt{8}\,n_c} + \cdots\right) \tag{12.33}$$

と表される．

12.3 非平衡半導体

光励起や電流注入により，n_e と n_h が平衡状態の濃度に比べてきわめて大きくなると，一つのフェルミ準位で分布関数を記述できなくなる．そこで，伝導帯，価電子帯それぞれに存在する電子がフェルミ–ディラック分布をしていると仮定し，

$$\begin{aligned}f_c(\epsilon, k_B T) &= \frac{1}{1+\exp[(\epsilon-\mu_c)/k_B T]} \\ f_v(\epsilon, k_B T) &= \frac{1}{1+\exp[(\epsilon-\mu_v)/k_B T]}\end{aligned} \tag{12.34}$$

とおく．ここで導入した μ_c と μ_v を**擬フェルミ準位** (quasi-Fermi level) という．

12.3 非平衡半導体

　伝導帯の擬フェルミ準位が半導体結晶中で場所によらず一定の場合，結晶内で伝導電子は熱平衡および拡散平衡状態にある．したがって，電子電流は流れない．これに対して，擬フェルミ準位が勾配をもっていると，次のような電流 J_e が流れる．

$$J_e = \tilde{\mu}_e n_e \operatorname{grad} \mu_c \tag{12.35}$$

ここで，$\tilde{\mu}_e$ は電子の**移動度** (mobility) であり，J_e は単位面積あたりの電流，すなわち電流密度である．

　不純物半導体において，縮退していない状態，すなわち

$$n_i \ll n_e \ll n_c \tag{12.36}$$

ならば，式 (12.29) から

$$\mu_c = \epsilon_c + k_B T \ln\left(\frac{n_e}{n_c}\right) \tag{12.37}$$

である．したがって，

$$J_e = \tilde{\mu}_e n_e \operatorname{grad} \epsilon_c + \tilde{\mu}_e k_B T \operatorname{grad} n_e \tag{12.38}$$

となる．

　伝導帯のバンド端の勾配は，静電ポテンシャルの勾配 φ に等しい，すなわち電場 E に比例し，

$$\operatorname{grad} \epsilon_c = -e \operatorname{grad} \varphi = eE \tag{12.39}$$

と表される．また，アインシュタインの関係から，拡散係数 D_e は，

$$D_e = \frac{\tilde{\mu}_e k_B T}{e} \tag{12.40}$$

である．以上から，電子電流密度 J_e は，

$$J_e = e\tilde{\mu}_e n_e E + e D_e \operatorname{grad} n_e \tag{12.41}$$

と表される．同じようにして，電流密度に対する正孔の寄与

$$J_h = \tilde{\mu}_h n_h \operatorname{grad} \mu_v \tag{12.42}$$

は，次式のように表される．

$$\boldsymbol{J}_\mathrm{h} = e\tilde{\mu}_\mathrm{h} n_\mathrm{h} \boldsymbol{E} - eD_\mathrm{h}\,\mathrm{grad}\,n_\mathrm{h} \tag{12.43}$$

演習問題

12.1 不純物の軌道 インジウムアンチモン (InSb) では，誘電率 $\varepsilon = 18$，電子の有効質量 $m_\mathrm{e} = 0.015m$ (m は電子の質量) である．
(a) ドナーのイオン化エネルギーを計算せよ．
(b) 基底状態の軌道半径を計算せよ．
(c) 隣り合った不純物原子の軌道が重なるために必要な，ドナー濃度の最低値を求めよ．

12.2 ドナー ヘルムホルツの自由エネルギーを用いて，ドナーが中性である確率 $f(D)$ と，ドナーがイオン化されている確率 $f(D^+)$ を求めよ．

12.3 アクセプター ヘルムホルツの自由エネルギーを用いて，アクセプターが中性である確率 $f(A)$ と，アクセプターがイオン化されている確率 $f(A^-)$ を求めよ．

12.4 n 型半導体 n 型半導体において，ドナーのイオン化エネルギー $\Delta\epsilon_\mathrm{d}$ が $\Delta\epsilon_\mathrm{d} \gg k_\mathrm{B}T$ を満たす場合を考える．
(a) このとき，伝導電子の濃度 n_e を求めよ．
(b) ドナー濃度 $N_\mathrm{d} = 10^{13}\,\mathrm{cm}^{-3}$，イオン化エネルギー $\Delta\epsilon_\mathrm{d} = 1\,\mathrm{meV}$，有効質量 $m_\mathrm{e} = 0.01m$ (m は電子の質量)，$T = 4\,\mathrm{K}$ における n_e の値を計算せよ．

12.5 わずかにドープされた半導体 正味のドナー濃度 Δn が真性濃度 n_i に比べて十分小さいとき，電子と正孔の濃度を計算せよ．

12.6 真性伝導率と最小伝導率 電気伝導率は，

$$\sigma = e(n_\mathrm{e}\tilde{\mu}_\mathrm{e} + n_\mathrm{h}\tilde{\mu}_\mathrm{h}) \tag{12.44}$$

で与えられる．ここで，$\tilde{\mu}_\mathrm{e}$ と $\tilde{\mu}_\mathrm{h}$ は，それぞれ電子と正孔の移動度である．なお，大部分の半導体では，$\tilde{\mu}_\mathrm{e} > \tilde{\mu}_\mathrm{h}$ である．

表 12.1 Si と InSb の 300 K における物理量

	Si	InSb
$\tilde{\mu}_e$	$1350\,\text{cm}^2\cdot\text{V}^{-1}\cdot\text{s}^{-1}$	$77000\,\text{cm}^2\cdot\text{V}^{-1}\cdot\text{s}^{-1}$
$\tilde{\mu}_h$	$480\,\text{cm}^2\cdot\text{V}^{-1}\cdot\text{s}^{-1}$	$750\,\text{cm}^2\cdot\text{V}^{-1}\cdot\text{s}^{-1}$
n_c	$2.7\times 10^{19}\,\text{cm}^{-3}$	$4.6\times 10^{16}\,\text{cm}^{-3}$
n_v	$1.1\times 10^{19}\,\text{cm}^{-3}$	$6.2\times 10^{18}\,\text{cm}^{-3}$
ϵ_g	$1.14\,\text{eV}$	$0.18\,\text{eV}$

(a) 伝導率が最小のとき，正味のイオン化された不純物濃度 $\Delta n = n_d^+ - n_a^-$ を求めよ．また，最小伝導率 $\sigma_{\min}$ を計算せよ．そして，真性半導体の伝導率 σ_i と比較せよ．

(b) 表 12.1 の値を用いて，Si と InSb に対して，300 K における Δn, $\sigma_{\min}$, $\sigma_{\min}/\sigma_i$ の値を求めよ．

12.7 抵抗率と不純物濃度 Ge 結晶 ($n_c = 1.0\times 10^{19}\,\text{cm}^{-3}$, $n_v = 5.2\times 10^{18}\,\text{cm}^{-3}$, $\epsilon_g = 0.67\,\text{eV}$) の抵抗率が $\rho = 20\,\Omega\cdot\text{cm}$ のとき，正味の不純物濃度はいくらか？この結晶が (a) n 型の場合と，(b) p 型の場合について，それぞれ求めよ．ただし，電子と正孔の移動度は，それぞれ $\tilde{\mu}_e = 3900\,\text{cm}^2\cdot\text{V}^{-1}\cdot\text{s}^{-1}$, $\tilde{\mu}_h = 1900\,\text{cm}^2\cdot\text{V}^{-1}\cdot\text{s}^{-1}$ である．

12.8 InSb における電子と正孔の濃度 n 型 InSb に対して，300 K における n_e, n_h, および $\mu - \epsilon_c$ を計算せよ．なお，$n_d^+ = 4.6\times 10^{16}\,\text{cm}^{-3} = n_c$ と仮定する．

12.9 ビルトイン電場 p 型半導体の中でイオン化されたアクセプターの濃度を，$x = x_1$ において $n_a^- = n_1 \ll n_v$ とする．そして，アクセプターの濃度が，位置とともに指数関数的に減少し，$x = x_2$ において $n_a^- = n_2 \gg n_i$ となると仮定する．間隔 (x_1, x_2) の中で形成されるビルトイン電場 (built-in field) は，いくらか？また，$n_1/n_2 = 10^3$, $x_2 - x_1 = 10^{-5}\,\text{cm}$ に対する電場の値を求めよ．ただし，$T = 300\,\text{K}$ と仮定する．

13 運動論

基礎事項

13.1 理想気体の法則の運動論

運動論を用いて，理想気体の法則 $pV = N\tau$ を導いてみよう．図 13.1 のように，1 辺の長さ L の立方体の箱を考える．

この中に，N 個の質量 M の分子から構成される気体が，閉じ込められているとする．いま，分子の速度の x 成分を v_x と表すと，分子は x 軸に垂直な一つの壁に単位時間あたり $v_x/2L$ 回衝突する．1 個の分子が 1 回の衝突で壁に与える力積は $2Mv_x$ である．したがって，圧力 p は，次式のようになる．

$$p = \left\langle N \times 2Mv_x \times \frac{v_x}{2L} \times \frac{1}{L^2} \right\rangle = \frac{N}{L^3} M \langle v_x^2 \rangle \tag{13.1}$$

ここで，$\langle \cdots \rangle$ は，時間平均または集団平均を表す．分子の速度の y 成分，z 成分をそれぞれ v_y, v_z と表すと，分子の速度 v との間には，次の関係が存在する．

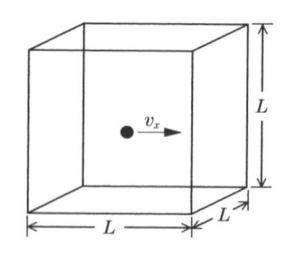

$$\langle v^2 \rangle = \langle v_x^2 \rangle + \langle v_y^2 \rangle + \langle v_z^2 \rangle, \quad \langle v_x^2 \rangle = \langle v_y^2 \rangle = \langle v_z^2 \rangle \tag{13.2}$$

図 13.1 分子の壁との弾性衝突

13.1 理想気体の法則の運動論

この関係と箱の体積 $V = L^3$ を利用すると，

$$p = \frac{N}{V} \cdot \frac{M \langle v^2 \rangle}{3} = \frac{N}{V} \tau, \qquad pV = N\tau \tag{13.3}$$

となり，理想気体の法則が導かれる．ただし，ここで

$$\frac{1}{2} M \langle v_x^2 \rangle = \frac{1}{2} \cdot \frac{M \langle v^2 \rangle}{3} = \frac{1}{2} \tau \tag{13.4}$$

を用いた．

このとき，理想気体の分布関数 $f(\epsilon_n)$ は，

$$f(\epsilon_n) = \lambda \exp\left(-\frac{\epsilon_n}{\tau}\right) \tag{13.5}$$

$$\epsilon_n = \frac{\hbar^2}{2M} \left(\frac{\pi n}{L}\right)^2 = \frac{1}{2} M v^2 \tag{13.6}$$

で与えられる．

速度が v と $v + \mathrm{d}v$ の間の範囲にある粒子数を $NP(v)\,\mathrm{d}v$ とすると，

$$\begin{aligned}
NP(v)\,\mathrm{d}v &= \frac{1}{8} \times 4\pi n^2\,\mathrm{d}n\, f(\epsilon_n) \\
&= \frac{1}{2} \pi \lambda n^2 \exp\left(-\frac{\epsilon_n}{\tau}\right) \frac{\mathrm{d}n}{\mathrm{d}v}\,\mathrm{d}v \\
&= \frac{1}{2} \pi \lambda \left(\frac{ML}{\hbar\pi}\right)^3 v^2 \exp\left(-\frac{Mv^2}{2\tau}\right)\mathrm{d}v
\end{aligned} \tag{13.7}$$

となる．ここで，式 (5.14) と式 (5.25) から，

$$\lambda = \frac{n}{n_{\mathrm{Q}}} = \frac{N}{L^3} \left(\frac{2\pi\hbar^2}{M\tau}\right)^{3/2} \tag{13.8}$$

であり，これを式 (13.7) に代入すると，

$$P(v) = 4\pi \left(\frac{M}{2\pi\tau}\right)^{3/2} v^2 \exp\left(-\frac{Mv^2}{2\tau}\right) \tag{13.9}$$

が導かれる．これは，**マクスウェルの速度分布** (Maxwell velocity distribution) であり，図 13.2 のようになる．問題 13.1 で示すように，

$$\begin{aligned}
\text{二乗平均速度} \quad & v_{\mathrm{rms}} = \left(\frac{3\tau}{M}\right)^{1/2} \\
\text{最大確率速度} \quad & v_{\mathrm{mp}} = \left(\frac{2\tau}{M}\right)^{1/2} \\
\text{平均速度} \quad & \bar{c} = \left(\frac{8\tau}{\pi M}\right)^{1/2}
\end{aligned} \tag{13.10}$$

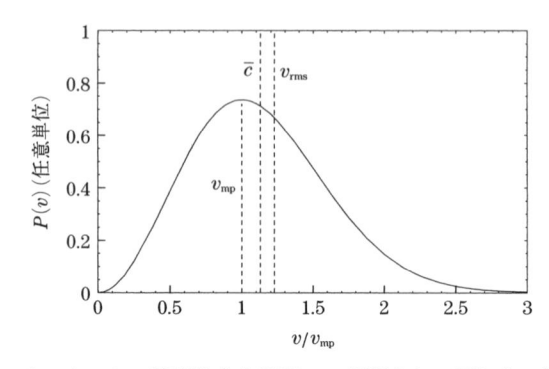

図 **13.2** マクスウェルの速度分布を速度 v の関数として示した. 横軸は, 最大確率速度 $v_\mathrm{mp} = (2\tau/M)^{1/2}$ で規格化してある. 平均速度 $\bar{c}$ と二乗平均速度 v_rms も図に示してある.

である.

13.2 輸 送 過 程

系の端から端までの一定の流れを伴う, 非平衡定常状態を考える. このとき, 物理量 A の流束密度 $\boldsymbol{J}_A$ は,

$$\boldsymbol{J}_A = (単位時間に単位面積を通って輸送される, 正味の A の量) \quad (13.11)$$

で定義される.

粒子の拡散

粒子は, 濃度の違いによって拡散する. 単位時間に単位断面積を通過する粒子数, すなわち流束密度 $\boldsymbol{J}_n$ は,

$$\boldsymbol{J}_n = -D \operatorname{grad} n \quad (13.12)$$

と表される. これは, フィックの法則 (Fick's law) として知られており, D は粒子の拡散定数, n は粒子の濃度である.

熱伝導率

正味のエネルギーの輸送は存在するが，粒子の輸送はないと仮定する．このとき，エネルギーの流束密度 $\boldsymbol{J}_u$ は**熱伝導率** (thermal conductivity) K を用いて，

$$\boldsymbol{J}_u = -K \operatorname{grad} \tau \tag{13.13}$$

$$K = D\hat{C}_V = \frac{1}{3}\hat{C}_V \bar{c} l \tag{13.14}$$

と表される．これは，**フーリエの法則** (Fourier's law) として知られており，$\hat{C}_V$ は単位体積あたりの定積熱容量，$\bar{c}$ は粒子の平均速度，l は**平均自由行程** (mean free path) である．

粘性

流れの速度に平行で，かつ流れの速度勾配に垂直な運動量成分が拡散するとき，この指標となるのが粘性である．x 方向の流速をもち，z 方向に速度勾配のある気体を考えよう．このとき，**粘性係数** (viscosity coefficient) η は，次式で定義される．

$$X_z = -\eta \frac{\mathrm{d}v_x}{\mathrm{d}z} = J_z(p_x) \tag{13.15}$$

ここで，X_z は z 軸を法線とする平面に働く，ずれ応力の x 成分であり，単位面積あたりに気体が作用する力である．また，v_x は流速の x 成分，p_x は運動量の x 成分である．

一般化された力

どんな輸送過程においても，系の一部分から他の部分へのエントロピーの移動が生じる．式 (4.17) から，体積が一定のとき，

$$\mathrm{d}\sigma = \frac{1}{\tau}\mathrm{d}U - \frac{\mu}{\tau}\mathrm{d}N \tag{13.16}$$

であり，これから類推すると，エントロピーの流束密度 $\boldsymbol{J}_\sigma$ は，

$$\boldsymbol{J}_\sigma = \frac{1}{\tau}\boldsymbol{J}_u - \frac{\mu}{\tau}\boldsymbol{J}_n \tag{13.17}$$

となる.

さて, 単位体積あたりのエントロピーを $\hat{\sigma}$, 生成レートを g_σ とすると, 連続の式から,

$$\frac{\partial \hat{\sigma}}{\partial t} = g_\sigma - \operatorname{div} \boldsymbol{J}_\sigma \tag{13.18}$$

である. ここで, 式 (13.17) の発散を考えると,

$$\operatorname{div} \boldsymbol{J}_\sigma = \frac{1}{\tau} \operatorname{div} \boldsymbol{J}_u + \boldsymbol{J}_u \cdot \operatorname{grad}\left(\frac{1}{\tau}\right) - \frac{\mu}{\tau} \operatorname{div} \boldsymbol{J}_n - \boldsymbol{J}_n \cdot \operatorname{grad}\left(\frac{\mu}{\tau}\right) \tag{13.19}$$

だから, これを式 (13.18) に代入すると,

$$\frac{\partial \hat{\sigma}}{\partial t} = \left[g_\sigma - \boldsymbol{J}_u \cdot \operatorname{grad}\left(\frac{1}{\tau}\right) + \boldsymbol{J}_n \cdot \operatorname{grad}\left(\frac{\mu}{\tau}\right) \right] - \frac{1}{\tau} \operatorname{div} \boldsymbol{J}_u + \frac{\mu}{\tau} \operatorname{div} \boldsymbol{J}_n \tag{13.20}$$

が得られる.

一方, 式 (13.16) から

$$\frac{\partial \hat{\sigma}}{\partial t} = \frac{1}{\tau} \frac{\partial u}{\partial t} - \frac{\mu}{\tau} \frac{\partial n}{\partial t} \tag{13.21}$$

が得られる. ただし, 単位体積あたりで考え,

$$u = \frac{U}{V}, \quad n = \frac{N}{V} \tag{13.22}$$

とした. 輸送過程において u と n は保存されるから, 次の関係が成り立つ.

$$\frac{\partial u}{\partial t} = -\operatorname{div} \boldsymbol{J}_u \tag{13.23}$$

$$\frac{\partial n}{\partial t} = -\operatorname{div} \boldsymbol{J}_n \tag{13.24}$$

これらを式 (13.21) に代入すると,

$$\frac{\partial \hat{\sigma}}{\partial t} = -\frac{1}{\tau} \operatorname{div} \boldsymbol{J}_u + \frac{\mu}{\tau} \operatorname{div} \boldsymbol{J}_n \tag{13.25}$$

が得られる.

以上から,

$$g_\sigma = \boldsymbol{J}_u \cdot \operatorname{grad}\left(\frac{1}{\tau}\right) + \boldsymbol{J}_n \cdot \operatorname{grad}\left(-\frac{\mu}{\tau}\right) \tag{13.26}$$

または
$$g_\sigma = \boldsymbol{J}_u \cdot \boldsymbol{F}_u + \boldsymbol{J}_n \cdot \boldsymbol{F}_n \tag{13.27}$$

が導かれる．ここで，$\boldsymbol{F}_u$ と $\boldsymbol{F}_n$ は，**一般化された力** (generalized forces) であり，次式で定義される．

$$\boldsymbol{F}_u \equiv \mathrm{grad}\left(\frac{1}{\tau}\right), \quad \boldsymbol{F}_n \equiv \mathrm{grad}\left(-\frac{\mu}{\tau}\right) \tag{13.28}$$

アインシュタインの関係

等温過程を考える．このとき，式 (13.28) は

$$\boldsymbol{F}_n = -\frac{1}{\tau}\mathrm{grad}\,\mu = -\frac{1}{\tau}\left(\mathrm{grad}\,\mu_{\mathrm{int}} + \mathrm{grad}\,\mu_{\mathrm{ext}}\right) \tag{13.29}$$

となる．ここで，系を理想気体とし，外部ポテンシャルとして静電ポテンシャルを考えよう．このとき，

$$\mathrm{grad}\,\mu_{\mathrm{int}} = \frac{\tau}{n}\mathrm{grad}\,n, \quad \mathrm{grad}\,\mu_{\mathrm{ext}} = q\,\mathrm{grad}\,\varphi = -q\boldsymbol{E}$$

となる．ただし，μ_{int} に対して式 (5.26) を用いた．また，粒子のもつ電荷を q とした．これらの関係を式 (13.29) に代入すると，

$$\boldsymbol{F}_n = -\frac{1}{\tau}\left(\frac{\tau}{n}\mathrm{grad}\,n - q\boldsymbol{E}\right) \tag{13.30}$$

と表される．

一方，粒子の流束密度 $\boldsymbol{J}_n$ は，次式で与えられる．

$$\boldsymbol{J}_n = -D_n\,\mathrm{grad}\,n + n\tilde{\mu}\boldsymbol{E} \tag{13.31}$$

式 (13.30) と式 (13.31) において，それぞれ第 1 項と第 2 項の比は等しいはずだから，

$$D_n = \frac{\tau\tilde{\mu}}{q} \tag{13.32}$$

が導かれる．これは，**アインシュタインの関係** (Einstein relation) とよばれている．

13.3 ボルツマンの輸送方程式

直交座標 r と速度 v の 6 次元の空間を考える．時刻 t と $t+\mathrm{d}t$ の間に，r と $r+\mathrm{d}r$，v と $v+\mathrm{d}v$ の範囲にある粒子数を $f(t, r, v)\,\mathrm{d}t\,\mathrm{d}r\,\mathrm{d}v$ とする．

粒子間に衝突がある場合，

$$f(t+\mathrm{d}t, r+\mathrm{d}r, v+\mathrm{d}v) - f(t, r, v) = \mathrm{d}t \left(\frac{\partial f}{\partial t}\right)_{\mathrm{coll}} \tag{13.33}$$

となるから，次の結果が得られる．

$$\mathrm{d}t \left(\frac{\partial f}{\partial t}\right) + \mathrm{d}r \cdot \mathrm{grad}_r f + \mathrm{d}v \cdot \mathrm{grad}_v f = \mathrm{d}t \left(\frac{\partial f}{\partial t}\right)_{\mathrm{coll}} \tag{13.34}$$

ここで $\mathrm{d}v/\mathrm{d}t = \alpha$ と表すと，次式のようになる．

$$\left(\frac{\partial f}{\partial t}\right) + v \cdot \mathrm{grad}_r f + \alpha \cdot \mathrm{grad}_v f = \left(\frac{\partial f}{\partial t}\right)_{\mathrm{coll}} \tag{13.35}$$

これが**ボルツマンの輸送方程式** (Boltzmann transport equation) である．

ここで，緩和時間を τ_c として

$$\left(\frac{\partial f}{\partial t}\right)_{\mathrm{coll}} = -\frac{f - f_0}{\tau_\mathrm{c}} \tag{13.36}$$

とおくと，

$$\frac{\partial f}{\partial t} + \alpha \cdot \mathrm{grad}_v f + v \cdot \mathrm{grad}_r f = -\frac{f - f_0}{\tau_\mathrm{c}} \tag{13.37}$$

となる．これは，**緩和時間近似**におけるボルツマンの輸送方程式とよばれる．

1 次元における粒子の拡散を考えると，定常状態では，緩和時間近似におけるボルツマンの輸送方程式は，

$$v_x \frac{\mathrm{d}f}{\mathrm{d}x} = -\frac{f - f_0}{\tau_\mathrm{c}} \tag{13.38}$$

と表される．ここで，f は x のみの関数であるとした．これから，第 1 近似で

$$f \simeq f_0 - v_x \tau_\mathrm{c} \frac{\mathrm{d}f_0}{\mathrm{d}x} \tag{13.39}$$

が導かれる．ただし，$\mathrm{d}f/\mathrm{d}x$ を $\mathrm{d}f_0/\mathrm{d}x$ で置き換えた．

13.3 ボルツマンの輸送方程式

まず，古典分布について考えよう．古典的な極限では，分布関数 f_0 は，

$$f_0 = \exp\left(\frac{\mu - \epsilon}{\tau}\right) \tag{13.40}$$

である．

$$\frac{df_0}{dx} = \frac{df_0}{d\mu}\frac{d\mu}{dx} = \frac{f_0}{\tau}\frac{d\mu}{dx} \tag{13.41}$$

だから，これを式 (13.39) に代入すると，

$$f = f_0 - \frac{v_x \tau_c f_0}{\tau}\frac{d\mu}{dx} \tag{13.42}$$

となる．したがって，x 方向の流束密度 J_n^x として，次式が得られる．

$$\begin{aligned}J_n^x &= \int v_x f D(\epsilon)\,d\epsilon \\ &= \int v_x f_0 D(\epsilon)\,d\epsilon - \frac{d\mu}{dx}\int \frac{v_x{}^2 \tau_c f_0}{\tau} D(\epsilon)\,d\epsilon \\ &= -\frac{d\mu}{dx}\int \frac{v_x{}^2 \tau_c f_0}{\tau} D(\epsilon)\,d\epsilon\end{aligned} \tag{13.43}$$

ここで，$D(\epsilon)$ は単位体積あたりの状態密度であり，スピン 0 の粒子に対しては，

$$D(\epsilon) = \frac{1}{4\pi^2}\left(\frac{2M}{\hbar^2}\right)^{3/2}\epsilon^{1/2} \tag{13.44}$$

となる．

緩和時間 τ_c が一定のとき，

$$J_n^x = -\frac{n\tau_c}{M}\frac{d\mu}{dx} = -\frac{\tau_c \tau}{M}\frac{dn}{dx}, \quad \because \mu = \tau \ln n + \text{constant} \tag{13.45}$$

となるから，拡散定数 D は，次のように表される．

$$D = \frac{\tau_c \tau}{M} = \frac{1}{3}\langle v^2 \rangle \tau_c \tag{13.46}$$

つぎにフェルミ–ディラック分布について考える．フェルミ–ディラック分布関数 f_0 は，

$$f_0 = \frac{1}{\exp[(\epsilon - \mu)/\tau] + 1} \tag{13.47}$$

である．低温 $\tau \ll \mu$ では

$$\frac{\mathrm{d}f_0}{\mathrm{d}\mu} \simeq \delta(\epsilon - \mu) \tag{13.48}$$

だから，

$$\frac{\mathrm{d}f_0}{\mathrm{d}x} = \delta(\epsilon - \mu)\frac{\mathrm{d}\mu}{\mathrm{d}x} \tag{13.49}$$

となる．したがって，フェルミ粒子の質量を m，濃度を n とすると，

$$\begin{aligned} J_n^x &= \int v_x f D(\epsilon)\,\mathrm{d}\epsilon \\ &= -\frac{\mathrm{d}\mu}{\mathrm{d}x}\tau_\mathrm{c} \int v_x{}^2\,\delta(\epsilon - \mu) D(\epsilon)\,\mathrm{d}\epsilon \\ &= -\frac{n\tau_\mathrm{c}}{m}\frac{\mathrm{d}\mu}{\mathrm{d}x} \end{aligned} \tag{13.50}$$

となる．また，絶対零度では，

$$\mu(0) = \frac{\hbar^2}{2m}(3\pi^2 n)^{2/3} \tag{13.51}$$

だから，

$$\frac{\mathrm{d}\mu}{\mathrm{d}x} = \frac{2}{3}\frac{\epsilon_\mathrm{F}}{n}\frac{\mathrm{d}n}{\mathrm{d}x} \tag{13.52}$$

と表される．以上から，

$$J_n^x = -\frac{2\tau_\mathrm{c}}{3m}\epsilon_\mathrm{F}\frac{\mathrm{d}n}{\mathrm{d}x} = -\frac{1}{3}v_\mathrm{F}{}^2 \tau_\mathrm{c}\frac{\mathrm{d}n}{\mathrm{d}x} \tag{13.53}$$

となり，拡散定数 D は，次のように表される．

$$D = \frac{1}{3}v_\mathrm{F}{}^2 \tau_\mathrm{c} \tag{13.54}$$

ここで，電流密度について，古典分布とフェルミ–ディラック分布を比較してみよう．電流密度 J_q は，粒子の流束密度 J_n に電荷 q をかけたものである．いま，

$$\frac{\mathrm{d}\mu}{\mathrm{d}x} = q\frac{\partial\varphi}{\partial x} = -qE_x$$

とおくと，古典分布に対する電流密度 J_q と電気伝導率 σ は，式 (13.45) から

$$\boldsymbol{J}_q = \frac{nq^2\tau_\mathrm{c}}{m}\boldsymbol{E}, \quad \sigma = \frac{nq^2\tau_\mathrm{c}}{m} \tag{13.55}$$

となる．一方，フェルミ–ディラック分布に対しては，式 (13.50) から，

$$J_q = \frac{nq^2\tau_c}{m}E, \quad \sigma = \frac{nq^2\tau_c}{m} \tag{13.56}$$

となる．このように，電流密度 J_q に対しては，古典分布とフェルミ–ディラック分布で，同じ表式が得られる．

13.4　希薄気体の法則

孔を通しての分子の流れ

粒子の濃度を n，粒子の平均速度を $\bar{c}$ とすると，問題 3.1(b) の結果で示したように，流束密度 J_n は，次式で与えられる．

$$J_n = \frac{1}{4}n\bar{c} \tag{13.57}$$

したがって，孔の面積を A とすると，全流束 Φ は，

$$\Phi = AJ_n = \frac{1}{4}An\bar{c} = nS \tag{13.58}$$

$$S = \frac{1}{4}A\bar{c} \tag{13.59}$$

となる．ここで導入した S は，孔の**コンダクタンス** (conductance) であり，単位時間に孔を通って流れる気体の体積として定義される．

理想気体では，

$$pV = N\tau \tag{13.60}$$

だから，

$$n = \frac{N}{V} = \frac{p}{\tau} \tag{13.61}$$

である．したがって，

$$\Phi = \frac{p}{\tau}S = \frac{Q}{\tau} \tag{13.62}$$

と表される．ここで定義した

$$Q = pS \tag{13.63}$$

を**スループット** (throughput) という．

管を通しての分子の流れ

直径 d, 長さ L の管を考える. 分子が管の内壁に衝突した後, 再びあらゆる方向に放出されるとする. 内壁の面積が $\pi L d$ だから, 単位時間に内壁に衝突する分子数は, 式 (13.57) から次のようになる.

$$\frac{1}{4}\pi L d n \bar{c} \tag{13.64}$$

分子から管に移動する単位時間あたりの運動量と, 管の両端の圧力差 Δp にもとづく力が等しいから,

$$\frac{1}{4}\pi L d n \bar{c} M \langle u \rangle = A \Delta p \tag{13.65}$$

が成り立つ. ここで, M は分子の質量, $\langle u \rangle$ は流れの速度, $A = \pi d^2/4$ は管の断面積である. これから, 流れの速度 $\langle u \rangle$ は,

$$\langle u \rangle = \frac{\Delta p}{n} \frac{1}{M \bar{c}} \frac{d}{L} \tag{13.66}$$

と表される.

したがって, 正味の流束 $\Delta \Phi$ は,

$$\Delta \Phi = n \langle u \rangle A = \Delta p \frac{A d}{M \bar{c} L} = \frac{\Delta p}{\tau} S \tag{13.67}$$

$$S = \tau \frac{\Delta \Phi}{\Delta p} = \frac{\tau}{M \bar{c}} \frac{A d}{L} \tag{13.68}$$

となる. ここで, S は管のコンダクタンスである.

なお, さらに詳しい計算によると,

$$S = \frac{8}{3\pi} \frac{\tau A d}{M \bar{c} L} \tag{13.69}$$

である.

演習問題

13.1 **マクスウェル分布における平均速度** 質量 M の粒子が, 基本温度 τ において, マクスウェル分布をとっているとする.

(a) 二乗平均速度 v_rms を求めよ．
(b) 最大確率速度 v_mp を求めよ．
(c) 平均速度 $\bar{c}$ を求めよ．
(d) 原子1個の速度について，その z 成分を考える．この絶対値の平均値 $\bar{c}_z$ を求めよ．

13.2 ビーム中の平均運動エネルギー

(a) 分子ビームが，基本温度 τ のオーブンの小さな孔から放出されるとき，この分子ビームの平均運動エネルギーを求めよ．

(b) ビームのずっと下流側にある第2の孔によって，分子がコリメートされると仮定する．この結果，第2の孔を通り抜ける分子は，放射軸に垂直な速度成分をほんのわずかしかもっていない．第2の孔を通り抜ける分子の平均運動エネルギーはいくらか？

13.3 熱伝導率と電気伝導率の比 電荷 q をもつ粒子からなる，基本温度 τ の古典気体に対して，

$$\frac{K}{\tau\sigma} = \frac{3}{2q^2} \tag{13.70}$$

であることを示せ．ただし，K は熱伝導率，σ は電気伝導率である．

13.4 金属の熱伝導率 室温における銅の熱伝導率は，主に伝導電子によって決まる．そして，原子1個あたりの伝導電子の数は，1個である．伝導電子の平均自由行程 l は，300 K において 400×10^{-8} cm，濃度は 8×10^{22} cm^{-3} である．また，フェルミ温度 T_F は 8.2×10^4 K，フェルミ温度 v_F は 1.56×10^8 cm$\cdot$s^{-1} である．

(a) 熱容量に対する電子の寄与を求めよ．
(b) 熱伝導率に対する電子の寄与を求めよ．
(c) 電気伝導率を求めよ．

13.5 ボルツマンの方程式と熱伝導率 温度勾配 $d\tau/dx$ をもつ物質を考える．ただし，粒子の濃度は一定である．

(a) 緩和時間近似におけるボルツマンの輸送方程式を用い，非平衡古典分布が1次の近似で

$$f \simeq f_0 - v_x \tau_\mathrm{c} \left(-\frac{3}{2\tau} + \frac{\epsilon}{\tau^2}\right) f_0 \frac{d\tau}{dx} \tag{13.71}$$

であることを示せ．

(b) x 方向のエネルギー流束が

$$J_u = -\left(\frac{d\tau}{dx}\right)\tau_c \int v_x{}^2 \left(-\frac{3\epsilon}{2\tau} + \frac{\epsilon^2}{\tau^2}\right) f_0 D(\epsilon)\,d\epsilon \qquad (13.72)$$

であることを示せ．ここで，

$$v_x{}^2 = \frac{2\epsilon}{3m}$$

である．

(c) この積分の値を計算し，熱伝導率 K を求めよ．

13.6 管を通しての流れ 両端の圧力差が p の細い管 (半径 a，長さ L) の中を液体が流れるとする．このとき，単位時間あたりに管を通って流れる液体の体積 dV/dt を求めよ．ただし，流れは層流であり，管壁での流速はゼロであると仮定する．

13.7 管の速度 長さ L，直径 d の管に対して，管の速度を求めよ．また，20°C の空気に対して，管の速度は，どのように表されるか？ただし，有限長の管の終端効果を補正するために，両端がそれぞれ管と直列な孔の半分であるとする．また，0°C において，粒子の平均速度 $\bar{c}$ は，

$$\bar{c} = 0.8\,\bar{c}(N_2) + 0.2\,\bar{c}(O_2) = 4.44 \times 10^4\,\text{cm}\cdot\text{s}^{-1}$$

である．

14 伝　　搬

基　礎　事　項

14.1 拡散方程式と熱伝導方程式

まず，**拡散方程式** (diffusion equation) を導出してみよう．粒子の流束密度 $\boldsymbol{J}_n$ は，式 (13.12) から

$$\boldsymbol{J}_n = -D_n \operatorname{grad} n \tag{14.1}$$

である．粒子数が保存されるとすると，連続の式から

$$\frac{\partial n}{\partial t} + \operatorname{div} \boldsymbol{J}_n = 0 \tag{14.2}$$

となる．式 (14.1) を式 (14.2) に代入し，$\operatorname{div}\operatorname{grad} \equiv \nabla^2$ を用いると，拡散方程式

$$\frac{\partial n}{\partial t} = D_n \nabla^2 n \tag{14.3}$$

が得られる．

同じようにして，**熱伝導方程式** (heat conduction equation) を導くことができる．式 (13.13) から

$$\boldsymbol{J}_u = -K \operatorname{grad} \tau \tag{14.4}$$

である．エネルギー密度に対する連続の式は，

$$\frac{\partial u}{\partial t} + \operatorname{div} \boldsymbol{J}_u = \hat{C}\frac{\partial \tau}{\partial t} + \operatorname{div} \boldsymbol{J}_u = 0 \tag{14.5}$$

だから，式 (14.4) を式 (14.5) に代入すると，

$$\frac{\partial \tau}{\partial t} = D_\tau \nabla^2 \tau, \quad D_\tau \equiv \frac{K}{\hat{C}} \tag{14.6}$$

が得られる．

14.2 分散関係

拡散方程式

$$D\nabla^2 \theta = \frac{\partial \theta}{\partial t} \tag{14.7}$$

は，次のような平面波の形の解をもつ．

$$\theta = \theta_0 \exp[i(\boldsymbol{k} \cdot \boldsymbol{r} - \omega t)] \tag{14.8}$$

式 (14.7) に式 (14.8) を代入すると，次の**分散関係** (dispersion relation) が得られる．

$$Dk^2 = i\omega \tag{14.9}$$

14.3 媒質内での温度の振動

$z > 0$ の半無限大の媒質の中の温度変化を考える．$z = 0$ での温度 $\theta(0,t)$ が，

$$\theta(0,t) = \theta_0 \cos \omega t \tag{14.10}$$

の場合，$z > 0$ における温度 $\theta(z,t)$ は，次のように表される．

$$\begin{aligned}\theta(z,t) &= \theta_0 \operatorname{Re}\{\exp[i(kz - \omega t)]\} \\ &= \theta_0 \operatorname{Re}\left\{\exp\left[i^{3/2}\left(\frac{\omega}{D}\right)^{1/2} z - i\omega t\right]\right\}\end{aligned} \tag{14.11}$$

ただし，

$$i^{3/2} = \frac{i-1}{\sqrt{2}}$$

である．ここで，
$$\delta \equiv \left(\frac{2D}{\omega}\right)^{1/2} \tag{14.12}$$
を導入すると，
$$\begin{aligned}\theta(z,t) &= \theta_0 \operatorname{Re}\left\{\exp\left(-\frac{z}{\delta}\right)\exp\left[\mathrm{i}\left(\frac{z}{\delta}\right)-\mathrm{i}\omega t\right]\right\} \\ &= \theta_0 \exp\left(-\frac{z}{\delta}\right)\cos\left(\omega t - \frac{z}{\delta}\right)\end{aligned} \tag{14.13}$$
が導かれる．δ は長さの次元をもっており，温度変化の媒質への侵入深さを示している．

14.4 固定境界条件をもつ拡散

$x=0$ に界面をもち，$x\geq 0$ に存在する半無限大の固体に，熱または粒子が拡散する場合を考える．$x=0$ で $\theta=\theta_0$，$x=\infty$ で $\theta=0$ とすると，
$$\theta(x,t) = \theta_0\left[1-\operatorname{erf}\left(\frac{x}{(4Dt)^{1/2}}\right)\right] \tag{14.14}$$
となる．ただし，$t<0$ では固体のあらゆる位置で $\theta=0$ とした．また，ここで次式で定義される**誤差関数** (error function) $\operatorname{erf} u$ を導入した．
$$\operatorname{erf} u \equiv \frac{2}{\sqrt{\pi}}\int_0^u \mathrm{d}s \exp(-s^2) \tag{14.15}$$

演 習 問 題

14.1 パルスのフーリエ解析 時刻 $t=0$ において，ディラックのデルタ関数 $\delta(x)$ の形をした分布を考えよう．拡散によって，時刻 t における分布は，どのようになるか? ただし，拡散係数を D とする．

14.2 2次元および3次元での拡散
(a) 拡散方程式が，2次元において次の解をもつことを示せ．
$$\theta_2(t) = \frac{C_2}{t}\exp\left(-\frac{r^2}{4Dt}\right) \tag{14.16}$$

また，3次元において次の解をもつことを示せ．

$$\theta_3(t) = \frac{C_3}{t^{3/2}} \exp\left(-\frac{r^2}{4Dt}\right) \tag{14.17}$$

(b) 定数 C_2 と C_3 を求めよ．

14.3 土の中の温度変化 1日と1年の温度変化が正弦波的で，その振幅がともに $\theta_d = 10°C$ であるような仮想的な気候を考える．そして，1年間の平均温度は $\theta_0 = 10°C$ であり，土の熱拡散率 D を $1 \times 10^{-3}\,\mathrm{cm}^2\cdot\mathrm{s}^{-1}$ とする．この気候において，水道管が凍結しないようにするためには，水道管を埋める深さは，いくら以上にすればよいか？

14.4 平板の冷却 厚さ $2a$ で，一様な初期温度 θ_1 の熱い板がある．突然これを温度 $\theta_0 < \theta_1$ の水の中に入れたとする．この結果，板の表面温度は一気に θ_0 に下がり，そのままの温度を保つ．このとき，平板内の温度をフーリエ級数に展開せよ．しばらく時間が経過すると，温度のフーリエ成分は，波長のもっとも長いもの以外は減衰してしまう．そして，最終的には，温度分布は正弦波的になる．どれくらい時間が経過すると，板の中心と表面との温度差が最初の温度差 $\theta_1 - \theta_0$ の 0.01 倍に減衰するか？

14.5 p–n 接合：一定の表面濃度からの不純物の拡散 シリコンの単結晶が p 型にドーピングされており，ホウ素 (B) 原子の濃度が $n_a = 10^{16}\,\mathrm{cm}^{-3}$ であるとする．この結晶板をリン (P) 原子を含む雰囲気中で加熱すると，P 原子が半導体内部に拡散し，濃度 $n_d(x)$ をもつドナーとなる．そして，$n_a = n_d$ となる深さで p–n 接合を形成する．拡散中，表面でのリン濃度が $n_d(0) = 10^{17}\,\mathrm{cm}^{-3}$ に保たれていると仮定し，ドナーの拡散係数を $D = 10^{-13}\,\mathrm{cm}^2\cdot\mathrm{s}^{-1}$ とする．方程式 $x = Ct^{1/2}$ において，定数 C の値はいくらか？ここで，x は p–n 接合の深さ，t は時間である．

14.6 内部に熱源がある場合の熱拡散 内部に熱源が存在するとき，連続の方程式 (14.5) は，次のように修正される．

$$\hat{C}\frac{\partial \tau}{\partial t} + \mathrm{div} J_u = g_u \tag{14.18}$$

ここで，g_u は単位体積あたりの熱生成レートである．この例として，ケーブルで生じるジュール熱や，地球や月の内部にある微量元素の放射性崩

壊からの熱などがある．この g_u が場所にも時間にも依存しないとして，(a) 円柱状のケーブル，(b) 球状の地球，それぞれの中心における温度上昇を求めよ．

14.7 原子炉の大きさの臨界値 体積 L^3 の立方体の原子炉を考えよう．そして，中性子の粒子生成レート g_n が，局所的な中性子濃度 n に比例するとする．すなわち，

$$g_n = \frac{n}{t_0}$$

と仮定する．ここで t_0 は特性時定数であり，t_0 の値は ^{235}U 原子核の濃度に依存する．また，表面損失があるため，表面での中性子濃度はゼロのままであると仮定する．このとき，中性子濃度 n の時間変化について説明せよ．

演習問題の解答

1 章

1.1 エントロピーと温度 (a) 式 (1.27) と式 (1.32) から,

$$\frac{1}{\tau} = \left(\frac{\partial \sigma}{\partial U}\right)_N = \left(\frac{\partial \ln g}{\partial U}\right)_N = \frac{3}{2}N\frac{\partial \ln U}{\partial U} = \frac{3}{2}\frac{N}{U}$$

となる．したがって，次式が得られる．

$$U = \frac{3}{2}N\tau$$

(b) 問題 1.1(a) の結果から，次の関係が導かれる．

$$\left(\frac{\partial^2 \sigma}{\partial U^2}\right)_N = \frac{\partial}{\partial U}\left(\frac{\partial \sigma}{\partial U}\right)_N = \frac{\partial}{\partial U}\left(\frac{3}{2}\frac{N}{U}\right)_N = -\frac{3}{2}\frac{N}{U^2} < 0$$
$$\because N > 0, \ U^2 > 0$$

なお，理想気体は，この形の多重度関数 $g(U)$ をもつ．

1.2 常磁性 一定の外部磁場 (磁束密度 B) が存在する場合，1 個の磁気モーメント m との相互作用エネルギー u は，

$$u = -\bm{m} \cdot \bm{B}$$

である．いま，N 個のスピンが存在し，各スピンは上向きか下向きのどちらか一方向しかとれないから，全ポテンシャルエネルギー U は,

$$U = \sum_{i=1}^{N} u_i = -\bm{B} \cdot \sum_{i=1}^{N} \bm{m}_i = -2smB = -MB$$

となる．ただし，$2s$ はスピン差 (上向きスピンと下向きスピンの個数の差) である．これから,

$$s = -\frac{U}{2mB}$$

が得られる．スピンがガウス分布をとっているので，式 (1.8) と式 (1.27) から，この系のエントロピー σ は，

$$\sigma \equiv \ln g(N,s) = \ln g(N,0) - \frac{2s^2}{N} = \ln g(N,0) - \frac{U^2}{2m^2B^2N}$$

となる．これを式 (1.32) に代入すると，次のようになる．

$$\frac{1}{\tau} = \left(\frac{\partial \sigma}{\partial U}\right)_N = -\frac{U}{m^2B^2N} = \frac{MB}{m^2B^2N} = \frac{M}{m^2BN}$$

したがって，次式が導かれる．

$$\frac{M}{Nm} = \frac{mB}{\tau}$$

1.3 量子調和振動子 (a) いま，j 番目の量子調和振動子の状態数を s_j とすると，この振動子のエネルギー固有値は，$\epsilon_j = s_j\hbar\omega$ である．ここで，s_j は 0 以上の整数である．したがって，系の全エネルギー U は，

$$U = \sum_j s_j\hbar\omega = n\hbar\omega$$

と表され，これから

$$n = \sum_j s_j$$

となる．図 1(a) に示すように，量子調和振動子を □，それぞれの振動子がとる状態を ○ で表す．このとき，□ の数は N で，○ の数は n である．この系がとりうる状態数を考えるために，□ の仕切 | を残すと，図 1(b) のようになる．ここで，○ の総数が一定で，□ の中の ○ の数が任意ということは，$(N-1)$ 個の

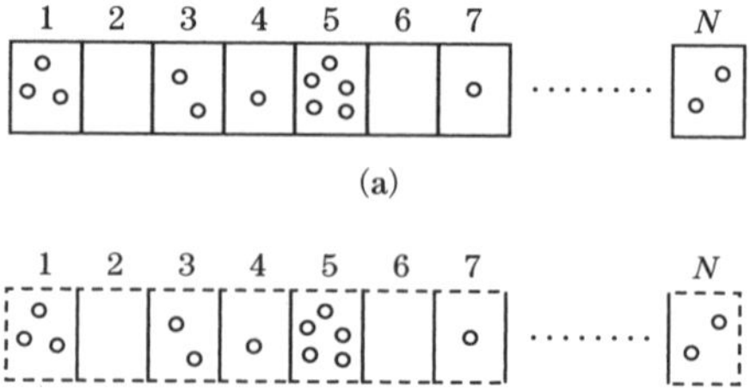

図 1 量子調和振動子の状態

仕切 | の位置が変わりうるということである．つまり，この系の状態数 $g(N,s)$ は，$(n+N-1)$ 個の ○ と | の中から n 個の ○ を選ぶ組合せの数に等しい．したがって，

$$g(N,n) = \frac{(n+N-1)!}{n!\,(N-1)!}$$

となる．これを式 (1.27) に代入すると，この系のエントロピー σ は，次のようになる．

$$\sigma = \ln g(N,n) = \ln \frac{(n+N-1)!}{n!\,(N-1)!} \simeq \ln \frac{(N+n)!}{n!\,N!}$$

$$\simeq (N+n)\ln(N+n) - n\ln n - N\ln N = \ln \frac{(N+n)^{N+n}}{n^n\,N^N}$$

ただし，$N \gg 1$ だから，ここで $N-1 \simeq N$ とした．

なお，この問題で求めた $g(N,s)$ は，ボーズ粒子に対する多重度関数である．そして，複数の振動モードが存在するときの状態数 g は，

$$N \to N_i, \qquad s \to s_i$$

と置き換えて，

$$g = \prod_i g(N_i, s_i)$$

となる．ここで，i は i 番目の振動モードを示している．

(b) $U = n\hbar\omega$ だから，$dU = \hbar\omega\,dn$ である．これを式 (1.32) に代入すると，

$$\frac{1}{\tau} = \left(\frac{\partial \sigma}{\partial U}\right)_N = \frac{1}{\hbar\omega}\frac{\partial \sigma}{\partial n}$$

$$= \frac{1}{\hbar\omega}[\ln(N+n) + 1 - \ln n - 1] = \frac{1}{\hbar\omega}\ln\frac{N+n}{n}$$

となる．したがって，

$$\frac{N+n}{n} = \exp\left(\frac{\hbar\omega}{\tau}\right), \qquad n = \frac{N}{\exp(\hbar\omega/\tau) - 1}$$

が得られる．これから，全エネルギー U は，次のように表される．

$$U = n\hbar\omega = \frac{N\hbar\omega}{\exp(\hbar\omega/\tau) - 1}$$

これは，プランクの結果である．

1.4 「決して起こらない」の意味 (a) 1回キーを打つときに，正しいキーを選ぶ確率は $1/44$ である．したがって，10^5 回ランダムにキーを打つとき，全文を正確にタイプする確率は，$\left(\frac{1}{44}\right)^{10^5}$ である．ここで，

$$\left(\frac{1}{44}\right)^{10^5} = 10^x$$

とおくと，

$$x = \log_{10}\left(\frac{1}{44}\right)^{10^5} = -10^5 \log_{10} 44 = -164345$$

である．したがって，求める確率は，次のようになる．

$$\left(\frac{1}{44}\right)^{10^5} = 10^{-164345}$$

(b) 1匹のサルが，宇宙の年齢の間にキーを打つ回数は，

$$10^{18} \text{ s} \times 10 \text{ s}^{-1} = 10^{19}$$

である．順番に並んだ 10^{19} 個の文字の中から，この順番を崩さずに 10^5 個の文字を選ぶ方法は，$[10^{19} - (10^5 - 1)]$ 通りある．(1番目の文字から連続して 10^5 個の文字，2番目の文字から連続して 10^5 個の文字，… というように考える．) したがって，宇宙の年齢の間に，1匹のサルが『ハムレット』を正確にタイプする確率は，

$$[10^{19} - (10^5 - 1)] \times 10^{-164345} \simeq 10^{-164326}$$

である．これから，10^{10} 匹のサルが『ハムレット』を正確にタイプする確率は，おおよそ

$$10^{10} \times 10^{-164326} = 10^{-164316}$$

となる．この結果から，事象が起きるという意味では，『ハムレット』が完成する確率はゼロと考えてよい．

1.5 二つのスピン系のエントロピーの加算 (a) 式 (1.21) において $\delta = 10^{11}$ だから，式 (1.22) から，次の結果が得られる．

$$\frac{g_1 g_2}{(g_1 g_2)_{\max}} = \exp\left(-\frac{2\delta^2}{N_1} - \frac{2\delta^2}{N_2}\right) = \exp(-4) = 1.83 \times 10^{-2}$$

(b) 多重度関数に対して，ガウス近似を用いると，式 (1.8) から

$$(g_1 g_2)_{\max} = \left(\frac{2}{\pi N_1}\right) 2^{2N_1} \exp\left(-\frac{4 s_1^2}{N_1}\right)$$

となる．また，
$$\sum_{s_1} g_1(N_1,s_1)g(N_2,s-s_1) = g_1(2N_1,2s_1) = \left(\frac{1}{\pi N_1}\right)^{1/2} 2^{2N_1} \exp\left(-\frac{4s_1{}^2}{N_1}\right)$$

である．したがって，次の結果が得られる．
$$\frac{\sum_{s_1} g_1(N_1,s_1)g(N_2,s-s_1)}{(g_1g_2)_{\max}} = \frac{1}{2}(\pi N_1)^{1/2} = 8.9 \times 10^{10}$$

(c) エントロピーの正確な値 σ は，
$$\sigma = \ln g_1(2N_1,2s_1) = -\frac{1}{2}\ln(\pi N_1) + 2N_1 \ln 2 - \frac{4s_1{}^2}{N_1} = 1.39 \times 10^{22}$$

である．また，
$$\Delta\sigma = \sigma - \ln(g_1g_2)_{\max} = \ln\left[\frac{g_1(2N_1,2s_1)}{(g_1g_2)_{\max}}\right] = \ln(8.9 \times 10^{10}) = 25.2$$

である．したがって，誤差の割合 $\Delta\sigma/\sigma$ は，次のようになる．
$$\frac{\Delta\sigma}{\sigma} = 1.82 \times 10^{-21}$$

1.6 偏差の積分 式 (1.22) から，
$$g_1g_2 = (g_1g_2)_{\max} \exp\left(-\frac{4\delta^2}{N_1}\right)$$

である．したがって，
$$\sum_{\delta>\delta_1} g_1g_2 \simeq (g_1g_2)_{\max} \int_{\delta_1}^{\infty} \exp\left(-\frac{4\delta^2}{N_1}\right) d\delta$$

となる．ここで，
$$x = \frac{2\delta}{\sqrt{N_1}}$$

とおくと，
$$\sum_{\delta>\delta_1} g_1g_2 \simeq \frac{\sqrt{N_1}}{2}(g_1g_2)_{\max} \int_{x_1}^{\infty} \exp(-x^2)\,dx$$

となる. ただし,
$$x_1 = \frac{2\delta_1}{\sqrt{N_1}}$$
とおいた.
$x \geq x_1$ となる確率 P は,
$$P = \frac{\int_{x_1}^{\infty} \exp(-x^2)\,dx}{\int_0^{\infty} \exp(-x^2)\,dx} = \frac{2}{\sqrt{\pi}} \int_{x_1}^{\infty} \exp(-x^2)\,dx$$
$$\simeq \frac{2}{\sqrt{\pi}} \frac{1}{2x_1} \exp(-x_1{}^2) = \frac{N_1}{2\delta_1} \left(\frac{1}{\pi N_1}\right)^{1/2} \exp\left(-\frac{4\delta_1{}^2}{N_1}\right)$$
である. したがって,
$$\frac{\delta}{N_1} \geq \frac{\delta_1}{N_1} = 10^{-10}, \ \ N_1 = N_2 = 10^{22}$$
のとき, 確率 P は, 次のようになる.
$$P = 0.028 \exp(-400) = \exp(-403.6) = 10^{-175.3}$$

2 章

2.1 二つの状態をもつ系 (a) 分配関数 Z は, 式 (2.7) から
$$Z = \sum_s \exp\left(-\frac{\epsilon_s}{\tau}\right) = 1 + \exp\left(-\frac{\epsilon}{\tau}\right)$$
である. これを式 (2.29) に代入すると, ヘルムホルツの自由エネルギー F は, 次のようになる.
$$F = -\tau \ln Z = -\tau \ln\left[1 + \exp\left(-\frac{\epsilon}{\tau}\right)\right]$$

(b) 問題 2.1(a) の結果を式 (2.26) に代入すると, エントロピー σ は, 次のように与えられる.
$$\sigma = -\left(\frac{\partial F}{\partial \tau}\right)_V = \ln\left[1 + \exp\left(-\frac{\epsilon}{\tau}\right)\right] + \frac{\epsilon/\tau}{1 + \exp(\epsilon/\tau)}$$
これを図示すると, 図 2 のようになる.
一方, エネルギー U は, この結果と問題 2.1(a) の結果を式 (2.24) に代入して
$$U = F + \tau\sigma = \frac{\epsilon}{1 + \exp(\epsilon/\tau)}$$
となる.

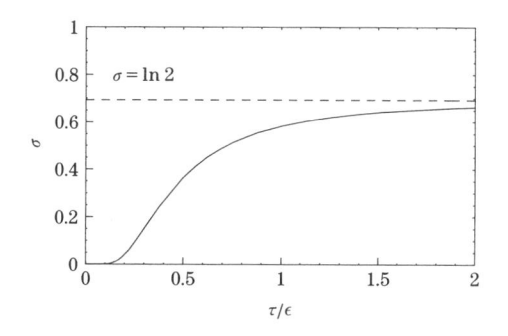

図 2 二つの状態をもつ系のエントロピー σ を τ/ϵ の関数として示した．$\tau \to \infty$ のとき，$\sigma(\tau) \to \ln 2$ となることに注意．

2.2 磁気感受率 (a) 一つのスピンに対する分配関数 Z_1 は，

$$Z_1 = \exp\left(\frac{mB}{\tau}\right) + \exp\left(-\frac{mB}{\tau}\right) = 2\cosh\left(\frac{mB}{\tau}\right)$$

で与えられる．したがって，一つのスピンの平均磁気モーメント $\langle m \rangle$ は，

$$\langle m \rangle = \frac{m\exp(mB/\tau) + (-m)\exp(-mB/\tau)}{Z_1} = m\tanh\left(\frac{mB}{\tau}\right)$$

である．ここで，スピンの濃度が n だから，磁化 M は，

$$M = n\langle m \rangle = nm\tanh\left(\frac{mB}{\tau}\right)$$

となる．図 3 に磁化 M を mB/τ の関数として示す．
この結果から，磁気感受率 $\chi \equiv dM/dB$ は，

$$\chi \equiv \frac{dM}{dB} = \frac{nm^2}{\tau}\mathrm{sech}^2\left(\frac{mB}{\tau}\right)$$

と求められる．
(b) 問題 2.2(a) の結果から，ヘルムホルツの自由エネルギー F は，

$$F = -n\tau \ln Z_1 = -n\tau \ln\left[2\cosh\left(\frac{mB}{\tau}\right)\right]$$

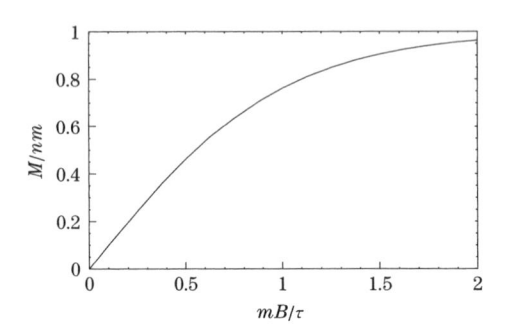

図 3 磁化 M を mB/τ の関数としてプロットした. 磁化 M は, mB/τ が小さいときは mB/τ に比例し, mB/τ が大きいときは飽和する傾向にある.

となる. ここで

$$\cosh\left(\frac{mB}{\tau}\right) = \left[1 - \tanh^2\left(\frac{mB}{\tau}\right)\right]^{-1/2} = \left[1 - \left(\frac{M}{nm}\right)^2\right]^{-1/2}$$
$$= (1 - x^2)^{-1/2}$$

だから, ヘルムホルツの自由エネルギー F は,

$$F = -n\tau \ln\left[2(1-x^2)^{-1/2}\right] = \frac{n\tau}{2} \ln\left(\frac{1-x^2}{4}\right)$$

と表される.

(c) $mB \ll \tau$ の極限では,

$$\text{sech}\left(\frac{mB}{\tau}\right) \simeq 1 - \frac{1}{2}\left(\frac{mB}{\tau}\right)^2 \simeq 1$$

である. これを問題 2.2(a) の結果に代入すると, 感受率 χ は, 次のようになる.

$$\chi = \frac{nm^2}{\tau}$$

2.3 調和振動子 (a) 分配関数 Z は, 式 (2.7) から

$$Z = \sum_s \exp\left(-\frac{\epsilon_s}{\tau}\right) = \sum_s \exp\left(-\frac{s\hbar\omega}{\tau}\right) = \frac{1}{1 - \exp(-\hbar\omega/\tau)}$$

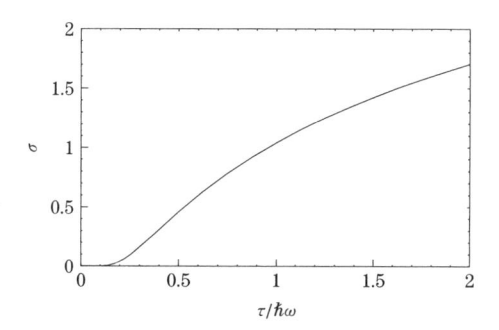

図 4　角振動数 ω の調和振動子に対する，エントロピーと温度との関係

である．これを式 (2.29) に代入すると，自由エネルギー F は，次のようになる．

$$F = -\tau \ln Z = \tau \ln \left[1 - \exp\left(-\frac{\hbar\omega}{\tau}\right) \right]$$

$\tau \gg \hbar\omega$ のような高温では，

$$\exp\left(-\frac{\hbar\omega}{\tau}\right) \simeq 1 - \frac{\hbar\omega}{\tau}$$

だから，

$$F \simeq \tau \ln\left(\frac{\hbar\omega}{\tau}\right)$$

となる．

(b) 問題 2.3(a) の結果を式 (2.26) に代入すると，エントロピー σ は，次のようになる．

$$\sigma = -\left(\frac{\partial F}{\partial \tau}\right)_V = \frac{\hbar\omega/\tau}{\exp(\hbar\omega/\tau) - 1} - \ln\left[1 - \exp\left(-\frac{\hbar\omega}{\tau}\right)\right]$$

このエントロピーを図 4 に示す．

(c) 式 (2.11) から，

$$C_V = \tau\left(\frac{\partial \sigma}{\partial \tau}\right)_V = \left[\frac{\hbar\omega/\tau}{\exp(\hbar\omega/\tau) - 1}\right]^2 \exp\left(\frac{\hbar\omega}{\tau}\right)$$

となる．この熱容量を図 5 に示す．

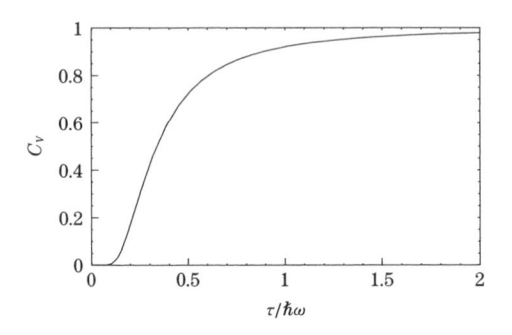

図 5 角振動数 ω の調和振動子に対する,熱容量と温度との関係.横軸の単位は $\tau/\hbar\omega$ であり,これは T/θ_E と等しい.なお,θ_E は,**アインシュタイン温度** (Einstein temperature) とよばれている.高温の極限では,$C_V \to k_\mathrm{B}$ (基本単位では 1) であり,この値は古典的な値として知られている.一方,低温では C_V は指数関数的に減少する.

2.4 エネルギーの揺らぎ $\langle (\epsilon - \langle \epsilon \rangle)^2 \rangle$ を計算すると,次のようになる.

$$\langle (\epsilon - \langle \epsilon \rangle)^2 \rangle = \langle \epsilon^2 - 2\epsilon\langle\epsilon\rangle + \langle\epsilon\rangle^2 \rangle = \langle \epsilon^2 \rangle - \langle \epsilon \rangle^2$$

さて,平均エネルギー $U = \langle \epsilon \rangle$ は,分配関数 Z を用いて,

$$U = \langle \epsilon \rangle = \frac{1}{Z} \sum_s \epsilon_s \exp\left(-\frac{\epsilon_s}{\tau}\right) = -\frac{1}{Z} \frac{\mathrm{d}Z}{\mathrm{d}\beta}$$

と表される.ただし,ここで

$$\frac{1}{\tau} = \beta$$

とおいた.また,エネルギーの 2 乗の平均値 $\langle \epsilon^2 \rangle$ は,

$$\langle \epsilon^2 \rangle = \frac{1}{Z} \sum_s \epsilon_s{}^2 \exp\left(-\frac{\epsilon_s}{\tau}\right) = \frac{1}{Z} \frac{\mathrm{d}^2 Z}{\mathrm{d}\beta^2}$$

となる.したがって,

$$\tau^2 \left(\frac{\partial U}{\partial \tau}\right)_V = \tau^2 \left(\frac{\partial U}{\partial \beta}\right)_V \frac{\mathrm{d}\beta}{\mathrm{d}\tau} = -\left(\frac{\partial U}{\partial \beta}\right)_V = \frac{\mathrm{d}}{\mathrm{d}\beta}\left(\frac{1}{Z}\frac{\mathrm{d}Z}{\mathrm{d}\beta}\right)$$

$$= \frac{1}{Z}\frac{\mathrm{d}^2 Z}{\mathrm{d}\beta^2} - \left(\frac{1}{Z}\frac{\mathrm{d}Z}{\mathrm{d}\beta}\right)^2 = \langle \epsilon^2 \rangle - \langle \epsilon \rangle^2$$

となる．以上から，次式が成り立つことがわかる．

$$\langle (\epsilon - \langle \epsilon \rangle)^2 \rangle = \tau^2 \left(\frac{\partial U}{\partial \tau} \right)_V$$

2.5 オーバーハウザー効果 熱浴のエネルギーが $U_0 + (\alpha - 1)\epsilon$ のときのエントロピーと，U_0 のときのエントロピーの差 $\Delta \sigma$ は，

$$\begin{aligned}
\Delta \sigma &= \sigma(U_0 + (\alpha - 1)\epsilon) - \sigma(U_0) \\
&= \sigma(U_0) + (\alpha - 1)\epsilon \frac{\partial \sigma}{\partial U} - \sigma(U_0) \\
&= \frac{(\alpha - 1)\epsilon}{\tau}
\end{aligned}$$

となる．ただし，ここで式 (1.32) を用いた．この結果から，系のエネルギーが ϵ である確率 $P(\epsilon)$ は，

$$\frac{P(\epsilon)}{P(0)} = \exp \Delta \sigma = \exp \left[-\frac{(1-\alpha)\epsilon}{\tau} \right]$$

となる．これから，

$$P(\epsilon) \propto \exp \left[-\frac{(1-\alpha)\epsilon}{\tau} \right]$$

という関係が導かれる．ここで現れた

$$\exp \left[-\frac{(1-\alpha)\epsilon}{\tau} \right]$$

を有効ボルツマン因子という．

この結果は，オーバーハウザー効果 (Overhauser effect)，すなわち磁場中の核の分極が熱平衡値よりも大きくなる効果に対して，統計物理学的な基礎を与える．このような状況をつくるには，外部エネルギー源から系への能動的なエネルギーの供給が必要である．このとき，系は熱平衡状態にはなく，定常状態 (steady state) にあるという．A. W. Overhauser, Phys. Rev. **92**, 411 (1953) を参照のこと．

2.6 二原子分子の回転 (a) 式 (2.7) から，分配関数 Z_R は，次のようになる．

$$Z_R = \sum_j g(j) \exp \left[-\frac{\epsilon(j)}{\tau} \right] = \sum_j (2j+1) \exp \left[-\frac{j(j+1)\epsilon_0}{\tau} \right]$$

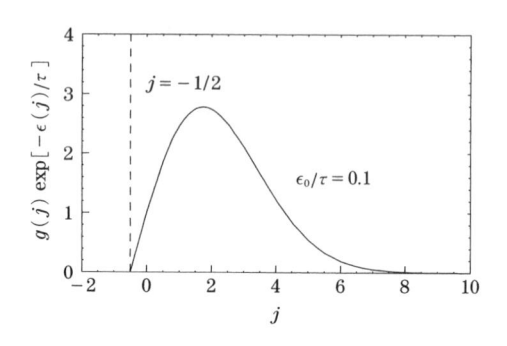

図 6 和の積分への置き換え

(b) $\tau \gg \epsilon_0$ の場合，和を積分で置き換えることができる．このとき，図 6 に示すように，積分の下限を $-1/2$ とする．したがって，分配関数 Z_R は，

$$Z_\mathrm{R} = \int_{-1/2}^{\infty} (2j+1) \exp\left[-\frac{j(j+1)\epsilon_0}{\tau}\right] \mathrm{d}j$$

となる．ここで，

$$x = j(j+1)\frac{\epsilon_0}{\tau}$$

とおくと，

$$\mathrm{d}x = (2j+1)\frac{\epsilon_0}{\tau}\mathrm{d}j, \ x_0 = -\frac{\epsilon_0}{4\tau}$$

である．これらを代入すると，

$$Z_\mathrm{R} = \frac{\tau}{\epsilon_0}\int_{x_0}^{\infty} \exp(-x)\,\mathrm{d}x = \frac{\tau}{\epsilon_0}\mathrm{e}^{-x_0}$$

が得られる．$\tau \gg \epsilon_0$ の場合，

$$\mathrm{e}^{-x_0} \simeq 1 - x_0$$

だから，

$$Z_\mathrm{R} \simeq \frac{\tau}{\epsilon_0} + \frac{1}{4}$$

となる．

(c) $\tau \ll \epsilon_0$ の場合，問題 2.6(a) の結果の第 2 項までとると，次のようになる．

$$Z_\mathrm{R} \simeq 1 + 3\exp\left(-\frac{2\epsilon_0}{\tau}\right)$$

(d) まず，$\tau \gg \epsilon_0$ の場合を考える．エネルギー U は，問題 2.6(b) の結果を式 (2.9) に代入して，

$$U = \tau^2 \frac{\partial}{\partial \tau} \ln Z_\mathrm{R} = \tau^2 \frac{\partial}{\partial \tau} \ln\left(\frac{\tau}{\epsilon_0} + \frac{1}{4}\right) = \frac{\tau}{1 + \frac{\epsilon_0}{4\tau}} \simeq \tau - \frac{\epsilon_0}{4}$$

となる．熱容量 C は，この結果を式 (2.12) に代入して，

$$C \equiv \left(\frac{\partial U}{\partial \tau}\right)_V \simeq 1$$

となる．

次に，$\tau \ll \epsilon_0$ の場合を考える．エネルギー U は，問題 2.6(c) の結果を式 (2.9) に代入して，

$$U = \tau^2 \frac{\partial}{\partial \tau} \ln Z_\mathrm{R} = \tau^2 \frac{\partial}{\partial \tau} \ln\left[1 + 3\exp\left(-\frac{2\epsilon_0}{\tau}\right)\right]$$

$$= \frac{6\epsilon_0 \exp(-2\epsilon_0/\tau)}{1 + 3\exp(-2\epsilon_0/\tau)} \simeq 6\epsilon_0 \exp\left(-\frac{2\epsilon_0}{\tau}\right) \ll 6\epsilon_0$$

となる．熱容量 C は，この結果を式 (2.12) に代入して，

$$C \equiv \left(\frac{\partial U}{\partial \tau}\right)_V \simeq \frac{12\epsilon_0{}^2}{\tau^2} \exp\left(-\frac{2\epsilon_0}{\tau}\right)$$

となる．

U と C のグラフを基本温度 τ の関数として，それぞれ図 7，図 8 に示す．

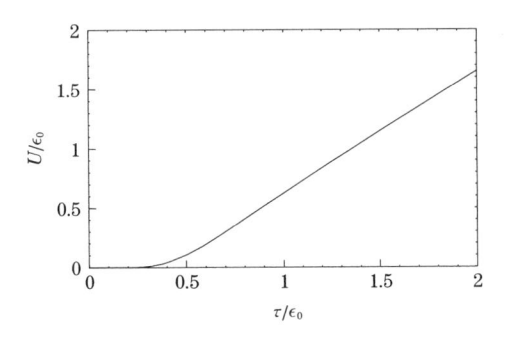

図 7　エネルギー U と基本温度 τ の関係

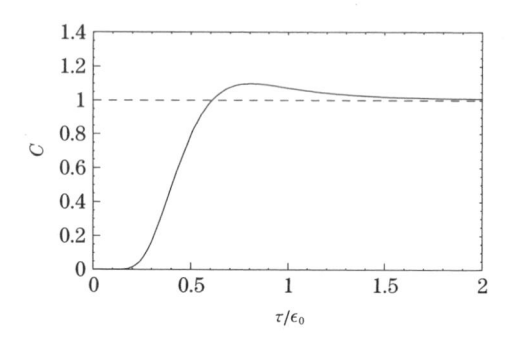

図 8 熱容量 C と基本温度 τ の関係

2.7 ジッパーの問題 (a) s 個の接合部が開いている状態のエネルギーが $s\epsilon$ だから，分配関数 Z は，式 (2.7) から

$$Z = \sum_{s=0}^{N} \exp\left(-\frac{s\epsilon}{\tau}\right) = \frac{1 - \exp[-(N+1)\epsilon/\tau]}{1 - \exp(-\epsilon/\tau)}$$

となる．

(b) 開いている接合部の数の平均値 $\langle s \rangle$ は，

$$x = \frac{\epsilon}{\tau}$$

とおくと，次式のように表される．

$$\langle s \rangle = \frac{1}{Z} \sum_{s=0}^{N} s \exp\left(-\frac{s\epsilon}{\tau}\right) = \frac{1}{Z} \sum_{s=0}^{N} s \exp(-sx) = -\frac{1}{Z} \frac{\partial Z}{\partial x}$$
$$= \frac{e^{-x} - (N+1)e^{-(N+1)x} + Ne^{-(N+2)x}}{1 - e^{-x} - e^{-(N+1)x} + e^{-(N+2)x}}$$

$\epsilon \gg \tau$ の極限では，$x \gg 1$ だから，この式は

$$\langle s \rangle \simeq \frac{e^{-x}}{1 - e^{-x}} = \frac{1}{e^x - 1} = \frac{1}{\exp(\epsilon/\tau) - 1}$$

となる．

2.8 二つの系に対する分配関数 二つの独立な系 1 と 2 のそれぞれのエネルギーを $\epsilon_{s_1}, \epsilon_{s_2}$ とする．これらの系が熱的に接触し，同一温度 τ になっていると

きのエネルギー ϵ は, $\epsilon_{s_1} + \epsilon_{s_2}$ である. したがって, このときの分配関数 $Z(1+2)$ は,

$$Z(1+2) = \sum_{s_1} \sum_{s_2} \exp\left(-\frac{\epsilon_{s_1} + \epsilon_{s_2}}{\tau}\right)$$
$$= \sum_{s_1} \exp\left(-\frac{\epsilon_{s_1}}{\tau}\right) \sum_{s_2} \exp\left(-\frac{\epsilon_{s_2}}{\tau}\right)$$
$$= Z(1)Z(2)$$

となる. なお, ここで

$$Z(1) = \sum_{s_1} \exp\left(-\frac{\epsilon_{s_1}}{\tau}\right), \quad Z(2) = \sum_{s_2} \exp\left(-\frac{\epsilon_{s_2}}{\tau}\right)$$

である.

2.9 高分子の弾性 (a) いま, s を整数として, 右向き, 左向きの接合部の数をそれぞれ $N_\mathrm{R} = \frac{1}{2}N + s$, $N_\mathrm{L} = \frac{1}{2}N - s$ とする. 式 (1.4) から, 多重度関数は, 次式で与えられる.

$$g(N, s) = \frac{N!}{\left(\frac{1}{2}N + s\right)! \left(\frac{1}{2}N - s\right)!}, \quad g(N, -s) = \frac{N!}{\left(\frac{1}{2}N - s\right)! \left(\frac{1}{2}N + s\right)!}$$

したがって, 先頭から終端までの長さが $l = 2|s|\rho$ となるような配置の組合せの数は,

$$g(N, -s) + g(N, s) = \frac{2 \cdot N!}{\left(\frac{1}{2}N + s\right)! \left(\frac{1}{2}N - s\right)!}$$

となる.
(b) $|s| \ll N$ のとき, エントロピー $\sigma(l)$ は, 問題 2.9(a) の結果を式 (1.27) に代入すると, 次のように表される.

$$\sigma(l) = \ln[g(N, -s) + g(N, s)] \simeq (N+1)\ln 2 - \frac{2s^2}{N}$$

ただし, ここでスターリングの公式を用いた.
また, 問題 2.9(a) の結果から,

$$2g(N, 0) = \frac{2N!}{\frac{1}{2}N! \frac{1}{2}N!}$$

であり, スターリングの公式を用いると,

$$\ln[2g(N, 0)] \simeq (N+1)\ln 2$$

となる. 一方, $l = 2|s|\rho$ から

$$\frac{2s^2}{N} = \frac{l^2}{2N\rho^2}$$

である. これらを上の式に代入すると, 次の結果が得られる.

$$\sigma(l) = \ln[2g(N,0)] - \frac{l^2}{2N\rho^2}$$

(c) 式 (2.36) に問題 2.9(b) の結果を代入すると,

$$f = \frac{l\tau}{N\rho^2}$$

が導かれる.

この力 f は温度に比例しており, 高分子が丸まろうとして発生する. そして, エントロピーは, 高分子がコイル状の形になっていないときよりも, ランダムにコイルを形成しているときの方が大きい. また, ゴムのバンドは, 暖めると収縮するのに対し, 金属製のワイヤは暖めると伸張する. ゴムの弾性理論については, 久保亮五『ゴム弾性』(裳華房, 1996); H. M. James and E. Guth, Journal of Chemical Physics, **11**, 455 (1943), Journal of Polymer Science, **4**, 153 (1949); L. R. G. Treloar, *Physics of Rubber Elasticity* (Oxford, 1958) を見よ.

3 章

3.1 放射エネルギー流束 (a) 放射エネルギー U は, u_ω を空間の体積 V と角振動数 ω に関して積分して,

$$U = \int dV \int d\omega\, u_\omega$$

で与えられる. したがって, 放射エネルギー流束 Φ は, 空間の体積を V, 真空中の光速を c として,

$$\Phi = \frac{U}{V}c = \frac{c}{V}\int dV \int d\omega\, u_\omega = \int d\omega\, c\, u_\omega$$

と表される.

立体角 $d\Omega$ の中に到達する放射エネルギー流束のスペクトル密度は,

$$dS = r^2 d\Omega$$

を用いて,

$$\frac{c\, u_\omega \cos\theta}{4\pi r^2} dS = \frac{c\, u_\omega \cos\theta}{4\pi} d\Omega$$

となる．ここで，r は原点からの距離，θ は単位面積の放線と入射光線との間の角度である．

(b) 問題 3.1(a) の結果を全立体角にわたって積分すると，次のようになる．

$$\int \frac{c\,u_\omega \cos\theta}{4\pi} \, \mathrm{d}\Omega = \frac{c\,u_\omega}{4\pi}\int \cos\theta \, \frac{\mathrm{d}S}{r^2} = \frac{c\,u_\omega}{4\pi}\int_0^{\pi/2} 2\pi r^2 \sin\theta \cos\theta \, \frac{\mathrm{d}\theta}{r^2}$$

$$= \frac{c\,u_\omega}{4}\int_0^{\pi/2}\sin 2\theta \, \mathrm{d}\theta = \frac{1}{4}c\,u_\omega$$

3.2 放射線を出す物体の映像 孔からレンズを通って黒体に向かうエネルギー流束 Φ_H は，

$$\Phi_\mathrm{H} = J_U(\tau_\mathrm{H})A_\mathrm{H}\frac{\Omega_\mathrm{H}}{4\pi}$$

である．ただし．$J_U(\tau_\mathrm{H})$ は孔の放射エネルギー流束密度である．

一方，物体からレンズを通って孔に向かうエネルギー流束 Φ_0 は，

$$\Phi_0 = J_U(\tau_0)A_0\frac{\Omega_0}{4\pi}$$

である．ただし．$J_U(\tau_0)$ は物体の放射エネルギー流束密度である．

もし，孔と物体が同じ温度 $(\tau_\mathrm{H} = \tau_0)$ ならば，二つのエネルギー流束は，お互いに打ち消し合う．したがって，

$$A_\mathrm{H}\Omega_\mathrm{H} = A_0\Omega_0$$

が成り立つ．この焦点系の一般的な性質は，幾何光学によって容易に導くことができる．また，この性質は，回折現象が重要な場合にも，やはり正しい．

3.3 エントロピーと占有数 角振動数 ω の一つのモードに対するエントロピー σ は，問題 2.3(b) の結果から，

$$\sigma = \frac{\hbar\omega/\tau}{\exp(\hbar\omega/\tau)-1} - \ln\left[1-\exp\left(-\frac{\hbar\omega}{\tau}\right)\right]$$

である．

一方，式 (3.5) から

$$\langle s\rangle = \frac{1}{\exp(\hbar\omega/\tau)-1} = \frac{\exp(-\hbar\omega/\tau)}{1-\exp(-\hbar\omega/\tau)}$$

であり，また

$$\langle s+1\rangle = \frac{1}{Z}\sum_{s=0}^{\infty}(s+1)\exp\left(-\frac{s\hbar\omega}{\tau}\right) = \langle s\rangle + 1 = \frac{1}{1-\exp(-\hbar\omega/\tau)}$$

となる．したがって，

$$\langle s+1\rangle \ln\langle s+1\rangle = -\frac{\exp(\hbar\omega/\tau)}{\exp(\hbar\omega/\tau)-1}\ln\left[1-\exp\left(-\frac{\hbar\omega}{\tau}\right)\right]$$

$$\langle s\rangle \ln\langle s\rangle = -\frac{\hbar\omega/\tau}{\exp(\hbar\omega/\tau)-1} - \frac{1}{\exp(\hbar\omega/\tau)-1}\ln\left[1-\exp\left(-\frac{\hbar\omega}{\tau}\right)\right]$$

となる．これから

$$\langle s+1\rangle \ln\langle s+1\rangle - \langle s\rangle \ln\langle s\rangle$$
$$= \frac{\hbar\omega/\tau}{\exp(\hbar\omega/\tau)-1} - \ln\left[1-\exp\left(-\frac{\hbar\omega}{\tau}\right)\right] = \sigma$$

となることがわかる．したがって，

$$\sigma = \langle s+1\rangle \ln\langle s+1\rangle - \langle s\rangle \ln\langle s\rangle$$

である．

3.4 太陽の表面温度 (a) 太陽と地球との間の距離 D と太陽定数 J_E を用いると，太陽の単位時間あたりのエネルギー生成量 Φ_S は，

$$\Phi_S = 4\pi D^2 J_E$$

で与えられる．この式に $D = 1.5\times 10^{13}$ cm, $J_E = 0.136$ J·s^{-1}·cm^{-2} を代入すると，

$$\Phi_S = 3.85\times 10^{26}\,\text{J}\cdot\text{s}^{-1} \cong 4\times 10^{26}\,\text{J}\cdot\text{s}^{-1}$$

が得られる．

(b) 太陽の半径を $R_S = 7\times 10^{10}$ cm とすると，太陽表面での放射エネルギー流束密度 J_S は，

$$J_S = \frac{\Phi_S}{4\pi R_S^2} = \left(\frac{D}{R_S}\right)^2 J_E = \sigma_B T^4$$

となる．したがって，太陽表面の有効温度 T は，

$$T = \left(\frac{D}{R_S}\right)^{1/2}\left(\frac{J_E}{\sigma_B}\right)^{1/4} = 5.76\times 10^3\,\text{K} \cong 6000\,\text{K}$$

と求められる．

3.5 太陽内部の平均温度 (a) 太陽の密度 ρ_S が一様であると仮定すると,

$$\rho_S = M_S \div \frac{4}{3}\pi R_S{}^3 = \frac{3M_S}{4\pi R_S{}^3}$$

である.半径 r の球と,この球に接する厚み dr の球殻との間の重力エネルギー dU は,

$$dU = -G \times \frac{1}{r} \times \frac{4}{3}\pi r^3 \rho_S \times 4\pi r^2 \rho_S \, dr = -\frac{16\pi^2}{3}G\rho_S{}^2 r^4 \, dr$$

である.したがって,太陽の自己重力エネルギー U は,

$$U = -\frac{16\pi^2}{3}G\rho_S{}^2 \int_0^{R_S} r^4 \, dr = -\frac{3G}{5}\frac{M_S{}^2}{R_S} = -2.26 \times 10^{48} \text{ erg}$$

となる.

(b) 粒子数を N,太陽の平均温度を T とすると,

$$\frac{3}{2}Nk_B T = -\frac{1}{2}U$$

である.したがって,

$$T = -\frac{U}{3Nk_B} = 5.46 \times 10^6 \text{ K}$$

となる.

太陽の濃度は非常に不均一で,中心では約 $100 \text{ mol} \cdot \text{cm}^{-3}$ になっている.そのため,太陽の濃度が均一と仮定したこの問題では,やや低すぎる温度が得られている.太陽の平均温度は,およそ $2 \times 10^7 \text{ K}$ であると考えられている.

3.6 太陽の寿命 (a) 水素原子 4 個が,ヘリウム原子 1 個に変換される.もともと存在していた水素原子 1×10^{57} 個のうち 10 % がヘリウムに変わると,このときのヘリウム原子数 N_{He} は,

$$N_{He} = 0.1 \times \frac{1}{4} \times 1 \times 10^{57} = 2.50 \times 10^{55}$$

となる.放射に使用できる太陽の全エネルギー U_R は,質量の差を ΔM,真空中の光速を c として,

$$U_R = N_{He}(\Delta M)c^2$$

と表される.ここで,ΔM はアボガドロ数 N_0 を用いて,

$$\Delta M = \frac{4 \times 1.0078 - 4.0026}{N_0} \times 10^{-3} \text{ kg}, \qquad N_0 = 6.02 \times 10^{23}$$

である．真空中の光速は $c = 3.00 \times 10^8 \, \mathrm{m \cdot s^{-1}}$ だから，これらを上の式に代入して，

$$U = 1.07 \times 10^{44} \, \mathrm{J}$$

となる．

(b) 太陽が単位時間あたり放出している全エネルギーを $\Phi_\mathrm{S} = 4 \times 10^{26} \, \mathrm{J \cdot s^{-1}}$，太陽の寿命を τ_S とすると，

$$\Phi_\mathrm{S} = \frac{\mathrm{d}U}{\mathrm{d}t} = \frac{U}{\tau_\mathrm{S}}$$

である．したがって，太陽の寿命 τ_S は，

$$\tau_\mathrm{S} = \frac{U}{\Phi_\mathrm{S}} = 2.68 \times 10^{17} \, \mathrm{s} = 8.51 \times 10^9 \, \mathrm{year}$$

と求められる．

3.7 地球の表面温度 問題 3.4(b) の結果から，太陽定数 J_E は，

$$J_\mathrm{E} = \left(\frac{R_\mathrm{S}}{D}\right)^2 \sigma_\mathrm{B} T_\mathrm{S}^{\,4}$$

である．ただし，σ_B はシュテファン–ボルツマン定数である．

地球の半径を R_E とすると，地球が受け取る放射エネルギー束 Φ_E は，

$$\Phi_\mathrm{E} = 2\pi R_\mathrm{E}^{\,2} J_\mathrm{E} \int_0^{\pi/2} \cos\theta \sin\theta \, \mathrm{d}\theta = \pi R_\mathrm{E}^{\,2} J_\mathrm{E}$$

となる．ここで，θ は，地表と地球の中心を結ぶ線と，太陽光線に平行な線とのなす角である．

地球が再放出する放射エネルギー密度を J_E' とすると，

$$\Phi_\mathrm{E} = 4\pi R_\mathrm{E}^{\,2} J_\mathrm{E}'$$

である．したがって，

$$J_\mathrm{E}' = \frac{1}{4} J_\mathrm{E} = \left(\frac{R_\mathrm{S}}{2D}\right)^2 \sigma_\mathrm{B} T_\mathrm{S}^{\,4}$$

となる．また，地表の温度を T_E とすると，

$$J_\mathrm{E}' = \sigma_\mathrm{B} T_\mathrm{E}^{\,4}$$

だから，次の結果が得られる．

$$T_\mathrm{E} = \left(\frac{R_\mathrm{S}}{2D}\right)^{1/2} T_\mathrm{S} = 280 \, \mathrm{K}$$

3.8 熱平衡状態における光子数　式 (3.5) から

$$N = \sum_n \langle s_n \rangle = \sum_n \frac{1}{\exp(\hbar\omega_n/\tau) - 1}$$
$$= 2 \times \frac{1}{8} \int_0^\infty dn\, 4\pi n^2 \frac{1}{\exp(\hbar\omega_n/\tau) - 1}$$
$$= \pi \int_0^\infty dn\, n^2 \frac{1}{\exp(\hbar c n\pi/\tau L) - 1}$$

である．ここで，

$$x \equiv \frac{\pi \hbar c n}{\tau L}$$

とおくと，

$$N = \pi \left(\frac{\tau L}{\pi \hbar c}\right)^3 \int_0^\infty dx\, \frac{x^2}{\exp x - 1} = \pi \left(\frac{\tau L}{\pi \hbar c}\right)^3 \times 2 \sum_{r=1}^\infty \frac{1}{r^3}$$
$$\simeq \frac{2.404 V}{\pi^2} \left(\frac{\tau}{\hbar c}\right)^3$$

となる．ただし，$V = L^3$ である．

3.9 熱放射の圧力　(a) 光子気体のエネルギー U は，

$$U = \sum_j s_j \hbar \omega_j$$

で与えられる．体積が変化するとき，系が同一の状態にあれば

$$\left(\frac{\partial s_j}{\partial V}\right)_\sigma = 0$$

である．したがって，式 (2.17) から

$$p = -\left(\frac{\partial U}{\partial V}\right)_\sigma = -\sum_j s_j \hbar \frac{d\omega_j}{dV}$$

が導かれる．

(b) 式 (3.11) から

$$\omega_j = \frac{j\pi c}{L} = \frac{j\pi c}{V^{1/3}}$$

である．したがって，次の結果が得られる．

$$\frac{d\omega_j}{dV} = -\frac{1}{3}\frac{j\pi c}{V^{4/3}} = -\frac{\omega_j}{3V}$$

(c) 問題 3.9(a) の結果に問題 3.9(b) の結果を代入すると，次式が得られる．

$$p = \frac{1}{3V}\sum_j s_j\hbar\omega_j = \frac{U}{3V}$$

この結果，放射圧は

$$\frac{1}{3} \times (\text{エネルギー密度})$$

に等しい．

(d) 運動圧力 p_K は，理想気体の法則から，

$$p_\text{K} = \frac{N\tau}{V} = \frac{Nk_\text{B}}{V}T = 8.31 \times 10^7\,T\,\text{dyn}\cdot\text{cm}^{-2}$$

である．
一方，熱放射の圧力は，式 (3.15) を問題 3.9(c) の結果に代入すると，

$$p = \frac{\pi^2}{45\hbar^3 c^3}\tau^4 = \frac{\pi^2 k_\text{B}^4}{45\hbar^3 c^3}T^4 = 2.52 \times 10^{-15}\,T^4\,\text{dyn}\cdot\text{cm}^{-2}$$

となる．以上から

$$\frac{p}{p_\text{K}} = 3.03 \times 10^{-23}\,T^3$$

である．したがって，$p_\text{K} = p$ となる温度 T は，

$$T = \left(\frac{1}{3.03 \times 10^{-23}}\right)^{1/3} = 3.21 \times 10^7\,\text{K}$$

である．

3.10 光子気体の等エントロピー膨張 (a) 宇宙の半径を R とすると，宇宙の体積は，

$$V = \frac{4}{3}\pi R^3$$

である．いま，$\tau V^{1/3}$ が一定だから，$\tau R = k_\text{B}TR$ が一定になる．現在の宇宙の半径を R_f，宇宙黒体放射の温度が $T_\text{i} = 3000\,\text{K}$ のときの宇宙の半径を R_i とする．現在の宇宙黒体放射の温度は $T_\text{f} = 2.9\,\text{K}$ だから，

$$\frac{R_\text{i}}{R_\text{f}} = \frac{T_\text{f}}{T_\text{i}} = \frac{2.9\,\text{K}}{3000\,\text{K}} \cong 10^{-3}$$

となる．したがって，宇宙の半径が時間に比例して増加してきたとすれば，宇宙黒体温度と物体の温度が無関係になったのは，現在の宇宙の年齢の 1000 分の 1 のときである．

(b) 現在の宇宙の体積を V_f，宇宙黒体放射の温度が $T_i = 3000\,\mathrm{K}$ のときの宇宙の体積を V_i とすると，膨張の間に光子によってなされた仕事 W は，

$$W = \int_{V_i}^{V_f} p\,\mathrm{d}V$$

と表される．いま，

$$\tau V^{1/3} = \tau_i V_i^{1/3}$$

が成り立つから，

$$\mathrm{d}V = -\frac{3\tau_i^3}{\tau^4} V_i\,\mathrm{d}\tau$$

である．また，問題 3.9(d) の結果から

$$p = \frac{\pi^2}{45\hbar^3 c^3}\,\tau^4$$

である．これらを上の式に代入すると，

$$W = -\frac{\pi^2}{15\hbar^3 c^3}\,\tau_i^3 V_i \int_{\tau_i}^{\tau_f} \mathrm{d}\tau = \frac{\pi^2}{15\hbar^3 c^3}\,V_i \tau_i^3 (\tau_i - \tau_f)$$

が導かれる．

3.11 光子気体の自由エネルギー (a) 異なったモードは，お互いに独立である．したがって，一つのモードの分配関数を Z_n と表すと，光子気体の分配関数 Z は，

$$Z = \prod_n Z_n = \prod_n \frac{1}{1 - \exp(-\hbar\omega_n/\tau)}$$

となる．ここで，一つのモードの分配関数 Z_n として，式 (3.2) を用いた．

(b) 式 (2.29) に問題 3.11(a) の結果を代入すると，

$$\begin{aligned}
F &= -\tau \ln Z = \tau \sum_n \ln\left[1 - \exp\left(-\frac{\hbar\omega_n}{\tau}\right)\right] \\
&= \tau \times 2 \times \frac{1}{8} \int_0^\infty \mathrm{d}n\, 4\pi n^2 \ln\left[1 - \exp\left(-\frac{\pi \hbar c n}{\tau L}\right)\right] \\
&= \pi\tau \int_0^\infty \mathrm{d}n\, n^2 \ln\left[1 - \exp\left(-\frac{\pi \hbar c n}{\tau L}\right)\right]
\end{aligned}$$

である．ここで，
$$x \equiv \frac{\pi\hbar cn}{\tau L}$$
とおくと，
$$F = \pi\tau \left(\frac{\tau L}{\pi\hbar c}\right)^3 \int_0^\infty \mathrm{d}x\, x^2 \ln[1-\exp(-x)] = -\frac{\pi^2 V \tau^4}{45\hbar^3 c^3}$$
となる．

3.12　1次元の光子気体　1次元光子気体の全エネルギー U は，二つの偏波方向を考慮して，
$$U = \sum_n \frac{\hbar\omega_n}{\exp(\hbar\omega_n/\tau)-1} = 2\int_0^\infty \mathrm{d}n\, \frac{\hbar\omega_n}{\exp(\hbar\omega_n/\tau)-1}$$
$$= 2\int_0^\infty \mathrm{d}n\, \frac{\pi\hbar cn/L}{\exp(\pi\hbar cn/\tau L)-1}$$
である．ここで，
$$x \equiv \frac{\pi\hbar cn}{\tau L}$$
とおくと，
$$U = \frac{2\tau^2 L}{\pi\hbar c} \int_0^\infty \mathrm{d}x\, \frac{x}{\exp x - 1} = \frac{\pi L}{3\hbar c}\tau^2$$
となる．したがって，定積熱容量 C_V は，式 (2.12) から
$$C_V = \left(\frac{\partial U}{\partial \tau}\right)_V = \frac{2\pi L}{3\hbar c}\tau$$
となる．通常の単位では，
$$C_V = \left(\frac{\partial U}{\partial T}\right)_V = \frac{2\pi k_\mathrm{B}^2 L}{3\hbar c}T$$
と表される．

3.13　熱遮断　図 9 に 3 枚の黒体平板と各平板から放射されるエネルギー流束密度を示す．第 3 の黒体平板のために，正味のエネルギー流束密度は $J_U/2$ となるから，

演習問題の解答 147

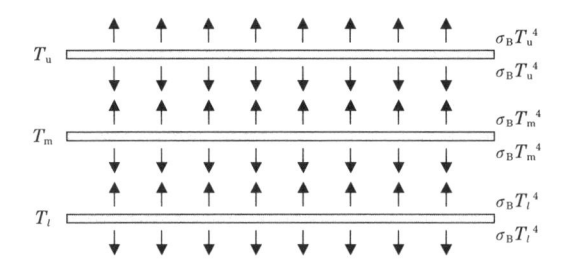

図 9 反射のない 2 枚の黒体平板と，その間に挿入された黒体平板

$$\sigma_B(T_u^4 - T_m^4) = \frac{\sigma_B(T_u^4 - T_l^4)}{2}, \qquad \sigma_B(T_m^4 - T_l^4) = \frac{\sigma_B(T_u^4 - T_l^4)}{2}$$

が成り立つ．これから，

$$T_u^4 + T_l^4 = 2T_m^4$$

となる．したがって，次式が導かれる．

$$T_m = \left(\frac{T_u^4 + T_l^4}{2}\right)^{1/4}$$

これが熱遮断の原理であり，熱放射による熱の移動を減少させるために，よく用いられている．

3.14 反射による熱遮断 図 10 に，2 枚の黒体平板とその間に挿入された反射平板から放射されるエネルギー流束密度を示す．2 枚の黒体平板間に挿入した平板が黒体のときは，問題 3.13 の結果から，

$$T_m = \left(\frac{T_u^4 + T_l^4}{2}\right)^{1/4}$$

である．したがって，正味のエネルギー流束密度 J_U は，

$$J_U = \sigma_B(T_u^4 - T_m^4) = \frac{1}{2}\sigma_B(T_u^4 - T_l^4)$$

となる．

挿入した平板が吸収率 a，放射率 e，および反射率 $r = 1 - a$ をもつ場合，この平板の温度を T_m' とすると，黒体と平板の間のエネルギー流束密度を

$$J_{U_1} = \sigma_B(T_u^4 - eT_m'^4 - rT_u^4)$$

$$J_{U_2} = \sigma_B(eT_m'^4 - T_l^4 + rT_l^4)$$

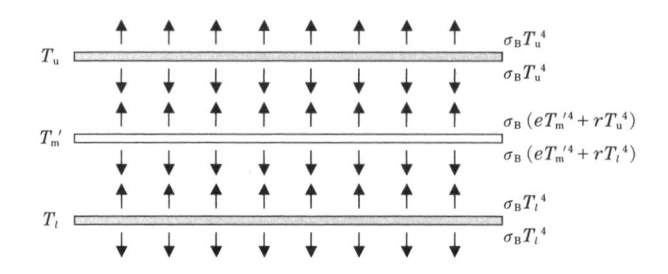

図10 2枚の黒体平板と，その間に挿入された反射平板

とおくことができる．$J_{U_1} = J_{U_2}$ が成り立つから

$$eT_\mathrm{m}'^4 = \frac{1}{2}(1-r)(T_\mathrm{u}^4 + T_l^4)$$

となる．これを上の式に代入すると，

$$J_{U_1} = J_{U_2} = \frac{1}{2}(1-r)\sigma_\mathrm{B}(T_\mathrm{u}^4 - T_l^4) = (1-r)J_U$$

となる．

3.15 銀河間の空間の熱容量 放射エネルギー U_R は，式 (3.15) から

$$U_\mathrm{R} = \frac{\pi^2 V}{15\hbar^3 c^3}\tau^4 = \frac{\pi^2 k_\mathrm{B}^4 V}{15\hbar^3 c^3}T^4$$

である．したがって，放射の熱容量 C_R は，通常の単位で

$$C_\mathrm{R} = \left(\frac{\partial U_\mathrm{R}}{\partial T}\right)_V = \frac{4\pi^2 k_\mathrm{B}^4 V}{15\hbar^3 c^3}T^3$$

となる．
　一方，物質のエネルギー U_M は，

$$U_\mathrm{M} = \frac{3}{2}N\tau = \frac{3}{2}nVk_\mathrm{B}T$$

である．ここで，濃度 $n = N/V$ を導入した．したがって，物質の熱容量 C_M は，通常の単位で

$$C_\mathrm{M} = \left(\frac{\partial U_\mathrm{M}}{\partial T}\right)_V = \frac{3}{2}nVk_\mathrm{B}$$

となる. $n = 1\,\mathrm{m}^{-3}$ だから, $T = 2.9\,\mathrm{K}$ のとき,
$$\frac{C_\mathrm{M}}{C_\mathrm{R}} = 2.8 \times 10^{-10}$$
となる.

3.16　光子とフォノンの熱容量　低温におけるフォノンの熱容量 C_phonon は, 通常の単位で表すと, 式 (3.34) から次のようになる.
$$C_\mathrm{phonon} = \frac{12\pi^4 nVk_\mathrm{B}}{5}\left(\frac{T}{\theta}\right)^3$$
ただし, ここで濃度 $n = N/V$ を導入した. この式に $n = 10^{22}\,\mathrm{cm}^{-3}$, $T = 1\,\mathrm{K}$, $\theta = 100\,\mathrm{K}$ を代入すると,
$$C_\mathrm{phonon} = 322.6\,V\,\mathrm{erg\cdot K^{-1}}$$
となる. 一方, 光子の熱容量 C_photon は, 通常の単位で表すと, 問題 3.15 の結果から
$$C_\mathrm{photon} = \frac{4\pi^2 k_\mathrm{B}^{\,4} V}{15\hbar^3 c^3}T^3 = 3.02 \times 10^{-14}VT^3\,\mathrm{erg\cdot K^{-1}}$$
である. したがって, C_photon が, $1\,\mathrm{K}$ における C_phonon と等しくなるのは,
$$T = \left(\frac{322.6}{3.02 \times 10^{-14}}\right)^{1/3} = 2.21 \times 10^5\,\mathrm{K}$$
のときである.

3.17　高温の極限における固体の熱容量　フォノンの熱エネルギー U は, 式 (3.28)–(3.30) から, 次のように表される.
$$U = \frac{3\pi^2 \hbar v}{2L}\left(\frac{\tau L}{\pi \hbar v}\right)^4 \int_0^{x_\mathrm{D}} \mathrm{d}x\, \frac{x^3}{\exp x - 1}$$
$$x_\mathrm{D} = \frac{\pi \hbar v n_\mathrm{D}}{\tau L} = \hbar v \left(\frac{6\pi^2 N}{V}\right)^{1/3}\frac{1}{\tau} = \frac{\theta}{T} = \frac{k_\mathrm{B}\theta}{\tau}$$
$$\theta = \frac{\hbar v}{k_\mathrm{B}}\left(\frac{6\pi^2 N}{V}\right)^{1/3}$$
$T \gg \theta$ のとき, $x, x_\mathrm{D} \ll 1$ である. したがって,
$$U \simeq \frac{3\pi^2 \hbar v}{2L}\left(\frac{\tau L}{\pi \hbar v}\right)^4 \int_0^{x_\mathrm{D}} x^2\,\mathrm{d}x = \frac{3\pi^2 \hbar v}{2L}\left(\frac{\tau L}{\pi \hbar v}\right)^4 \times \frac{1}{3}x_\mathrm{D}^{\,3}$$
$$= 3N\tau = 3Nk_\mathrm{B}T$$

となる．したがって，熱容量 C_V は，通常の単位で

$$C_V = \left(\frac{\partial U}{\partial T}\right)_V = 3Nk_\mathrm{B}$$

と表される．

　もう少し近似の精度をよくすると，

$$\frac{x^3}{\exp x - 1} \simeq x^3 \left(x + \frac{x^2}{2} + \frac{x^3}{6}\right)^{-1}$$

$$= x^2 \left[1 - \left(\frac{x}{2} + \frac{x^2}{6}\right) + \left(\frac{x}{2} + \frac{x^2}{6}\right)^2 - \cdots\right]$$

$$\simeq x^2 - \frac{x^3}{2} + \frac{x^4}{12}$$

となる．したがって，

$$\int_0^{x_\mathrm{D}} \mathrm{d}x \, \frac{x^3}{\exp x - 1} \simeq \frac{x_\mathrm{D}^3}{3} - \frac{x_\mathrm{D}^4}{8} + \frac{x_\mathrm{D}^5}{60}$$

である．これを上の式に代入すると，

$$U \simeq 3Nk_\mathrm{B}\left(T - \frac{3\theta}{8} + \frac{\theta^2}{20T}\right)$$

が得られるから，熱容量 C_V は，

$$C_V = 3Nk_\mathrm{B}\left(1 - \frac{\theta^2}{20T^2}\right)$$

となる．

　$T = \theta$ のときの実験値は，$C_V = 23.74\,\mathrm{J\cdot mol^{-1}\cdot K^{-1}}$ である．また，上の式からは

$$C_V = 3 \times 6.02 \times 10^{23}\,\mathrm{mol^{-1}} \times 1.38 \times 10^{-23}\,\mathrm{J\cdot K^{-1}} \times \left(1 - \frac{1}{20}\right)$$

$$= 23.68\,\mathrm{J\cdot mol^{-1}\cdot K^{-1}}$$

となり，実験値に比べて 0.25％ 小さい．

3.18　低温における固体内のエネルギーの揺らぎ　式 (2.32) と式 (3.34) から，

$$\langle(\epsilon - \langle\epsilon\rangle)^2\rangle = \tau^2 \left(\frac{\partial U}{\partial \tau}\right)_V = \tau^2 \frac{\partial T}{\partial \tau}\left(\frac{\partial U}{\partial T}\right)_V$$

$$= \frac{12\pi^4 Nk_\mathrm{B}^2 T^2}{5}\left(\frac{T}{\theta}\right)^3$$

である．また，式 (3.32) から

$$\langle \epsilon \rangle^2 \simeq \frac{9\pi^8 N^2 k_B{}^2 T^8}{25\theta^6}$$

である．したがって，

$$\mathcal{F}^2 = \frac{\langle (\epsilon - \langle \epsilon \rangle)^2 \rangle}{\langle \epsilon \rangle^2} = \frac{20}{3\pi^4 N}\left(\frac{\theta}{T}\right)^3$$

となる．たとえば，$T = 10^{-2}\,\mathrm{K}$, $\theta = 200\,\mathrm{K}$, $N \approx 10^{15}$ のときは

$$\mathcal{F} \approx 2.34 \times 10^{-2} \approx 0.02$$

となる．

3.19 低温における液体 ^{4}He の熱容量 (a) ヘリウム原子 (原子量 4.0026) の密度 ρ は，アボガドロ数 N_0 を用いて，

$$\rho = \frac{4.0026}{N_0}\frac{N}{V}$$

で与えられる．したがって，

$$\frac{N}{V} = \rho \times \frac{N_0}{4.0026} = 2.18 \times 10^{22}\,\mathrm{cm}^{-3}$$

である．これと $v = 2.383 \times 10^4\,\mathrm{cm \cdot s^{-1}}$ を式 (3.30) に代入すると，

$$\theta = 19.7\,\mathrm{K}$$

となる．

(b) ヘリウム 1g の原子数 N は，

$$N = 1 \div \frac{4.0026}{N_0} = 1.51 \times 10^{23}$$

である．したがって，1g あたりの熱容量 C_V は，式 (3.34) において横モードが存在しないことを考慮して，

$$C_V = \frac{1}{3} \times \frac{12\pi^4 N k_B}{5}\left(\frac{T}{\theta}\right)^3 = 2.12 \times 10^{-2} T^3\,\mathrm{J \cdot g^{-1} \cdot K^{-1}}$$

となる．これは，実験値よりも 3.92 ％ 大きい．

4 章

4.1　2 準位系に対するギブス和　(a) 式 (4.28) と式 (4.35) から，ギブス和 $\mathcal{Z}$ は，次のようになる．

$$\mathcal{Z} = \exp\left(\frac{0\cdot\mu - 0}{\tau}\right) + \exp\left(\frac{1\cdot\mu - 0}{\tau}\right) + \exp\left(\frac{1\cdot\mu - \epsilon}{\tau}\right)$$
$$= 1 + \exp\left(\frac{\mu}{\tau}\right) + \exp\left(\frac{\mu}{\tau}\right)\exp\left(-\frac{\epsilon}{\tau}\right)$$
$$= 1 + \lambda + \lambda\exp\left(-\frac{\epsilon}{\tau}\right)$$

粒子数が可変である特別の場合として，和の中に $N=0$ に対する項も含まれていることに注意してほしい．

(b) 系を占めている粒子数の熱平均値 $\langle N \rangle$ は，次のようになる．

$$\langle N \rangle = \frac{1}{\mathcal{Z}} \times \left[0 \times 1 + 1\cdot\lambda + 1\cdot\lambda\exp\left(-\frac{\epsilon}{\tau}\right)\right] = \frac{\lambda + \lambda\exp(-\epsilon/\tau)}{\mathcal{Z}}$$

(c) エネルギー ϵ の状態を占めている粒子数の熱平均値 $\langle N(\epsilon) \rangle$ は，次のようになる．

$$\langle N(\epsilon) \rangle = \frac{1}{\mathcal{Z}} \times \left[1\cdot\lambda\exp\left(-\frac{\epsilon}{\tau}\right)\right] = \frac{\lambda\exp(-\epsilon/\tau)}{\mathcal{Z}}$$

(d) 系のエネルギーの熱平均値 $U = \langle \epsilon \rangle$ は，次のようになる．

$$U = \langle \epsilon \rangle = \frac{1}{\mathcal{Z}} \times \left[0 \times 1 + 0\cdot\lambda + \epsilon\cdot\lambda\exp\left(-\frac{\epsilon}{\tau}\right)\right]$$
$$= \frac{\epsilon\lambda\exp(-\epsilon/\tau)}{\mathcal{Z}} = \langle N(\epsilon) \rangle \epsilon$$

(e) このときのギブス和 $\mathcal{Z}$ は，次のようになる．

$$\mathcal{Z} = 1 + \lambda + \lambda\exp\left(-\frac{\epsilon}{\tau}\right) + \exp\left(\frac{2\mu - \epsilon}{\tau}\right)$$
$$= 1 + \lambda + \lambda\exp\left(-\frac{\epsilon}{\tau}\right) + \lambda^2\exp\left(-\frac{\epsilon}{\tau}\right)$$
$$= (1 + \lambda)\left[1 + \lambda\exp\left(-\frac{\epsilon}{\tau}\right)\right]$$

ギブス和 $\mathcal{Z}$ は，この式のように因子の積の形となるから，実質的には，互いに独立な二つの系があることになる．

4.2 正イオンと負イオンの状態　式 (4.28) と式 (4.35) から，ギブス和 $\mathcal{Z}$ は，次のようになる．

$$\mathcal{Z} = \exp\left[\frac{0\cdot\mu - (-\delta/2)}{\tau}\right] + \exp\left[\frac{1\cdot\mu - (-\Delta/2)}{\tau}\right]$$
$$+ \exp\left(\frac{1\cdot\mu - \Delta/2}{\tau}\right) + \exp\left(\frac{2\cdot\mu - \delta/2}{\tau}\right)$$
$$= \exp\left(\frac{\delta}{2\tau}\right) + \lambda\exp\left(\frac{\Delta}{2\tau}\right)$$
$$+ \lambda\exp\left(-\frac{\Delta}{2\tau}\right) + \lambda^2\exp\left(-\frac{\delta}{2\tau}\right)$$

したがって，1原子あたりの平均電子数 $\langle N \rangle$ は，

$$\langle N \rangle = \frac{1}{\mathcal{Z}}\left[1\cdot\lambda\exp\left(\frac{\Delta}{2\tau}\right) + 1\cdot\lambda\exp\left(-\frac{\Delta}{2\tau}\right) + 2\cdot\lambda^2\exp\left(-\frac{\delta}{2\tau}\right)\right]$$
$$= \frac{1}{\mathcal{Z}}\left[\lambda\exp\left(\frac{\Delta}{2\tau}\right) + \lambda\exp\left(-\frac{\Delta}{2\tau}\right) + 2\lambda^2\exp\left(-\frac{\delta}{2\tau}\right)\right]$$

と表される．これから，$\langle N \rangle = 1$ のとき

$$\lambda^2\exp\left(-\frac{\delta}{2\tau}\right) = \exp\left(\frac{\delta}{2\tau}\right)$$

となる．したがって，

$$\lambda^2 = \exp\left(\frac{2\mu}{\tau}\right) = \exp\left(\frac{\delta}{\tau}\right)$$

すなわち

$$2\mu = \delta$$

が求める条件である．

4.3 一酸化炭素中毒　(a) 式 (4.28) と式 (4.35) から，ギブス和 $\mathcal{Z}$ は，次のようになる．

$$\mathcal{Z} = 1 + \lambda(\mathrm{O}_2)\exp\left(-\frac{\epsilon_\mathrm{A}}{\tau}\right)$$

したがって，O_2 の占有確率 P_a は，

$$P_\mathrm{a} = \frac{\lambda(\mathrm{O}_2)\exp(-\epsilon_\mathrm{A}/\tau)}{\mathcal{Z}} = \frac{\lambda(\mathrm{O}_2)\exp(-\epsilon_\mathrm{A}/\tau)}{1 + \lambda(\mathrm{O}_2)\exp(-\epsilon_\mathrm{A}/\tau)} = 0.9$$

と表される．これから

$$\epsilon_A = \tau \ln\left[\frac{\lambda(O_2)}{9}\right] = -0.367\,\text{eV}$$

が得られる．

(b) 問題 4.3(a) の結果から，ギブス和 $\mathcal{Z}$ は，次のようになる．

$$\mathcal{Z} = 1 + \lambda(O_2)\exp\left(-\frac{\epsilon_A}{\tau}\right) + \lambda(CO)\exp\left(-\frac{\epsilon_B}{\tau}\right)$$

$$= 10 + \lambda(CO)\exp\left(-\frac{\epsilon_B}{\tau}\right)$$

したがって，O_2 の占有確率 P_b は，

$$P_b = \frac{\lambda(O_2)\exp(-\epsilon_A/\tau)}{\mathcal{Z}} = \frac{9}{10 + \lambda(CO)\exp(-\epsilon_B/\tau)} = 0.1$$

と表される．これから

$$\epsilon_B = \tau \ln\left[\frac{\lambda(CO)}{80}\right] = -0.548\,\text{eV}$$

が得られる．

4.4 磁場内での O_2 分子の吸着 磁場 (磁束密度 B) が存在しないときの化学ポテンシャルを μ_0 とすると，磁場が存在するときの化学ポテンシャル μ は，次のように表される．

$$\mu = \mu_0 - \boldsymbol{m}\cdot\boldsymbol{B}, \qquad \lambda(O_2) = \exp\left(\frac{\mu_0}{\tau}\right)$$

ここで，$\boldsymbol{m}$ は O_2 分子の磁気モーメントである．

磁気モーメント $\boldsymbol{m}$ が磁場 $\boldsymbol{B}$ に平行，反平行，垂直な場合を考えると，ギブス和 $\mathcal{Z}$ は，次のようになる．

$$\mathcal{Z} = 1 + \left[\exp\left(\frac{\mu_0 - \mu_B B}{\tau}\right) + \exp\left(\frac{\mu_0 + \mu_B B}{\tau}\right) + \exp\left(\frac{\mu_0}{\tau}\right)\right]$$

$$\times \exp\left(-\frac{\epsilon_A}{\tau}\right)$$

$$= 1 + \left[1 + 2\cosh\left(\frac{\mu_B B}{\tau}\right)\right]\lambda(O_2)\exp\left(-\frac{\epsilon_A}{\tau}\right)$$

O_2 分子はスピン 1 をもつから，多重度は 3 である．したがって，$\boldsymbol{B} = 0$ のときの O_2 の占有確率 P_0 は，

$$P_0 = \frac{3\lambda(O_2)\exp(-\epsilon_A/\tau)}{1 + 3\lambda(O_2)\exp(-\epsilon_A/\tau)} = 0.9$$

と表される．これから

$$\lambda(\mathrm{O}_2)\exp\left(-\frac{\epsilon_\mathrm{A}}{\tau}\right) = 3$$

となる．

$B \neq 0$ のときの O_2 の占有確率 P_B が，1％増加して 91％になったとすると，

$$P_\mathrm{B} = \frac{[1+2\cosh(\mu_\mathrm{B}B/\tau)]\lambda(\mathrm{O}_2)\exp(-\epsilon_\mathrm{A}/\tau)}{1+[1+2\cosh(\mu_\mathrm{B}B/\tau)]\lambda(\mathrm{O}_2)\exp(-\epsilon_\mathrm{A}/\tau)}$$
$$= \frac{3[1+2\cosh(\mu_\mathrm{B}B/\tau)]}{1+3[1+2\cosh(\mu_\mathrm{B}B/\tau)]} = 0.91$$

である．これから

$$B = \frac{\tau}{\mu_\mathrm{B}}\cosh^{-1}\frac{32}{27} = 2.68\times 10^6\,\mathrm{G} = 268\,\mathrm{T}$$

が得られる．

磁場がゼロの極限におけるギブス和が，問題 4.3 の場合とは異なることに注意してほしい．これは，問題 4.3 では，スピン多重度を無視したからである．

4.5 O_2 分子の多重捕獲 O_2 分子が吸着できるサイトが四つあり，これらのサイトがお互いに独立であるとする．一つのサイトに対するギブス和 $\mathcal{Z}_1$ は，

$$\mathcal{Z}_1 = 1 + \lambda\exp\left(-\frac{\epsilon}{\tau}\right)$$

である．したがって，系全体のギブス和 $\mathcal{Z}_4$ は，

$$\mathcal{Z}_4 = \mathcal{Z}_1{}^4 = \left[1+\lambda\exp\left(-\frac{\epsilon}{\tau}\right)\right]^4$$

となる．

(a) 一つのサイトだけに O_2 分子が吸着している確率 $P(1)$ は，

$$P(1) = \frac{4}{\mathcal{Z}_4}\lambda\exp\left(-\frac{\epsilon}{\tau}\right) = \frac{4x}{(1+x)^4}, \qquad x = \lambda\exp\left(-\frac{\epsilon}{\tau}\right)$$

となる．

(b) 四つのサイトに 1 個ずつ O_2 分子が吸着している確率 $P(4)$ は，

$$P(4) = \frac{1}{\mathcal{Z}_4}\lambda^4\exp\left(-\frac{4\epsilon}{\tau}\right) = \frac{x^4}{(1+x)^4}, \qquad x = \lambda\exp\left(-\frac{\epsilon}{\tau}\right)$$

となる．これらの結果を図 11 に示す．実線が $P(1)$，破線が $P(4)$ である．

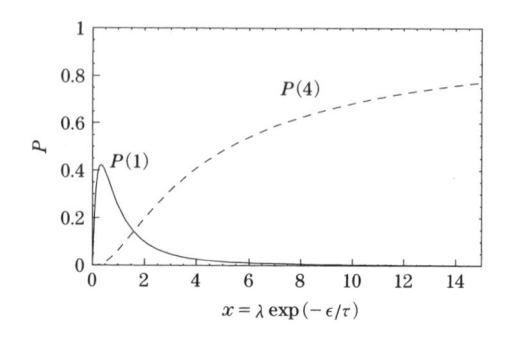

図 11　O_2 分子がヘモグロビン分子に吸着されている確率

4.6　濃度の揺らぎ　(a) 式 (4.28) から

$$\mathcal{Z} = \sum_{\text{ASN}} \exp\left[\frac{N\mu - \epsilon_{s(N)}}{\tau}\right]$$

である．したがって，

$$\frac{\partial \mathcal{Z}}{\partial \mu} = \frac{1}{\tau} \sum_{\text{ASN}} N \exp\left[\frac{N\mu - \epsilon_{s(N)}}{\tau}\right]$$

$$\frac{\partial^2 \mathcal{Z}}{\partial \mu^2} = \frac{1}{\tau^2} \sum_{\text{ASN}} N^2 \exp\left[\frac{N\mu - \epsilon_{s(N)}}{\tau}\right]$$

となる．これから，次の関係が得られる．

$$\langle N^2 \rangle = \frac{1}{\mathcal{Z}} \sum_{\text{ASN}} N^2 \exp\left[\frac{N\mu - \epsilon_{s(N)}}{\tau}\right] = \frac{\tau^2}{\mathcal{Z}} \frac{\partial^2 \mathcal{Z}}{\partial \mu^2}$$

(b) 式 (4.47) と問題 4.6(a) の結果から，

$$\frac{\partial \langle N \rangle}{\partial \mu} = \frac{\partial}{\partial \mu}\left[\frac{\tau}{\mathcal{Z}}\left(\frac{\partial \mathcal{Z}}{\partial \mu}\right)\right] = \tau\left[\frac{1}{\mathcal{Z}}\frac{\partial^2 \mathcal{Z}}{\partial \mu^2} - \frac{1}{\mathcal{Z}^2}\left(\frac{\partial \mathcal{Z}}{\partial \mu}\right)^2\right]$$

$$= \frac{1}{\tau}\left(\langle N^2 \rangle - \langle N \rangle^2\right) = \frac{\langle (\Delta N)^2 \rangle}{\tau}$$

となる．したがって，次のように表すことができる．

$$\langle (\Delta N)^2 \rangle = \tau \frac{\partial \langle N \rangle}{\partial \mu}$$

演習問題の解答　　157

4.7　化学ポテンシャルの別の定義　体積 V が一定,すなわち $dV = 0$ の場合,式 (1.32),(4.11),(4.15) から,

$$d\sigma = \left(\frac{\partial \sigma}{\partial U}\right)_{V,N} dU + \left(\frac{\partial \sigma}{\partial N}\right)_{U,V} dN = \frac{1}{\tau} dU - \frac{\mu}{\tau} dN$$

となる.したがって,

$$dU = \tau\, d\sigma + \mu\, dN$$

と表される.また,$U(\sigma, V, N)$ において,V 一定の場合,

$$dU = \left(\frac{\partial U}{\partial \sigma}\right)_{V,N} d\sigma + \left(\frac{\partial U}{\partial N}\right)_{\sigma,V} dN = \tau\, d\sigma + \left(\frac{\partial U}{\partial N}\right)_{\sigma,V} dN$$

となる.これを上の結果と比較すると,

$$\mu = \left(\frac{\partial U}{\partial N}\right)_{\sigma,V}$$

が得られる.

4.8　半導体中の不純物原子のイオン化　(a) 表 4.3 から,ギブス和 $\mathcal{Z}$ は,

$$\begin{aligned}\mathcal{Z} &= \exp\left(\frac{0\cdot\mu - 0}{\tau}\right) + \exp\left[\frac{\mu - (-I)}{\tau}\right] + \exp\left[\frac{\mu - (-I)}{\tau}\right] \\ &= 1 + 2\exp\left(\frac{\mu + I}{\tau}\right)\end{aligned}$$

となる.
(b) 不純物がイオン化 ($N = 0, \epsilon = 0$) している確率 P_{ionized} は,

$$P_{\text{ionized}} = \frac{1}{\mathcal{Z}} = \frac{1}{1 + 2\exp[(\mu + I)/\tau]}$$

であり,不純物が中性 ($N = 1, \epsilon = -I$) である確率 P_{neutral} は,

$$P_{\text{neutral}} = \frac{2\exp[(\mu + I)/\tau]}{1 + 2\exp[(\mu + I)/\tau]}$$

となる.

4.9 ランダムなパルス (a) 式 (4.46) において，$N=10, \langle N \rangle = 5$ だから，次のようになる．

$$P(10) = \frac{5^{10} \exp(-5)}{10!} = 1.81 \times 10^{-2}$$

(b) 式 (4.46) において，$N=2, \langle N \rangle = 1$ だから，次のようになる．

$$P(2) = \frac{1^2 \exp(-1)}{2!} = 1.84 \times 10^{-1}$$

(c) 式 (4.46) において，$N=0, \langle N \rangle = 5$ だから，次のようになる．

$$P(0) = \frac{5^0 \exp(-5)}{0!} = 6.74 \times 10^{-3}$$

4.10 ガウス分布への漸近 $\ln P(N)$ を考え，スターリングの近似を用いると，次式のようになる．

$$\ln P(N) = N \ln \langle N \rangle - \langle N \rangle - \ln N! \simeq N \ln \langle N \rangle - \langle N \rangle - N \ln N + N$$
$$= N \ln \frac{\langle N \rangle}{N} + N - \langle N \rangle$$

N が $\langle N \rangle$ に近いときは，

$$\frac{\langle N \rangle}{N} \simeq 1$$

だから

$$\ln \frac{\langle N \rangle}{N} \simeq \frac{\langle N \rangle}{N} - 1 - \frac{1}{2} \left(\frac{\langle N \rangle}{N} - 1 \right)^2$$

となる．したがって，

$$\ln P(N) \simeq \langle N \rangle - N - \frac{1}{2} N \left(\frac{\langle N \rangle}{N} - 1 \right)^2 + N - \langle N \rangle$$
$$= -\frac{1}{2N} (N - \langle N \rangle)^2$$

すなわち，

$$P(N) \simeq \exp \left[-\frac{1}{2N} (N - \langle N \rangle)^2 \right]$$

となって，ガウス分布になる．

5 章

5.1 フェルミ-ディラック分布関数　式 (5.4) から

$$f(\epsilon) = \frac{1}{\exp[(\epsilon - \mu)/\tau] + 1}$$

である．これを ϵ に関して微分すると，次のようになる．

$$-\frac{\partial f(\epsilon)}{\partial \epsilon} = \frac{\exp[(\epsilon - \mu)/\tau]}{\tau[\exp[(\epsilon - \mu)/\tau] + 1]^2}$$

したがって，次の結果が得られる．

$$\left[-\frac{\partial f(\epsilon)}{\partial \epsilon}\right]_{\epsilon = \mu} = \frac{1}{4\tau} = \frac{1}{4k_\mathrm{B}T}$$

このことから，温度が低くなればなるほど，フェルミ準位におけるフェルミ-ディラック関数の傾斜は鋭くなることがわかる．

5.2 充填された軌道と空の軌道との対称性　式 (5.4) から

$$f(\mu + \delta) = \frac{1}{\exp(\delta/\tau) + 1}$$

$$f(\mu - \delta) = \frac{1}{\exp(-\delta/\tau) + 1} = \frac{\exp(\delta/\tau)}{\exp(\delta/\tau) + 1} = 1 - f(\mu + \delta)$$

である．したがって，次の結果が得られる．

$$f(\mu + \delta) = 1 - f(\mu - \delta)$$

このことから，フェルミ準位より δ だけ上の軌道が占められる確率は，フェルミ準位より δ だけ下の軌道が空である確率に等しい．空の軌道は，正孔 (hole) としても知られている．

5.3 2個まで占有可能な軌道　(a) ギブス和 $\mathcal{Z}$ は，

$$\mathcal{Z} = 1 + \lambda \exp\left(-\frac{\epsilon}{\tau}\right) + \lambda^2 \exp\left(-\frac{2\epsilon}{\tau}\right)$$

となる．したがって，占有数のアンサンブル平均 $\langle N \rangle$ は，次のようになる．

$$\begin{aligned}
\langle N \rangle &= \frac{1}{\mathcal{Z}}\left[0 \times 1 + 1 \cdot \lambda \exp\left(-\frac{\epsilon}{\tau}\right) + 2 \cdot \lambda^2 \exp\left(-\frac{2\epsilon}{\tau}\right)\right] \\
&= \frac{\lambda \exp(-\epsilon/\tau) + 2\lambda^2 \exp(-2\epsilon/\tau)}{1 + \lambda \exp(-\epsilon/\tau) + \lambda^2 \exp(-2\epsilon/\tau)}
\end{aligned}$$

(b) ギブス和 $\mathcal{Z}$ は，

$$\mathcal{Z} = 1 + 2\lambda \exp\left(-\frac{\epsilon}{\tau}\right) + \lambda^2 \exp\left(-\frac{2\epsilon}{\tau}\right) = \left[1 + \lambda \exp\left(-\frac{\epsilon}{\tau}\right)\right]^2$$

となる．したがって，占有数のアンサンブル平均 $\langle N \rangle$ は，

$$\begin{aligned}\langle N \rangle &= \frac{1}{\mathcal{Z}}[0 \times 1 + 1 \cdot 2\lambda \exp(-\epsilon/\tau) + 2 \cdot \lambda^2 \exp(-2\epsilon/\tau)] \\ &= \frac{2\lambda \exp(-\epsilon/\tau)[1 + \lambda \exp(-\epsilon/\tau)]}{[1 + \lambda \exp(-\epsilon/\tau)]^2} \\ &= \frac{2}{\lambda^{-1} \exp(\epsilon/\tau) + 1} = \frac{2}{\exp[(\epsilon - \mu)/\tau] + 1}\end{aligned}$$

となる．

5.4 量子濃度 1個の粒子に対する基底状態のエネルギー ϵ は，式 (5.12) において $n_x = n_y = n_z = 1$ とおいて，

$$\epsilon = \frac{3\hbar^2}{2M}\left(\frac{\pi}{L}\right)^2$$

となる．この式から，$\epsilon = \tau$ のとき

$$L = L_0 = \pi \left(\frac{3\hbar^2}{2M\tau}\right)^{1/2}$$

が導かれる．したがって，このときの濃度 n_0 は，次のようになる．

$$n_0 = \frac{1}{L_0^3} = \frac{1}{\pi^3}\left(\frac{2M\tau}{3\hbar^2}\right)^{3/2} = \left(\frac{4}{3\pi}\right)^{3/2}\left(\frac{M\tau}{2\pi\hbar^2}\right)^{3/2} = 0.28 n_Q$$

ただし，ここで式 (5.14) を用いた．

5.5 理想気体に対する熱力学の恒等式 式 (2.12) から

$$C_V = \left(\frac{\partial U}{\partial \tau}\right)_V$$

である．また，理想気体の場合，

$$U = \frac{3}{2}N\tau = \frac{3}{2}pV$$

であり，いま N 一定だから，

$$\left(\frac{\partial U}{\partial V}\right)_\tau = 0$$

となる.

以上から，式 (5.45) は

$$d\sigma = \frac{C_V}{\tau}d\tau + \frac{p}{\tau}dV = \frac{C_V}{\tau}d\tau + \frac{N}{V}dV$$

となる. これを積分すると，次式が得られる.

$$\sigma = C_V \ln\tau + N \ln V + \sigma_1$$

ただし，σ_1 は τ と V に独立な定数である.

5.6 圧力とエネルギー密度との関係 (a) エネルギー ϵ_s をもつ系の圧力 p_s は，式 (2.16) から

$$p_s = -\left(\frac{\partial \epsilon_s}{\partial V}\right)_N$$

である. したがって，平均圧力 $p = \langle p_s \rangle$ は，次のようになる.

$$p = \langle p_s \rangle = \frac{1}{Z}\sum_s p_s \exp\left(-\frac{\epsilon_s}{\tau}\right)$$

$$= -\frac{1}{Z}\sum_s \left(\frac{\partial \epsilon_s}{\partial V}\right)_N \exp\left(-\frac{\epsilon_s}{\tau}\right)$$

(b) 自由粒子に対するエネルギー ϵ_s は，式 (5.12) から

$$\epsilon_s = \frac{\hbar^2}{2M}\left(\frac{\pi}{L}\right)^2 (s_x{}^2 + s_y{}^2 + s_z{}^2) = \frac{\pi^2 \hbar^2}{2M}\left(\frac{1}{V}\right)^{2/3}(s_x{}^2 + s_y{}^2 + s_z{}^2)$$

となる. したがって，次の結果が得られる.

$$\left(\frac{\partial \epsilon_s}{\partial V}\right)_N = -\frac{2}{3}\frac{\pi^2 \hbar^2}{2M}\left(\frac{1}{V}\right)^{5/3}(s_x{}^2 + s_y{}^2 + s_z{}^2) = -\frac{2}{3}\frac{\epsilon_s}{V}$$

この結果は，ϵ_s が N 個の相互作用のない粒子のエネルギーであっても，また 1 個の軌道のエネルギーであっても同様に成立する.

(c) 式 (5.46) に問題 5.6(b) の結果を代入し，

$$U = \frac{1}{Z}\sum_s \epsilon_s \exp\left(-\frac{\epsilon_s}{\tau}\right)$$

を用いると，

$$p = \frac{2}{3V}\frac{1}{Z}\sum_s \epsilon_s \exp\left(-\frac{\epsilon_s}{\tau}\right) = \frac{2U}{3V}$$

となる. この結果は，非相対論的である限り，フェルミ粒子やボーズ粒子に対しても成り立つ.

5.7　1次元の理想気体　1次元の気体のエネルギー ϵ は，式 (5.12) において $n_y = n_z = 0$ として，

$$\epsilon = \frac{\hbar^2}{2M}\left(\frac{\pi}{L}\right)^2 n_x{}^2$$

で与えられる．ここで，

$$\alpha^2 = \frac{\hbar^2\pi^2}{2ML^2\tau}$$

とおくと，$\epsilon_n - \epsilon_{n-1} \ll \tau$ のとき，分配関数 Z は，次のように表される．

$$Z_1 = \sum_{n_x}\exp\left(-\alpha^2 n_x{}^2\right) = \int_0^\infty dn_x \exp(-\alpha^2 n_x{}^2)$$
$$= \frac{\sqrt{\pi}}{2\alpha} = \left(\frac{M\tau}{2\pi\hbar^2}\right)^{1/2} L = n_{Q_1} L$$

ただし，ここで1次元の量子濃度

$$n_{Q_1} \equiv \left(\frac{M\tau}{2\pi\hbar^2}\right)^{1/2}$$

を導入した．

N 個の粒子からなる理想気体の分配関数は，

$$Z_N = \frac{Z_1{}^N}{N!}$$

で与えられる．したがって，ヘルムホルツの自由エネルギー F は，次のようになる．

$$F = -\tau \ln Z_N = -\tau(N\ln Z_1 - \ln N!)$$
$$\simeq -N\tau\left[\frac{1}{2}\ln\tau + \ln L + \frac{1}{2}\ln M - \frac{1}{2}\ln(2\pi\hbar^2) - \ln N + 1\right]$$

これを式 (2.26) に代入すると，エントロピー σ は，次のようになる．

$$\sigma = -\left(\frac{\partial F}{\partial \tau}\right)_V = N\left\{\ln\left[\frac{L}{N}\left(\frac{M\tau}{2\pi\hbar^2}\right)^{1/2}\right] + \frac{3}{2}\right\} = N\left[\ln\left(\frac{n_{Q_1}}{n}\right) + \frac{3}{2}\right]$$

ただし，ここで

$$n = \frac{N}{L}$$

とおいた．

5.8　2次元の理想気体　(a) エネルギー ϵ_n は，

$$\epsilon_n = \frac{\hbar^2}{2M}\left(\frac{\pi}{L}\right)^2 \left(n_x{}^2 + n_y{}^2\right)$$

と表されるから，1個の原子に対する分配関数 Z_1 は，

$$Z_1 = \sum_{n_x}\sum_{n_y} \exp\left[-\frac{\hbar^2\pi^2\left(n_x{}^2 + n_y{}^2\right)}{2ML^2\tau}\right]$$
$$= \int_0^\infty dn_x \int_0^\infty dn_y \exp\left[-\alpha^2\left(n_x{}^2 + n_y{}^2\right)\right]$$

となる．ただし，

$$\alpha^2 \equiv \frac{\hbar^2\pi^2}{2ML^2\tau}$$

とおいた．これから

$$Z_1 = \left[\int_0^\infty dn_x \exp\left(-\alpha^2 n_x{}^2\right)\right]^2$$
$$= \frac{1}{\alpha^2}\left[\int_0^\infty dx \exp(-x^2)\right]^2$$
$$= \frac{\pi}{4\alpha^2} = \frac{ML^2\tau}{2\pi\hbar^2}$$

となる．N 個の原子に対する分配関数は，

$$Z_N = \frac{Z_1{}^N}{N!}$$

だから，ヘルムホルツの自由エネルギー F は，

$$F = -\tau \ln Z_N = -\tau N \ln Z_1 + \tau \ln N!$$
$$\simeq -\tau N \ln\left(\frac{MA\tau}{2\pi\hbar^2}\right) + \tau N \ln N - \tau N$$

と表される．ただし，ここで $A = L^2$ とスターリングの近似を用いた．
　化学ポテンシャル μ は，これを式 (4.6) に代入して，

$$\mu = \left(\frac{\partial F}{\partial N}\right)_{\tau,A} = \tau\left[\ln N - \ln\left(\frac{MA\tau}{2\pi\hbar^2}\right)\right]$$

となる．

(b) 式 (5.17) から

$$U = \tau^2 \frac{\partial}{\partial \tau} \ln Z_N = N\tau$$

となる．

(c) 式 (5.23) から

$$\sigma = -\left(\frac{\partial F}{\partial \tau}\right)_{A,N} = N\left[\ln\left(\frac{MA\tau}{2\pi\hbar^2}\right) - \ln N + 2\right]$$

となる．

5.9 理想気体に対するギブス和　(a) 式 (4.36) から，ギブス和 $\mathcal{Z}$ は，次のようになる．

$$\mathcal{Z} = \sum_N \lambda^N \sum_s \exp\left[-\frac{\epsilon_{s(N)}}{\tau}\right] = \sum_N \lambda^N Z_N$$
$$= \sum_N \frac{(\lambda n_Q V)^N}{N!} = \exp(\lambda n_Q V)$$

(b) 原子数の平均値 $\langle N \rangle$ は，

$$\langle N \rangle = \frac{1}{\mathcal{Z}} \sum_N N \frac{(\lambda n_Q V)^N}{N!} = \frac{\lambda n_Q V}{\mathcal{Z}} \sum_N \frac{(\lambda n_Q V)^{N-1}}{(N-1)!} = \lambda n_Q V$$

で与えられる．これと問題 5.9(a) の結果を用いると，体積 V の気体の中に N 個の原子が存在している確率 $P(N)$ は，

$$P(N) = \frac{1}{\mathcal{Z}} \frac{(\lambda n_Q V)^N}{N!} = \frac{\langle N \rangle^N}{N!} \exp(-\langle N \rangle)$$

となる．これは，ポアソン分布関数である．

(c) 問題 5.9(b) の結果から，次の結果が得られる．

$$\sum_N P(N) = \exp(-\langle N \rangle) \sum_N \frac{\langle N \rangle^N}{N!} = \exp(-\langle N \rangle)\exp(\langle N \rangle) = 1$$

$$\sum_N NP(N) = \exp(-\langle N \rangle) \sum_N \frac{\langle N \rangle^N}{(N-1)!}$$
$$= \langle N \rangle \exp(-\langle N \rangle) \sum_N \frac{\langle N \rangle^{N-1}}{(N-1)!}$$
$$= \langle N \rangle \exp(-\langle N \rangle) \exp(\langle N \rangle)$$
$$= \langle N \rangle$$

5.10 極端に相対論的な粒子から構成される気体 1個の粒子に対する分配関数 Z_1 は，

$$Z_1 = \sum_s \exp\left(-\frac{\epsilon_s}{\tau}\right) = \frac{1}{8}\int_0^\infty 4\pi k^2\,\mathrm{d}k\,\exp\left(-\frac{\epsilon_s}{\tau}\right)$$

である．また，

$$p = \hbar k$$

だから，

$$\mathrm{d}k = \frac{1}{\hbar}\,\mathrm{d}p, \quad k^2 = \frac{p^2}{\hbar^2}$$

であり，

$$\epsilon \cong pc$$

とすると，分配関数 Z_1 は，次のように表される．

$$Z_1 = \frac{\pi}{2\hbar^3}\int_0^\infty \mathrm{d}p\,p^2 \exp\left(-\frac{pc}{\tau}\right)$$

ここで，

$$x = \frac{pc}{\tau}$$

とおくと，

$$\mathrm{d}p = \frac{\tau}{c}\,\mathrm{d}x, \quad p^2 = \frac{\tau^2}{c^2}x^2$$

だから，これらを上の式に代入すると，

$$Z_1 = \frac{\pi\tau^3}{2c^3\hbar^3}\int_0^\infty \mathrm{d}x\,x^2 \exp(-x) = \frac{\pi\tau^3}{c^3\hbar^3}$$

となる．したがって，

$$\ln Z_1 = 3\ln\tau + \text{constant}$$

が得られる．これを式 (5.15) に代入すると，1粒子あたりの平均エネルギー U は，

$$U = \tau^2 \frac{\partial}{\partial \tau}\ln Z_1 = 3\tau$$

と求められる．これに対して，非相対論的な値は $\frac{3}{2}\tau$ である．

5.11 混合のエントロピー タイプAの原子 N 個からなる系と,タイプBの原子 N 個からなる系の接触前のエントロピーをそれぞれ σ_A, σ_B とする.これらの系が理想気体であると仮定すると,式 (5.23) から

$$\sigma_A = \sigma_B = N\left[\ln\left(\frac{n_Q V}{N}\right) + \frac{5}{2}\right]$$

である.ただし,V はそれぞれの系の体積である.

拡散接触後のそれぞれの系のエントロピー $\sigma_A{}', \sigma_B{}'$ は,系の体積が $2V$ となるから

$$\sigma_A{}' = \sigma_B{}' = N\left[\ln\left(\frac{2n_Q V}{N}\right) + \frac{5}{2}\right]$$

となる.したがって,拡散接触後の系全体のエントロピー σ は,

$$\sigma = \sigma_A{}' + \sigma_B{}' = 2N\left[\ln\left(\frac{2n_Q V}{N}\right) + \frac{5}{2}\right] = 2N\ln 2 + \sigma_A + \sigma_B$$

となる.すなわち,接触前よりもエントロピーが $2N\ln 2$ だけ増加する.このエントロピーの増加は,混合のエントロピーとして知られている.

これに対し,二つの系の原子のタイプが同じ場合,接触後の原子数は $2N$,系の体積が $2V$ だから,エントロピー σ_S は,

$$\sigma_S = 2N\left[\ln\left(\frac{n_Q \cdot 2V}{2N}\right) + \frac{5}{2}\right] = 2N\left[\ln\left(\frac{n_Q V}{N}\right) + \frac{5}{2}\right] = \sigma_A + \sigma_B$$

となる.すなわち,接触後でもエントロピーは増加しない.この結果の違いは,ギブスのパラドックスとよばれている.

5.12 大きな揺らぎが生じるための時間 (a) 式 (5.23) から,系のエントロピー σ は,

$$\sigma = N\left[\ln\left(\frac{n_Q}{n}\right) + \frac{5}{2}\right]$$

である.また,式 (5.22) から

$$N = \frac{pV}{\tau}, \quad n = \frac{N}{V} = \frac{p}{\tau}$$

であり,これを上の式に代入すると,

$$\sigma = \frac{pV}{\tau}\left[\ln\left(\frac{n_Q \tau}{p}\right) + \frac{5}{2}\right] = 3.8 \times 10^{22}$$

となる．したがって，系に許される状態数 g は，
$$g = \exp\sigma = \exp(3.8 \times 10^{22}) = 10^{1.65 \times 10^{22}}$$
となる．

(b) 粒子数 N と温度 τ が一定の場合，体積 V が半分になると，圧力 p が 2 倍になる．したがって，エントロピー σ は，
$$\sigma = 3.8 \times 10^{22} - \frac{pV}{\tau}\ln 2 = 3.6 \times 10^{22}$$
となる．したがって，系に許される状態数 g は，
$$g = \exp\sigma = \exp(3.6 \times 10^{22}) = 10^{1.56 \times 10^{22}}$$
となる．

(c) 問題 5.12(a), (b) の結果から，求める比は次のようになる．
$$\frac{\exp(3.6 \times 10^{22})}{\exp(3.8 \times 10^{22})} = \frac{10^{1.56 \times 10^{22}}}{10^{1.65 \times 10^{22}}} = 10^{-9 \times 10^{20}}$$

(d) 原子数は $N \simeq 2.5 \times 10^{21}$，1 年間は約 3.2×10^{7} s である．したがって，1 年間における，この系内の全原子の衝突数は，
$$10^{10}\,\mathrm{s}^{-1} \times 2.5 \times 10^{21} \times 3.2 \times 10^{7}\,\mathrm{s} = 8.0 \times 10^{38}$$
となる．

(e) 問題 5.12(c) の結果から，$1/10^{-9 \times 10^{20}} = 10^{9 \times 10^{20}}$ 回衝突が起これば，半分の体積の中にすべての原子が存在すると仮定すると，
$$\frac{10^{9 \times 10^{20}}}{8.0 \times 10^{38}} \approx 10^{10^{21}}\,\mathrm{year}$$
かかる．

5.13 遠心分離器 長軸から動径方向に r だけ離れた点において，原子の外部化学ポテンシャル μ_{ext} は，
$$\mu_{\mathrm{ext}} = -\frac{1}{2}M\omega^2 r^2$$
である．また，理想気体の内部化学ポテンシャル μ_{int} は，
$$\mu_{\mathrm{int}} = \tau\ln\left[\frac{n(r)}{n_{\mathrm{Q}}}\right]$$

である．したがって，全化学ポテンシャル μ_{tot} は，

$$\mu_{\text{tot}} = \tau \ln\left[\frac{n(r)}{n_Q}\right] - \frac{1}{2}M\omega^2 r^2$$

となる．平衡状態では，μ_{tot} は位置 r に依存しないから，

$$\tau \ln\left[\frac{n(r)}{n_Q}\right] - \frac{1}{2}M\omega^2 r^2 = \tau \ln\left[\frac{n(0)}{n_Q}\right]$$

とおくことができる．これから，次の結果が得られる．

$$n(r) = n(0) \exp\left(\frac{M\omega^2 r^2}{2\tau}\right)$$

5.14 高度による大気圧の変化 式 (5.26) から，内部化学ポテンシャル μ_{int} は，

$$\mu_{\text{int}} = \tau \ln\left[\frac{n(h)}{n_Q}\right]$$

である．
　一方，質量 M の粒子が，地上から高さ h の位置に存在するとき，この粒子がもつ外部ポテンシャルエネルギー μ_{ext} は，

$$\mu_{\text{ext}} = Mgh$$

である．ただし，重力加速度を g とし，地面のポテンシャルエネルギーをゼロとした．
　以上から，全化学ポテンシャル μ は，

$$\mu = \tau \ln\left[\frac{n(h)}{n_Q}\right] + Mgh$$

となる．
　平衡状態では，μ は高さによらず一定だから，

$$\tau \ln\left[\frac{n(h)}{n_Q}\right] + Mgh = \tau \ln\left[\frac{n(0)}{n_Q}\right]$$

とおくことができる．したがって，

$$n(h) = n(0) \exp\left(-\frac{Mgh}{\tau}\right)$$

が導かれる．また，圧力 $p(h)$ は $n(h)$ に比例するから，

$$p(h) = p(0) \exp\left(-\frac{Mgh}{\tau}\right)$$

と表される．この方程式は，**大気圧方程式** (barometric pressure equation) として知られている．

5.15 外部化学ポテンシャル (a) 系を高さ h まで移動させるとき，系の他の状態を変えないとする．この場合，系のポテンシャルエネルギーは $NMgh$ だけ増加する．したがって，分配関数 $Z(h)$ は，

$$Z(h) = Z(0) \exp\left(-\frac{NMgh}{\tau}\right)$$

となる．ヘルムホルツの自由エネルギー F は，これを式 (2.29) に代入して，

$$F(h) = -\tau \ln Z(h) = -\tau \ln Z(0) + NMgh = F(0) + NMgh$$

と表される．したがって，化学ポテンシャルは，式 (4.6) から

$$\mu = \frac{\partial F}{\partial N} = \mu(0) + Mgh$$

となる．ただし，

$$\mu(0) = \frac{\partial F(0)}{\partial N}$$

とした．
 (b) 等温大気の大気圧方程式のように $\mu(h) = \mu(0)$ が成り立つのは，系が大気と拡散平衡状態にあるときである．系を高さ h まで移動しただけでは，この系は地上の系と拡散平衡にはならない．このため，問題 5.15(a) の結果は，問題 5.14 の結果と異なる．なお，拡散接触では，化学ポテンシャルが等しくなるまで上の系から下の系に粒子が移動して，拡散平衡に達する．

5.16 地球の大気内の分子 地球の中心から r だけ離れた点に存在する分子に働く力 (引力)F は，

$$F = -Mg\frac{R^2}{r^2}$$

である．したがって，この点の分子の外部化学ポテンシャル μ_{ext} は，

$$\mu_{\text{ext}} = -\int_{\infty}^{r} F\,dr = -Mg\frac{R^2}{r}$$

である．ここで，理想気体の内部化学ポテンシャル

$$\mu_{\text{int}} = \tau \ln\left[\frac{n(r)}{n_{\text{Q}}}\right]$$

を用いると，全化学ポテンシャル μ_{tot} は，

$$\mu_{\text{tot}} = \tau \ln\left[\frac{n(r)}{n_{\text{Q}}}\right] - Mg\frac{R^2}{r}$$

となる．平衡状態では，μ_{tot} は位置 r に依存しないから，

$$\tau \ln\left[\frac{n(r)}{n_Q}\right] - Mg\frac{R^2}{r} = \tau \ln\left[\frac{n(0)}{n_Q}\right]$$

とおくことができる．これから，分子の濃度 $n(r)$ として，次の結果が得られる．

$$n(r) = n(0)\exp\left(\frac{MgR^2}{\tau r}\right)$$

以上から，地球の大気内の分子の総数 N は，

$$\begin{aligned}
N &= \int_R^\infty \mathrm{d}r\, 4\pi r^2 n(r) \\
&= 4\pi n(0)\exp\left(\frac{MgR}{\tau}\right)\exp\left(-\frac{MgR}{\tau}\right)\int_R^\infty \mathrm{d}r\, r^2 \exp\left(\frac{MgR^2}{\tau r}\right) \\
&= 4\pi n(R)\exp\left(-\frac{MgR}{\tau}\right)\int_R^\infty \mathrm{d}r\, r^2 \exp\left(\frac{MgR^2}{\tau r}\right)
\end{aligned}$$

となる．ただし，ここで

$$n(R) = n(0)\exp\left(\frac{MgR}{\tau}\right)$$

を用いた．N を示す積分は，その上限で発散するから，N は有限ではなくなる．実際に N が有限であるのは，分子，とりわけ軽い分子が絶えず大気から逃げ去っているからである．このように，実際の大気は平衡状態にはない．

5.17 重力場における気体　問題 5.14 の結果から

$$n(h) = n(0)\exp\left(-\frac{Mgh}{\tau}\right)$$

である．したがって，全原子数 N は，

$$N = \int_0^\infty n(h)\,\mathrm{d}h = \frac{\tau}{Mg}n(0)$$

となる．一方，柱の中の原子の全ポテンシャルエネルギー U_{ptot} は，

$$U_{\text{ptot}} = \int_0^\infty n(h)Mgh\,\mathrm{d}h = \frac{\tau^2}{Mg}n(0) = N\tau$$

である．以上から，原子 1 個あたりのポテンシャルエネルギー U_{p} は，

$$U_{\text{p}} = \frac{U_{\text{ptot}}}{N} = \tau$$

演習問題の解答　171

と求められる．このように，運動エネルギーの密度の熱平均値は，高さに依存しない．また，原子 1 個あたりの平均運動エネルギーは $\frac{3}{2}\tau$ だから，原子 1 個あたりの全エネルギー U は，

$$U = \tau + \frac{3}{2}\tau = \frac{5}{2}\tau$$

となる．これから，1 原子あたりの熱容量 C は，次式で与えられる．

$$C = \frac{\partial U}{\partial \tau} = \frac{5}{2}$$

5.18　能動的な輸送　細胞と池の水の化学ポテンシャルをそれぞれ μ_c, μ_w とすると，式 (5.26) から

$$\mu_c = \tau \ln\left(\frac{n_c}{n_Q}\right), \quad \mu_w = \tau \ln\left(\frac{n_w}{n_Q}\right)$$

と表される．ここで，n_c と n_w は，それぞれ細胞，池の水の K^+ イオンの濃度である．いま，

$$\frac{n_c}{n_w} = 10^4, \qquad T = 300\,\text{K}$$

だから

$$\mu_c - \mu_w = \tau \ln\left(\frac{n_c}{n_w}\right) = 4 k_B T \ln 10$$

$$= 3.81 \times 10^{-20}\,\text{J} = 2.38 \times 10^{-1}\,\text{eV}$$

$$\simeq 0.24\,\text{eV}$$

となる．すなわち，化学ポテンシャルの差は，0.24 V に相当する．

　化学ポテンシャルの値が異なるから，細胞内のイオンと池の中のイオンとは，拡散平衡状態にはないことに注意してほしい．

5.19　樹木における樹液の上昇　問題 5.14 の結果から

$$n(h) = n(0) \exp\left(-\frac{Mgh}{\tau}\right)$$

である．ここで，$n(0) = n_0$, $n(h) = r n_0$ とすると，

$$r = \exp\left(-\frac{Mgh}{\tau}\right)$$

となる．これから
$$h = -\frac{\tau}{Mg}\ln r$$
が導かれる．ここで，水分子の質量 M と τ は，それぞれ
$$M = \frac{18\,\text{g}}{6.02\times 10^{23}} = 2.99\times 10^{-23}\,\text{g}$$
$$\tau = k_\text{B}T = 1.38\times 10^{-16}\,\text{erg}\cdot\text{K}^{-1}\times(273+25)\,\text{K}$$
$$= 4.11\times 10^{-14}\,\text{erg}$$
であり，$r = 0.9$ と $g = 980\,\text{cm}\cdot\text{s}^{-2}$ を上の式に代入すると，
$$h = 1.48\times 10^5\,\text{cm} = 1.48\,\text{km}$$
が得られる．

5.20 磁場中で動くことのできる磁気粒子 系を理想気体と考え，↑粒子と↓粒子の濃度をそれぞれ $n_\uparrow$，$n_\downarrow$ とすると，式 (5.26) から
$$\mu_\text{int}(\uparrow) = \tau\ln\left(\frac{n_\uparrow}{n_\text{Q}}\right), \qquad \mu_\text{int}(\downarrow) = \tau\ln\left(\frac{n_\downarrow}{n_\text{Q}}\right)$$
と表される．したがって，
$$\mu_\text{tot}(\uparrow) = \tau\ln\left(\frac{n_\uparrow}{n_\text{Q}}\right) - mB$$
$$\mu_\text{tot}(\downarrow) = \tau\ln\left(\frac{n_\downarrow}{n_\text{Q}}\right) + mB$$
となる．平衡状態では，
$$\mu_\text{tot}(\uparrow) = \mu_\text{tot}(\downarrow) = \text{constant}$$
だから
$$n_\uparrow(B) = \frac{1}{2}n(0)\exp\left(\frac{mB}{\tau}\right), \quad n_\downarrow(B) = \frac{1}{2}n(0)\exp\left(-\frac{mB}{\tau}\right)$$
が導かれる．ただし，
$$n(0) = n_\uparrow(0) + n_\downarrow(0)$$
である．以上から，次の結果が得られる．
$$n(B) = n_\uparrow(B) + n_\downarrow(B) = n(0)\cosh\left(\frac{mB}{\tau}\right)$$
$$\simeq n(0)\left(1 + \frac{m^2B^2}{2\tau^2} + \cdots\right)$$

5.21 濃度に対する磁場効果　問題 5.20 の結果から

$$n(B) = \frac{1}{2}n(0)\left[\exp\left(\frac{mB}{\tau}\right) + \exp\left(-\frac{mB}{\tau}\right)\right]$$

である．$B = 20\,\text{kG}\,(2\,\text{T})$ のとき，

$$\frac{n(B)}{n(0)} = 100$$

だから，

$$\frac{m}{\tau} \simeq \frac{1}{B}\ln\left[\frac{2n(B)}{n(0)}\right] = \frac{1}{2\times 10^4\,\text{G}}\ln 200$$
$$= 2.65\times 10^{-4}\,\text{G}^{-1} = 2.65\,\text{T}^{-1}$$

となる．
　また，粒子がもつボーア磁子の数 N は，次のようになる．

$$N = \frac{m}{\mu_\text{B}} = \frac{m}{\tau}\times\frac{\tau}{\mu_\text{B}} = \frac{m}{\tau}\times\frac{k_\text{B}T}{\mu_\text{B}}$$
$$= 2.65\,\text{T}^{-1}\times\frac{1.38\times 10^{-23}\,\text{J}\cdot\text{K}^{-1}\times 300\,\text{K}}{9.27\times 10^{-24}\,\text{J}\cdot\text{T}^{-1}}$$
$$= 1.18\times 10^3$$

5.22 理想気体における等温膨張と等エントロピー過程　(a) 等温膨張の過程において，気体に対してなされた仕事 W は，理想気体の法則

$$pV = N\tau$$

を用いて，

$$W = -\int_{V_0}^{V_1}p\,dV = -\int_{V_0}^{V_1}\frac{N\tau}{V}dV$$
$$= -N\tau\ln 2 = -1.73\times 10^3\,\text{J}$$

となる．ただし，系のはじめの体積を V_0，1 番目の過程終了後の体積を $V_1 = 2V_0$ とした．気体に加えられる熱を Q_τ とすると，

$$Q_\tau + W = 0$$

だから

$$Q_\tau = 1.73\times 10^3\,\text{J}$$

となる.

いま, 粒子数 N が一定だから, 式 (2.23) から

$$dQ = \tau d\sigma = dU + p\, dV$$

となる. したがって, 等エントロピー過程の間に加えられる熱 Q_σ は, ゼロである.

(b) 式 (5.32) から

$$\sigma(\tau, V) = N(\ln \tau^{3/2} + \ln V + \text{constant})$$

である. したがって,

$$\tau^{3/2} V = k_B{}^{3/2} T^{3/2} V = \text{constant}$$

となる.

系のはじめの温度と体積をそれぞれ T_0, V_0 とすると, 1 番目の過程終了後の温度 T_1 と体積 V_1 は, それぞれ

$$T_1 = T_0, \quad V_1 = 2V_0$$

である. ここで, 2 番目の過程終了後の温度と体積をそれぞれ $T_2, V_2 = 2V_1$ とすると,

$$T_2 = T_1 \left(\frac{V_1}{V_2}\right)^{2/3} = 300\,\text{K} \times \left(\frac{1}{2}\right)^{2/3} = 189\,\text{K}$$

となる.

(c) 真空への非可逆膨張時には温度一定だから, 式 (5.30) のように

$$\sigma = N \ln V + \text{constant}$$

となる. したがって, エントロピーの増加 $\Delta\sigma$ は,

$$\Delta\sigma = \sigma_1 - \sigma_0 = N \ln\left(\frac{V_1}{V_0}\right) = 4.17 \times 10^{23}$$

で与えられる. これを通常の単位で表すと, エントロピーの増加 ΔS は,

$$\Delta S = k_B \Delta\sigma = 5.75\,\text{J}\cdot\text{K}^{-1}$$

となる.

5.23 理想気体の等エントロピー関係式 (a) まず,

$$d\sigma = \left(\frac{\partial \sigma}{\partial p}\right)_V dp + \left(\frac{\partial \sigma}{\partial V}\right)_p dV$$

について考える．ここで，式 (5.22)，式 (5.27)，式 (5.29) を用いると，

$$\left(\frac{\partial \sigma}{\partial p}\right)_V = \left(\frac{\partial \sigma}{\partial \tau}\right)_V \left(\frac{\partial \tau}{\partial p}\right)_V = C_V \frac{V}{N\tau}$$

$$\left(\frac{\partial \sigma}{\partial V}\right)_p = \left(\frac{\partial \sigma}{\partial \tau}\right)_p \left(\frac{\partial \tau}{\partial V}\right)_p = C_p \frac{p}{N\tau}$$

となる．したがって，

$$d\sigma = \frac{1}{N\tau}(C_V V\, dp + C_p p\, dV)$$

と表される．等エントロピー過程では，

$$d\sigma = 0$$

だから

$$C_V V\, dp + C_p p\, dV = 0$$

となる．この両辺を $C_V pV$ で割って，

$$\gamma = \frac{C_p}{C_V}$$

を用いると，次式が得られる．

$$\frac{dp}{p} + \gamma \frac{dV}{V} = 0$$

つぎに

$$d\sigma = \left(\frac{\partial \sigma}{\partial \tau}\right)_V d\tau + \left(\frac{\partial \sigma}{\partial V}\right)_\tau dV$$

について考える．ここで，式 (5.27) から

$$\left(\frac{\partial \sigma}{\partial \tau}\right)_V = \frac{C_V}{\tau}$$

である．また，式 (5.32) から

$$\sigma = N\left(\frac{3}{2}\ln \tau + \ln V + \text{constant}\right)$$

と表されるから

$$\left(\frac{\partial \sigma}{\partial V}\right)_\tau = \frac{N}{V} = \frac{C_p - C_V}{V}$$

となる．ここで，式 (5.29) を用いた．以上から

$$d\sigma = \frac{C_V}{\tau} d\tau + \frac{C_p - C_V}{V} dV = 0$$

と表される．この両辺を C_V で割って，

$$\gamma = \frac{C_p}{C_V}$$

を用いると，次式が得られる．

$$\frac{d\tau}{\tau} + (\gamma - 1)\frac{dV}{V} = 0$$

最後に

$$d\sigma = \left(\frac{\partial \sigma}{\partial p}\right)_\tau dp + \left(\frac{\partial \sigma}{\partial \tau}\right)_p d\tau$$

について考える．ここで，

$$\left(\frac{\partial \sigma}{\partial p}\right)_\tau = \left(\frac{\partial \sigma}{\partial V}\right)_\tau \left(\frac{\partial V}{\partial p}\right)_\tau = \frac{N}{V}\frac{-N\tau}{p^2} = -\frac{N}{p} = \frac{C_V - C_p}{p}$$

$$\left(\frac{\partial \sigma}{\partial \tau}\right)_p = \frac{C_p}{\tau}$$

だから，

$$d\sigma = \frac{C_V - C_p}{p} dp + \frac{C_p}{\tau} d\tau = 0$$

となる．この両辺を $(C_V - C_p)$ で割って，

$$\gamma = \frac{C_p}{C_V}$$

を用いると，次式が得られる．

$$\frac{dp}{p} + \frac{\gamma}{1-\gamma}\frac{d\tau}{\tau} = 0$$

これらの関係式は，分子が内部自由度をもつ場合にも適用できる．
(b) 式 (5.47) から

$$\frac{dp}{p} = -\gamma \frac{dV}{V}$$

である．これは，σ が一定のときの結果だから，
$$\left(\frac{\partial p}{\partial V}\right)_\sigma = -\gamma \frac{p}{V}$$
と表すことができる．したがって，
$$B_\sigma = -V\left(\frac{\partial p}{\partial V}\right)_\sigma = \gamma p$$
となる．

また，理想気体の法則から，
$$\left(\frac{\partial p}{\partial V}\right)_\tau = -\frac{N\tau}{V^2} = -\frac{p}{V}$$
である．したがって，
$$B_\tau = -V\left(\frac{\partial p}{\partial V}\right)_\tau = p$$
となる．

音波は熱をほとんど運ばないから，気体内の音波の速度は，
$$v = \left(\frac{B_\sigma}{\rho}\right)^{1/2}$$
になる．質量 M の分子から構成される理想気体では，
$$p = \frac{\rho \tau}{M}$$
から
$$v = \left(\frac{\gamma \tau}{M}\right)^{1/2}$$
となる．ここで，ρ は質量密度である．

5.24 大気の対流的等エントロピー平衡 (a) 一様な重力場において，力学的平衡状態では，z と $z+\mathrm{d}z$ の間の圧力差が，単位面積あたりに働く重力に等しい．したがって，
$$\frac{\mathrm{d}p}{\mathrm{d}z} = -\rho g = -M\frac{N}{V}g = -\frac{Mg}{\tau}p$$
となる．ここで，M は大気を構成する分子の平均質量，N は粒子数，V は体積であり，最後の等号のところで理想気体の法則 $pV = N\tau$ を用いた．

これから，
$$\frac{dT}{dz} = \frac{1}{k_B}\frac{d\tau}{dz} = \frac{1}{k_B}\left(\frac{\partial \tau}{\partial p}\right)_\sigma \frac{dp}{dz} = -\frac{Mgp}{k_B \tau}\left(\frac{\partial \tau}{\partial p}\right)_\sigma = \frac{Mg}{k_B}\frac{1-\gamma}{\gamma}$$

となる．ただし，式 (5.47) を用いた．

この結果から，dT/dz が一定であることがわかる．この物理量は，気象学において重要であり，**乾断熱気温低下率** (dry adiabatic lapse rate) とよばれている．なお，大気圧方程式は，等温状態にある大気に対するものであり，ここで用いてはいけない．

(b) 窒素 80％, 酸素 20％ の平均質量として，
$$M = \frac{28 \times 0.8 + 32 \times 0.2}{6.02 \times 10^{23}} = 4.78 \times 10^{-23} \text{ g}$$

を問題 5.24(a) の結果に代入すると，
$$\frac{dT}{dz} = -9.70 \times 10^{-5}\,°\text{C}\cdot\text{cm}^{-1} = -9.70°\text{C}\cdot\text{km}^{-1}$$

となる．

(c) 質量密度 ρ は，
$$\rho = \frac{MN}{V}$$

である．ここで pV^γ が一定だから，$p \propto V^{-\gamma} \propto \rho^\gamma$ となる．もし，実際の温度勾配が等エントロピー条件の場合よりも大きければ，大気は対流に関して不安定になるだろう．

5.25 等エントロピー膨張 (a) 式 (5.16) から
$$Z_N = \frac{1}{N!}Z_1{}^N$$

である．ただし，ここで
$$Z_1 = \sum_n \exp\left[-\frac{\epsilon(n)}{\tau}\right]$$

であり，N は粒子数，n は軌道を表す指標である．

軌道 n の占有数 $f(n)$ は，
$$f(n) = \frac{N}{Z_1}\exp\left[-\frac{\epsilon(n)}{\tau}\right], \quad N = \sum_n f(n)$$

だから，これを用いて，
$$\frac{\epsilon(n)}{\tau} = \ln N - \ln Z_1 - \ln f(n)$$
と表される．

エントロピー σ は，式 (2.26) と式 (2.29) から
$$\sigma = -\left(\frac{\partial F}{\partial \tau}\right)_V = \frac{\partial}{\partial \tau}(\tau \ln Z_N)$$
$$= N \ln Z_1 - \ln N! + N\tau \frac{\partial}{\partial \tau} \ln Z_1$$
となる．ここで，
$$N\tau \frac{\partial}{\partial \tau} \ln Z_1 = \frac{N\tau}{Z_1}\frac{\partial Z_1}{\partial \tau} = \sum_n \frac{\epsilon(n)}{\tau}\frac{N}{Z_1}\exp\left[-\frac{\epsilon(n)}{\tau}\right]$$
$$= \sum_n [\ln N - \ln Z_1 - \ln f(n)] f(n)$$
$$= N(\ln N - \ln Z_1) - \sum_n f(n) \ln f(n)$$
だから，これを上の式に代入し，スターリングの公式を用いると，エントロピー σ は，
$$\sigma = N \ln N - \ln N! - \sum_n f(n) \ln f(n)$$
$$\simeq N - \sum_n f(n) \ln f(n)$$
$$= \sum_n f(n)[1 - \ln f(n)]$$
と表される．

(b) 式 (5.12) から
$$\epsilon(n) \propto L^{-2} \propto V^{-2/3}$$
である．したがって，
$$\frac{\epsilon(n)}{\tau} \propto (\tau V^{2/3})^{-1}$$
となり，$\tau V^{2/3}$ が一定ならば，$f(n)$ が一定になる．この結果，σ が一定になる．

5.26 ディーゼルエンジンにおける圧縮 式 (5.34) から
$$T_1 V_1^{\gamma-1} = T_2 V_2^{\gamma-1}$$
である. いま,
$$T_1 = 300 \text{ K}, \qquad V_2 = \frac{V_1}{15}$$
だから
$$T_2 = T_1 \left(\frac{V_1}{V_2}\right)^{\gamma-1} = 300 \text{ K} \times 15^{0.4}$$
$$= 886 \text{ K} = 613°\text{C}$$
となる.

5.27 内部自由度をもつ原子の気体 式 (5.38) から
$$Z_{\text{int}} = 1 + \exp\left(-\frac{\Delta}{\tau}\right)$$
となる.
 (a) 式 (5.41) から
$$\mu = \tau \left\{ \ln\left(\frac{N}{n_Q V}\right) - \ln\left[1 + \exp\left(-\frac{\Delta}{\tau}\right)\right] \right\}$$
となる. ただし, $n = N/V$ を用いた.
 (b) 式 (5.20) と式 (5.42) から
$$F = N\tau \left\{ \ln\left(\frac{N}{n_Q V}\right) - 1 - \ln\left[1 + \exp\left(-\frac{\Delta}{\tau}\right)\right] \right\}$$
となる.
 (c) 式 (5.23) と式 (5.43) から
$$\sigma = N\left[\ln\left(\frac{n_Q V}{N}\right) + \frac{5}{2}\right] + \frac{\partial}{\partial \tau}\left\{N\tau \ln\left[1 + \exp\left(-\frac{\Delta}{\tau}\right)\right]\right\}$$
$$= N\left\{\ln\left(\frac{n_Q V}{N}\right) + \frac{5}{2} + \ln\left[1 + \exp\left(-\frac{\Delta}{\tau}\right)\right] + \frac{\Delta}{\tau}\frac{1}{1+\exp(\Delta/\tau)}\right\}$$
となる.

(d) 問題 5.27(b) の結果を式 (5.21) に代入して,

$$p = -\left(\frac{\partial F}{\partial V}\right)_{\tau,N} = \frac{N\tau}{V}$$

となる.

(e) 内部エネルギー U_{int} は, 式 (5.42) と式 (5.43) から

$$U_{\text{int}} = F_{\text{int}} + \tau\sigma_{\text{int}} = \frac{N\Delta}{1+\exp(\Delta/\tau)}$$

である. したがって, 定圧熱容量 C_p は, 次のようになる.

$$C_p = \frac{5}{2}N + C_{\text{int}} = \frac{5}{2}N + \frac{\partial U_{\text{int}}}{\partial \tau} = N\left\{\frac{5}{2} - \left(\frac{\Delta}{\tau}\right)^2 \frac{\exp(\Delta/\tau)}{[1+\exp(\Delta/\tau)]^2}\right\}$$

6 章

6.1 1次元および2次元の状態密度 (a) 1次元の場合, 状態数は, $N_1 = 2n_{\text{F}}$ である. これを式 (6.1) に代入すると,

$$\epsilon_{\text{F}} = \frac{\hbar^2}{2m}\left(\frac{\pi n_{\text{F}}}{L}\right)^2 = \frac{\hbar^2}{2m}\left(\frac{\pi N_1}{2L}\right)^2$$

となる. したがって,

$$N_1(\epsilon_{\text{F}}) = \frac{2L}{\pi}\left(\frac{2m}{\hbar^2}\right)^{1/2}\epsilon_{\text{F}}^{1/2}, \quad N_1(\epsilon) = \frac{2L}{\pi}\left(\frac{2m}{\hbar^2}\right)^{1/2}\epsilon^{1/2}$$

が得られる. これから, 状態密度 $D_1(\epsilon)$ は,

$$D_1(\epsilon) \equiv \frac{dN_1(\epsilon)}{d\epsilon} = \frac{L}{\pi}\left(\frac{2m}{\hbar^2\epsilon}\right)^{1/2}$$

となる. また, 単位長さあたりの状態密度 $\mathcal{D}_1(\epsilon)$ は,

$$\mathcal{D}_1(\epsilon) = \frac{D_1(\epsilon)}{L} = \frac{1}{\pi}\left(\frac{2m}{\hbar^2\epsilon}\right)^{1/2}$$

となる.

(b) 2次元の場合, 状態数 N_2 は,

$$N_2 = 2 \times \frac{1}{4}\pi n_{\text{F}}^2 = \frac{\pi n_{\text{F}}^2}{2}$$

だから，これを式 (6.1) に代入すると，

$$\epsilon_\mathrm{F} = \frac{\hbar^2}{2m}\left(\frac{\pi n_\mathrm{F}}{L}\right)^2 = \frac{\pi\hbar^2}{mL^2}N_2 = \frac{\pi\hbar^2}{Am}N_2$$

となる．ただし，$A = L^2$ である．これから

$$N_2(\epsilon_\mathrm{F}) = \frac{Am}{\pi\hbar^2}\epsilon_\mathrm{F}, \quad N_2(\epsilon) = \frac{Am}{\pi\hbar^2}\epsilon$$

が得られる．したがって，状態密度 $D_2(\epsilon)$ は，

$$D_2(\epsilon) \equiv \frac{\mathrm{d}N_2(\epsilon)}{\mathrm{d}\epsilon} = \frac{Am}{\pi\hbar^2}$$

となる．また，単位面積あたりの状態密度 $\mathcal{D}_2(\epsilon)$ は，

$$\mathcal{D}_2(\epsilon) = \frac{D_2(\epsilon)}{A} = \frac{m}{\pi\hbar^2}$$

となる．

6.2　相対論的なフェルミ気体　(a) $n_0{}^2 = n_x{}^2 + n_y{}^2 + n_z{}^2$ とおくと，

$$N = 2 \times \frac{1}{8} \times \frac{4}{3}\pi n_0{}^3 = \frac{\pi n_0{}^3}{3}$$

となる．したがって，

$$n_0 = \left(\frac{3N}{\pi}\right)^{1/3}$$

となる．これから，次の結果が得られる．

$$\epsilon_\mathrm{F} \simeq pc = n_0\frac{\pi\hbar}{L}c = \hbar\pi c\left(\frac{3N}{\pi L^3}\right)^{1/3} = \hbar\pi c\left(\frac{3n}{\pi}\right)^{1/3}$$

ただし，

$$n = \frac{N}{L^3}$$

である．

(b) 問題 6.2(a) の結果から，

$$N(\epsilon) = \frac{\pi V}{3}\left(\frac{1}{\hbar\pi c}\right)^3\epsilon^3$$

となる．したがって，状態密度 $D(\epsilon)$ は，

$$D(\epsilon) \equiv \frac{\mathrm{d}N(\epsilon)}{\mathrm{d}\epsilon} = \pi V \left(\frac{1}{\hbar \pi c}\right)^3 \epsilon^2$$

となる．これから，この気体の基底状態の全エネルギー U_0 は，

$$U_0 = \int_0^{\epsilon_\mathrm{F}} \epsilon D(\epsilon)\,\mathrm{d}\epsilon = \frac{1}{4}\pi V \left(\frac{1}{\hbar \pi c}\right)^3 \epsilon_\mathrm{F}^4 = \frac{3}{4} N \epsilon_\mathrm{F}$$

となる．

6.3 縮退したフェルミ気体 (a) 式 (6.2) と式 (6.5) から，全エネルギー U_0 は，

$$U_0 = \frac{3\hbar^2}{10m}\left(\frac{3\pi^2 N}{V}\right)^{2/3} N$$

と表される．ただし，$V = L^3$ を用いた．これを式 (2.17) に代入すると，圧力 p は，

$$p = -\frac{\partial U_0}{\partial V} = \frac{(3\pi^2)^{2/3}}{5} \cdot \frac{\hbar^2}{m}\left(\frac{N}{V}\right)^{5/3}$$

となる．この結果から，立方体の体積 V が一様に減少すると，圧力 p が増加することがわかる．

(b) 式 (6.3) と式 (6.13) から，

$$C_\mathrm{el} = \frac{1}{2}\pi^2 N \frac{\tau}{\epsilon_\mathrm{F}}$$

である．また，式 (5.27) から，定積熱容量 C は，

$$C = \tau \left(\frac{\partial \sigma}{\partial \tau}\right)_V$$

と表される．したがって，

$$\left(\frac{\partial \sigma}{\partial \tau}\right)_V = \frac{1}{2\epsilon_\mathrm{F}}\pi^2 N$$

となる．これを積分すると，エントロピー σ は，

$$\sigma = C_\mathrm{el} = \frac{1}{2}\pi^2 N \frac{\tau}{\epsilon_\mathrm{F}}$$

となる．$\tau \to 0$ のとき，$\sigma \to 0$ であることに注意してほしい．

6.4 化学ポテンシャルと温度の関係 化学ポテンシャルを μ, 状態密度を $D(\epsilon)$, フェルミ–ディラック分布関数を $f(\epsilon)$ とすると，全粒子数 N は，

$$N = \int_0^\infty D(\epsilon) f(\epsilon)\, d\epsilon$$

$$f(\epsilon) = \frac{1}{\exp[(\epsilon-\mu)/\tau] + 1}$$

で与えられる．ただし，粒子のエネルギー ϵ の最小値をゼロとした．これから，この積分を計算してみよう．いま，

$$D(\epsilon) = \frac{d\varphi(\epsilon)}{d\epsilon}$$

とおくと，

$$\begin{aligned}N &= \int_0^\infty f(\epsilon) \frac{d\varphi(\epsilon)}{d\epsilon}\, d\epsilon \\&= \Big[f(\epsilon)\varphi(\epsilon)\Big]_0^\infty - \int_0^\infty \varphi(\epsilon) \frac{df(\epsilon)}{d\epsilon}\, d\epsilon \\&= -\int_0^\infty \varphi(\epsilon) \frac{df(\epsilon)}{d\epsilon}\, d\epsilon\end{aligned}$$

となる．ここで，

$$-\tau \frac{df(\epsilon)}{d\epsilon} = \frac{\exp[(\epsilon-\mu)/\tau]}{\{\exp[(\epsilon-\mu)/\tau] + 1\}^2}$$

をプロットすると，図12のようになる．この図から，

$$\frac{|\epsilon - \mu|}{\tau} \lesssim 1$$

を除くと，$|df(\epsilon)/d\epsilon|$ がきわめて小さいことがわかる．したがって，$\varphi(\epsilon)$ を

$$\varphi(\epsilon) = \varphi(\mu) + (\epsilon - \mu)\left[\frac{d\varphi(\epsilon)}{d\epsilon}\right]_{\epsilon=\mu} + \frac{1}{2!}(\epsilon - \mu)^2 \left[\frac{d^2\varphi(\epsilon)}{d\epsilon^2}\right]_{\epsilon=\mu} + \cdots$$

のように，μ の近傍でテイラー展開し，積分の中に代入すると，

$$\begin{aligned}N &= \varphi(\mu) + \frac{\pi^2 \tau^2}{6}\left[\frac{d^2\varphi(\epsilon)}{d\epsilon^2}\right]_{\epsilon=\mu} + \frac{7\pi^4 \tau^4}{360}\left[\frac{d^4\varphi(\epsilon)}{d\epsilon^4}\right]_{\epsilon=\mu} + \cdots \\&= \int_0^\mu D(\epsilon)\, d\epsilon + \frac{\pi^2 \tau^2}{6}\left[\frac{dD(\epsilon)}{d\epsilon}\right]_{\epsilon=\mu} + \frac{7\pi^4 \tau^4}{360}\left[\frac{d^3D(\epsilon)}{d\epsilon^3}\right]_{\epsilon=\mu} + \cdots\end{aligned}$$

図 12 $-\tau \mathrm{d}f(\epsilon)/\mathrm{d}\epsilon$ と $(\epsilon-\mu)/\tau$ との関係

となる.

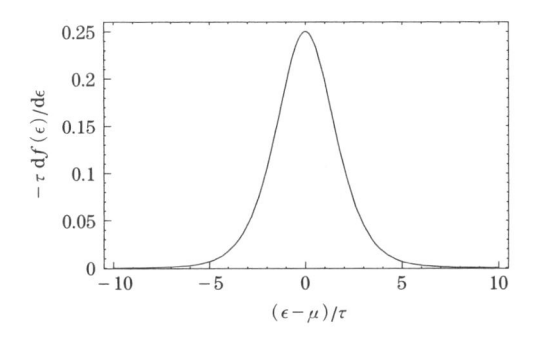

また,絶対零度における化学ポテンシャルを $\mu(0)$ とすると,

$$N = \int_0^{\mu(0)} D(\epsilon)\,\mathrm{d}\epsilon$$

である.

これから,1次元,2次元,3次元の化学ポテンシャル $\mu_i(\tau)$ ($i=1,2,3$) を求めてみよう.

(i) 1次元

問題 6.1 の結果から,1次元の状態密度 $D_1(\epsilon)$ は,

$$D_1(\epsilon) = \frac{L}{\pi}\left(\frac{2m}{\hbar^2 \epsilon}\right)^{1/2}$$

である.したがって,全粒子数 N_1 は,次のように表される.

$$\begin{aligned}N_1 &= \frac{2L}{\pi}\left(\frac{2m}{\hbar^2}\right)^{1/2} \mu_1(\tau)^{1/2}\left[1 - \frac{\pi^2\tau^2}{24\mu_1(\tau)^2} - \frac{7\pi^4\tau^4}{384\mu_1(\tau)^4} + \cdots\right] \\ &= \frac{2L}{\pi}\left(\frac{2m}{\hbar^2}\right)^{1/2} \mu_1(0)^{1/2}\end{aligned}$$

したがって,化学ポテンシャル $\mu_1(\tau)$ は,

$$\begin{aligned}\mu_1(\tau) &= \mu_1(0)\left[1 - \frac{\pi^2\tau^2}{24\mu_1(\tau)^2} - \frac{7\pi^4\tau^4}{384\mu_1(\tau)^4} + \cdots\right]^{-2} \\ &\simeq \mu_1(0)\left[1 + \frac{\pi^2\tau^2}{12\mu_1(\tau)^2} + \frac{\pi^4\tau^4}{24\mu_1(\tau)^4} + \cdots\right]\end{aligned}$$

となる．これから，第 1 近似として，
$$\mu_1(\tau) = \mu_1(0)\left[1 + \frac{\pi^2\tau^2}{12\mu_1(0)^2}\right]$$
となる．これを上の式に代入すると，第 2 近似として，
$$\mu_1(\tau) = \mu_1(0)\left[1 + \frac{\pi^2\tau^2}{12\mu_1(0)^2} + \frac{\pi^4\tau^4}{36\mu_1(0)^4}\right]$$
が得られる．

(ii) 2 次元

問題 6.1 の結果から，2 次元の状態密度 $D_2(\epsilon)$ は，
$$D_2(\epsilon) = \frac{Am}{\pi\hbar^2}$$
である．このように，状態密度は基本温度 τ に独立であり，粒子数 N_2 は，次式で与えられる．
$$N_2 = \int_0^\infty \frac{D_2(\epsilon)}{\exp[(\epsilon - \mu_2)/\tau] + 1}\,d\epsilon = \frac{Am\tau}{\pi\hbar^2}\ln\left[1 + \exp\left(\frac{\mu}{\tau}\right)\right]$$
したがって，化学ポテンシャル μ_2 は，次のように求められる．
$$\mu_2(\tau) = \tau\ln\left[\exp\left(\frac{\pi\hbar^2 N_2}{Am\tau}\right) - 1\right]$$

(iii) 3 次元

式 (6.8) から，3 次元の状態密度 $D_3(\epsilon)$ は，
$$D_3(\epsilon) = \frac{V}{2\pi^2}\left(\frac{2m}{\hbar^2}\right)^{3/2}\epsilon^{1/2}$$
である．したがって，全粒子数 N_3 は，次のように表される．
$$\begin{aligned}N_3 &= \frac{V}{3\pi^2}\left(\frac{2m}{\hbar^2}\right)^{3/2}\mu_3(\tau)^{3/2}\left[1 + \frac{\pi^2\tau^2}{8\mu_3(\tau)^2} + \frac{7\pi^4\tau^4}{640\mu_3(\tau)^4} + \cdots\right]\\&= \frac{V}{3\pi^2}\left(\frac{2m}{\hbar^2}\right)^{3/2}\mu_3(0)^{3/2}\end{aligned}$$
したがって，化学ポテンシャル $\mu_3(\tau)$ は，
$$\begin{aligned}\mu_3(\tau) &= \mu_3(0)\left[1 + \frac{\pi^2\tau^2}{8\mu_3(\tau)^2} + \frac{7\pi^4\tau^4}{640\mu_3(\tau)^4} + \cdots\right]^{-2/3}\\&\simeq \mu_3(0)\left[1 - \frac{\pi^2\tau^2}{12\mu_3(\tau)^2} + \frac{\pi^4\tau^4}{720\mu_3(\tau)^4} + \cdots\right]\end{aligned}$$

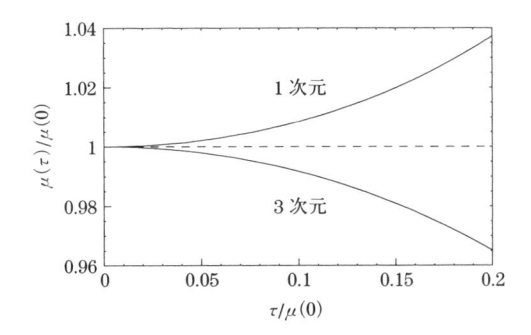

図 13 1次元および3次元における化学ポテンシャル

となる．これから，第1近似として，

$$\mu_3(\tau) = \mu_3(0)\left[1 - \frac{\pi^2\tau^2}{12\mu_3(0)^2}\right]$$

となる．これを上の式に代入すると，第2近似として，

$$\mu_3(\tau) = \mu_3(0)\left[1 - \frac{\pi^2\tau^2}{12\mu_3(0)^2} - \frac{\pi^4\tau^4}{80\mu_3(0)^4}\right]$$

が得られる．

図 13 に 1 次元の化学ポテンシャルと 3 次元の化学ポテンシャルを示す．

6.5 フェルミ気体としての液体 ^{3}He (a) フェルミ気体の濃度 n は，液体の密度 ρ と ^{3}He 原子の質量 m から，

$$n = \frac{\rho}{m} = \frac{0.081 \text{g} \cdot \text{cm}^{-3}}{3 \times 1.67 \times 10^{-24}\,\text{g}} = 1.62 \times 10^{22}\,\text{cm}^{-3}$$

となる．これを式 (6.3) に代入すると，フェルミ・エネルギーとして，

$$\epsilon_\text{F} = \frac{\hbar^2}{2m}(3\pi^2 n)^{2/3} = 6.80 \times 10^{-16}\,\text{erg} = 4.24 \times 10^{-4}\,\text{eV}$$

が得られる．また，式 (6.4) から，フェルミ速度は，

$$v_\text{F} = \left(\frac{2\epsilon_\text{F}}{m}\right)^{1/2} = 1.65 \times 10^4\,\text{cm} \cdot \text{s}^{-1}$$

となる．フェルミ温度 T_F は，

$$T_F = \frac{\tau_F}{k_B} = \frac{\epsilon_F}{k_B} = 4.93\,\text{K}$$

である．

(b) 問題 6.5(a) の結果を式 (6.14) に代入すると，

$$C_V = \frac{1}{2}\pi^2 N k_B \frac{T}{T_F} = N k_B T$$

となる．A. C. Anderson, W. Reese, and J. C. Wheatley, Phys. Rev. **130**, 495 (1963) によると，$T < 0.1\,\text{K}$ における実測値は，$C_V = 2.89 N k_B T$ である．計算結果が，この実測値の 1/2.89 倍の値であることから，実際の ^{3}He 原子間には，相互作用があると考えられる．そして，^{3}He 原子の有効質量は，電子の質量を m とすると，$m^* = 2.89\,m$ となる．

6.6 天体物理学におけるフェルミ気体 (a) 核子 (質量 $1.67 \times 10^{-24}\,\text{g}$) とほぼ同数の電子が存在するから，電子数 N は，次のようになる．

$$N = \frac{2 \times 10^{33}\,\text{g}}{1.67 \times 10^{-24}\,\text{g}} \simeq 10^{57}$$

式 (6.3) から，フェルミ・エネルギー ϵ_F は，次のように求められる．

$$\begin{aligned}\epsilon_F &= \frac{\hbar^2}{2m}\left(\frac{3\pi^2 N}{V}\right)^{2/3} \\ &\simeq \frac{(1.05 \times 10^{-27}\,\text{erg}\cdot\text{s})^2}{2 \times 9.1 \times 10^{-28}\,\text{g}} \times \left\{\frac{3\pi^2 \times 10^{57}}{\frac{4}{3}\pi \times (2 \times 10^9\,\text{cm})^3}\right\}^{2/3} \\ &= 5.6 \times 10^{-8}\,\text{erg} = 3.5 \times 10^4\,\text{eV}\end{aligned}$$

(b) 相対論的極限 $\epsilon \gg mc^2$ において，フェルミ・エネルギー ϵ_F は，次のようになる．

$$\epsilon_F \cong \hbar c k_F = \hbar c \left(\frac{3\pi^2 N}{V}\right)^{1/3}$$

(c) 半径 $R = 10\,\text{km} = 10^6\,\text{cm}$ のとき，

$$V = \frac{4}{3}\pi R^3 \simeq 4 \times 10^{18}\,\text{cm}^3$$

である．したがって，フェルミ・エネルギー ϵ_F は，次のように求められる．

$$\epsilon_F \approx \hbar c \left(\frac{N}{V}\right)^{1/3}$$

$$\simeq 1.05 \times 10^{-27}\,\text{erg}\cdot\text{s} \times 3 \times 10^{10}\,\text{cm}\cdot\text{s}^{-1} \times \left(\frac{10^{57}}{4 \times 10^{18}\,\text{cm}^3}\right)^{1/3}$$

$$\simeq 2 \times 10^{-4}\,\text{erg} \simeq 10^8\,\text{eV}$$

この値のために，パルサー星は，陽子 p や電子 e から構成されるのではなく，主に中性子 n から構成されると考えられている．次のような反応

$$\text{n} \to \text{p} + \text{e}$$

が起きるときに放出されるエネルギーは，わずか $0.8 \times 10^6\,\text{eV}$ である．そして，このエネルギーは，多くの電子がフェルミ液体 (海) を形成できるほど大きくはない．中性子の崩壊は，電子の濃度が大きくなって，フェルミ準位が $0.8 \times 10^6\,\text{eV}$ に達するまで進行する．そして，この点に達すると，中性子，陽子，電子の濃度は，平衡状態になる．

6.7 白色矮星 (a) 密度 ρ が均一ならば，

$$\rho = M \div \frac{4}{3}\pi R^3 = \frac{3M}{4\pi R^3}$$

である．したがって，自己重力エネルギー U_s は，

$$U_s = -G \int_0^R \frac{\frac{4}{3}\pi r^3 \rho \cdot 4\pi r^2 \rho}{r}\,dr = -\frac{16}{15}\pi^2 G \rho^2 R^5 = -\frac{3}{5} G \frac{M^2}{R}$$

となる．

(b) 濃度 n は，

$$n = N \div \frac{4}{3}\pi R^3 = \frac{3N}{4\pi R^3}$$

だから，これを式 (6.3) に代入すると，

$$\epsilon_F = \frac{1.8\hbar^2}{m}\frac{N^{2/3}}{R^2}$$

となる．これを式 (6.5) に代入すると，基底状態における電子の運動エネルギー U_0 は，次のようになる．

$$U_0 = \frac{3}{5}N\epsilon_F = \frac{1.08\hbar^2}{m}\frac{N^{5/3}}{R^2} \simeq \frac{\hbar^2}{m}\frac{N^{5/3}}{R^2}$$

また，
$$N = \frac{M}{M_H}$$
だから，
$$U_0 \simeq \frac{\hbar^2}{m} \frac{N^{5/3}}{R^2} \approx \frac{\hbar^2 M^{5/3}}{m M_H^{5/3} R^2}$$
と表すこともできる．

(c) 問題 6.7(a) と (b) の結果から，
$$\frac{3}{5} G \frac{M^2}{R} \approx \frac{\hbar^2 M^{5/3}}{m M_H^{5/3} R^2}$$
のとき
$$M^{1/3} R \approx \frac{5\hbar^2}{3 G m M_H^{5/3}} = 1.3 \times 10^{20} \,\mathrm{g}^{1/3} \cdot \mathrm{cm} \approx 10^{20} \,\mathrm{g}^{1/3} \cdot \mathrm{cm}$$
となる．

(d) 密度 ρ は，
$$\rho = M \div \frac{4}{3} \pi R^3 = 4.3 \times 10^5 \,\mathrm{g} \cdot \mathrm{cm}^{-3}$$
となる．

(e) 問題 6.7(c) において $m = M_H$ とすればよいから，
$$M^{1/3} R \approx \frac{5\hbar^2}{3 G M_H^{7/3}} = 6.1 \times 10^{16} \,\mathrm{g}^{1/3} \cdot \mathrm{cm} \approx 10^{17} \,\mathrm{g}^{1/3} \cdot \mathrm{cm}$$
となる．ここで $M = 2 \times 10^{23}\,\mathrm{g}$ とすると，半径 R は次のようになる．
$$R = \frac{6.1 \times 10^{16} \,\mathrm{g}^{1/3} \cdot \mathrm{cm}}{(2 \times 10^{23}\,\mathrm{g})^{1/3}} = 5.6 \times 10^5\,\mathrm{cm} = 5.6\,\mathrm{km}$$

6.8 光子の凝縮 濃度を n とするとき，$N_e = N = nV$ となる温度を求めればよい．濃度 n は，
$$n = \frac{2.404 \tau^3}{\pi^2 \hbar^3 c^3}$$
だから，臨界温度 $T_c = \tau_c / k_B$ は，
$$T_c = \frac{1}{k_B} \left(\frac{n \pi^2 \hbar^3 c^3}{2.404} \right)^{1/3} = 1.70 \times 10^6\,\mathrm{K}$$
となる．

6.9　相対論的白色矮星　濃度 n は，

$$n = N \div \frac{4}{3}\pi R^3 = \frac{3N}{4\pi R^3}$$

だから，問題 6.2 の結果を用いると，基底状態の全エネルギーは，

$$U_0 = \frac{3}{4}\left(\frac{9\pi}{4}\right)^{1/3}\frac{\hbar c N^{4/3}}{R}$$

と表される．一方，自己重力エネルギー U_{s} は，問題 6.7(a) の結果から，

$$U_{\mathrm{s}} = -\frac{3}{5}G\frac{M^2}{R} = -\frac{3}{5}GM_{\mathrm{H}}^2\frac{N^2}{R}$$

となる．この絶対値が等しいとすると，

$$N = \left(\frac{9\pi}{4}\right)^{1/2}\left(\frac{5\hbar c}{4GM_{\mathrm{H}}^2}\right)^{3/2}$$

となる．この結果に数値を代入すると，

$$N = 8.2 \times 10^{57}$$

となる．

6.10　縮退したボーズ気体　エネルギー U は，式 (6.15) と式 (6.17) から

$$U = \int_0^\infty \mathrm{d}\epsilon\, \epsilon D(\epsilon) f(\epsilon,\tau) = \frac{V}{4\pi^2}\left(\frac{2M}{\hbar^2}\right)^{3/2}\int_0^\infty \mathrm{d}\epsilon\, \frac{\epsilon^{3/2}}{\lambda^{-1}\exp(\epsilon/\tau)-1}$$

と表される．ここで

$$x = \frac{\epsilon}{\tau}$$

とおくと，

$$U = \frac{V}{4\pi^2}\left(\frac{2M}{\hbar^2}\right)^{3/2}\tau^{5/2}\int_0^\infty \mathrm{d}x\, \frac{x^{3/2}}{\lambda^{-1}\exp(x)-1}$$

と表される．

$N_0(\tau) \gg 1$ のとき，$\lambda \simeq 1$ だから

$$\int_0^\infty \mathrm{d}x\, \frac{x^{3/2}}{\lambda^{-1}\exp(x)-1} = \int_0^\infty \mathrm{d}x\, \frac{x^{3/2}}{\exp(x)-1} = \zeta\left(\frac{5}{2}\right)\Gamma\left(\frac{5}{2}\right) = 1.8$$

となる．ここで $\zeta(z)$ はリーマンの ζ 関数である．したがって，

$$U = \frac{1.8V}{4\pi^2}\left(\frac{2M}{\hbar^2}\right)^{3/2}\tau^{5/2}$$

となる．ここで式 (6.21) を用いると，

$$U = 0.78 N \tau_{\mathrm{E}}^{-3/2}\tau^{5/2}$$

と表される．これを式 (2.12) に代入すると，熱容量 C_V は，

$$C_V \equiv \left(\frac{\partial U}{\partial \tau}\right)_{V,N} = 1.95 N \left(\frac{\tau}{\tau_{\mathrm{E}}}\right)^{3/2}$$

となる．また，式 (2.11) から

$$C_V \equiv \tau \left(\frac{\partial \sigma}{\partial \tau}\right)_{V,N}$$

だから

$$\left(\frac{\partial \sigma}{\partial \tau}\right)_{V,N} = 1.95 N \tau_{\mathrm{E}}^{-3/2}\tau^{1/2}$$

である．したがって，

$$\sigma = 1.3 N \left(\frac{\tau}{\tau_{\mathrm{E}}}\right)^{3/2}$$

となる．

6.11　1次元のボーズ気体　問題 6.1 の結果から，1 次元の状態密度 $D_1(\epsilon)$ は，

$$D_1(\epsilon) = \frac{L}{2\pi}\left(\frac{2m}{\hbar^2 \epsilon}\right)^{1/2}$$

である．ここで，フェルミ粒子に対する状態密度と因子 2 だけ違っていることに注意してほしい．この結果を用いると，

$$N_{\mathrm{e}}(\tau) = \int_0^\infty \mathrm{d}\epsilon \, D_1(\epsilon) f(\epsilon, \tau) = \frac{L}{2\pi}\left(\frac{2m}{\hbar^2}\right)^{1/2}\int_0^\infty \mathrm{d}\epsilon \, \frac{\epsilon^{-1/2}}{\lambda^{-1}\exp(\epsilon/\tau) - 1}$$

となる．いま $\lambda = 1$ とおくと，

$$N_{\mathrm{e}}(\tau) \propto \int_0^\infty \mathrm{d}\epsilon \, \frac{\epsilon^{-1/2}}{\exp(\epsilon/\tau) - 1}$$

である．$\epsilon \ll \tau$ のとき，

$$\exp\left(\frac{\epsilon}{\tau}\right) - 1 \simeq \frac{\epsilon}{\tau}$$

だから，被積分項は $\epsilon^{-3/2}$ に比例する．この結果，N_e は発散する．したがって，ボーズ粒子の基底状態への凝縮は，1次元では生じない．

6.12 フェルミ気体の揺らぎ ΔN の定義から，

$$\langle(\Delta N)^2\rangle = \langle(N - \langle N\rangle)^2\rangle = \langle N^2 - 2N\langle N\rangle + \langle N\rangle^2\rangle = \langle N^2\rangle - \langle N\rangle^2$$

である．フェルミ粒子の一つの軌道に対して，$N = 0$ または $N = 1$ だから $N^2 = N$ である．したがって，

$$\langle(\Delta N)^2\rangle = \langle N\rangle - \langle N\rangle^2 = \langle N\rangle(1 - \langle N\rangle)$$

となる．

軌道のエネルギーがフェルミ・エネルギーよりも十分低い場合，揺らぎが消失し，その結果 $\langle N\rangle = 1$ となることに注意してほしい．

6.13 ボーズ気体の揺らぎ 式 (4.51) と式 (6.15) から，

$$\begin{aligned}
\langle(\Delta N)^2\rangle &= \tau\frac{\partial}{\partial\mu}\langle N\rangle = \tau\frac{\partial}{\partial\mu}\frac{1}{\exp[(\epsilon-\mu)/\tau]-1} \\
&= \frac{1}{\exp[(\epsilon-\mu)/\tau]-1} + \left(\frac{1}{\exp[(\epsilon-\mu)/\tau]-1}\right)^2 \\
&= \langle N\rangle + \langle N\rangle^2 = \langle N\rangle(1 + \langle N\rangle)
\end{aligned}$$

となる．この式から，平均値が大きく $\langle N\rangle \gg 1$ ならば，揺らぎの割合は 1 の程度，すなわち $\langle(\Delta N)^2\rangle/\langle N\rangle^2 \approx 1$ となる．つまり，実際の揺らぎは，きわめて大きくなりうる．

6.14 化学ポテンシャルと濃度の関係 (a) 古典領域，すなわち $n \ll n_Q$ のときは，ボーズ粒子，フェルミ粒子ともに，式 (5.41) から

$$\mu = \tau\left[\ln\left(\frac{n}{n_Q}\right) - \ln Z_{\text{int}}\right] = \tau\ln\left(\frac{n}{n_Q{}^*}\right), \qquad n_Q{}^* = n_Q Z_{\text{int}}$$

と表される．ここで $n_Q{}^*$ は内部自由度を考慮したときの量子濃度である．

一方，ボーズ気体が量子領域にあるときは，式 (6.16) から $\tau \to 0$ の場合，

$$\mu = -\frac{\tau}{N}$$

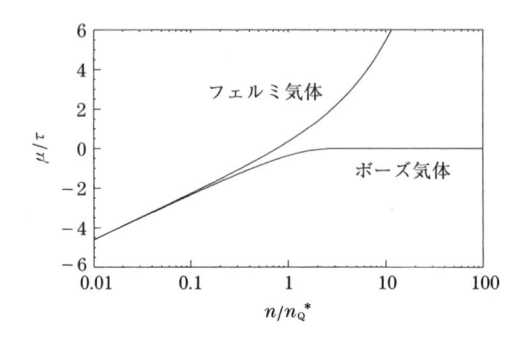

図 14 ボーズ気体とフェルミ気体における，化学ポテンシャルと粒子数との関係

となる．
(b) フェルミ気体が量子領域にあるときは，式 (6.3) から
$$\mu(\tau) \simeq \mu(0) = \epsilon_F = \frac{\hbar^2}{2m}(3\pi^2 n)^{2/3}$$
である．スピンの上向き，下向きを考慮すると，
$$n_Q^* = 2n_Q = 2\left(\frac{m\tau}{2\pi\hbar^2}\right)^{3/2}$$
だから，これを用いると，
$$\mu = 1.209\tau\left(\frac{n}{n_Q^*}\right)^{2/3}$$
となる．問題 6.14(a) と (b) の結果をまとめて，図 14 に示す．

6.15　2 個の軌道をもつボーズ粒子系　式 (6.15) から
$$\exp\left(\frac{\epsilon - \mu}{\tau}\right) = \frac{f(\epsilon) + 1}{f(\epsilon)}$$
である．また，
$$\exp\left(-\frac{\mu}{\tau}\right) = \frac{f(0) + 1}{f(0)}$$
である．$f(0) = 2f(\epsilon)$ となるとき，
$$f(0) = \frac{2}{3}N \gg 1, \quad f(\epsilon) = \frac{1}{3}N \gg 1$$

とおくと,

$$\exp\left(\frac{\epsilon}{\tau}\right) = \frac{f(\epsilon)+1}{f(\epsilon)} \cdot \frac{f(0)}{f(0)+1} = \frac{\frac{2N}{3}\left(\frac{N}{3}+1\right)}{\frac{N}{3}\left(\frac{2N}{3}+1\right)}$$

$$= \frac{2\left(\frac{N}{3}+1\right)}{\frac{2N}{3}\left(1+\frac{3}{2N}\right)} \simeq \frac{3}{N}\left(\frac{N}{3}+1\right)\left(1-\frac{3}{2N}\right)$$

$$= \frac{3}{N}\left(\frac{N}{3}+1-\frac{1}{2}-\frac{3}{2N}\right) \simeq 1+\frac{3}{2N}$$

となる．したがって，次の結果が得られる．

$$\frac{\epsilon}{\tau} \simeq \ln\left(1+\frac{3}{2N}\right) \simeq \frac{3}{2N}, \qquad \tau \simeq \frac{2}{3}N\epsilon$$

7 章

7.1 熱ポンプ (a) 可逆動作している熱ポンプは，すべての流れが可逆なカルノー機関である．したがって，次のように，式 (7.6) が成り立つ．

$$\eta_{\mathrm{C}} \equiv \left(\frac{W}{Q_{\mathrm{h}}}\right)_{\mathrm{rev}} = \frac{\tau_{\mathrm{h}}-\tau_{l}}{\tau_{\mathrm{h}}} = \frac{T_{\mathrm{h}}-T_{l}}{T_{\mathrm{h}}}$$

熱ポンプが可逆的でない場合，熱ポンプの中で生じたエントロピーは，高温 τ_{h} で系から出なければならない．したがって，式 (7.13) のように，

$$\frac{Q_{\mathrm{h}}}{\tau_{\mathrm{h}}} = \sigma_{\mathrm{h}} \geq \sigma_{l} = \frac{Q_{l}}{\tau_{l}}$$

となる．ここで，等号は可逆動作の限界において成り立つ．この式から，

$$Q_{l} = \tau_{l}\sigma_{l} \leq \tau_{l}\sigma_{\mathrm{h}} = \frac{\tau_{l}}{\tau_{\mathrm{h}}}Q_{\mathrm{h}}$$

が導かれる．

以上から，熱ポンプを駆動するのに必要なエネルギー W は，

$$W = Q_{\mathrm{h}} - Q_{l} \geq \frac{\tau_{\mathrm{h}}-\tau_{l}}{\tau_{\mathrm{h}}}Q_{\mathrm{h}} = \eta_{\mathrm{C}}Q_{\mathrm{h}}$$

となる．可逆動作の限界で $W = \eta_{\mathrm{C}}Q_{\mathrm{h}}$ であり，不可逆動作時には $W > \eta_{\mathrm{C}}Q_{\mathrm{h}}$，すなわち，可逆動作時よりも大きな駆動エネルギーが必要である．

(b) カルノー機関によってつくり出される仕事 W_{C} は，式 (7.5) において，$\tau_{\mathrm{h}} \to \tau_{\mathrm{hh}}, Q_{\mathrm{h}} \to Q_{\mathrm{hh}}$ と置き換えたものになり，

$$W_{\mathrm{C}} = \frac{\tau_{\mathrm{hh}}-\tau_{l}}{\tau_{\mathrm{hh}}}Q_{\mathrm{hh}}$$

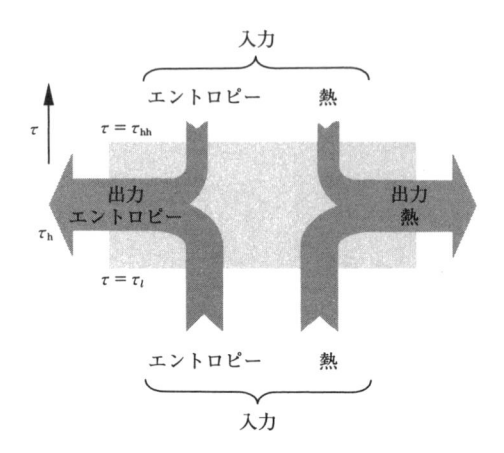

図 15 熱機関と熱ポンプとの結合系におけるエントロピーとエネルギーの流れ

と表される. これが, 可逆動作の限界値に等しいとすると,

$$\frac{\tau_{hh} - \tau_l}{\tau_{hh}} Q_{hh} = \frac{\tau_h - \tau_l}{\tau_h} Q_h$$

である. したがって, 次の結果が得られる.

$$\frac{Q_{hh}}{Q_h} = \frac{\tau_{hh}}{\tau_h} \frac{\tau_h - \tau_l}{\tau_{hh} - \tau_l} = \frac{T_{hh}}{T_h} \frac{T_h - T_l}{T_{hh} - T_l} = 0.18$$

(c) 図 15 に結果を示す.

7.2 吸収冷却機 (a) 問題 7.1(c) の結果と同じである.
(b) エネルギーとエントロピーがそれぞれ保存されるので, 図 15 から

$$Q_h = Q_{hh} + Q_l, \qquad \sigma_h = \frac{Q_h}{\tau_h} = \sigma_{hh} + \sigma_l = \frac{Q_{hh}}{\tau_{hh}} + \frac{Q_l}{\tau_l}$$

となる. これから, 次の結果が得られる.

$$\frac{Q_l}{Q_{hh}} = \frac{\tau_l}{\tau_{hh}} \frac{\tau_{hh} - \tau_h}{\tau_h - \tau_l}$$

7.3 光子のカルノー機関 図 7.4 を用いて考える.
(a) 式 (3.19) から

$$\sigma(\tau) = \frac{4\pi^2 V}{45} \left(\frac{\tau}{\hbar c}\right)^3$$

である．いま，$\sigma_2(\tau) = \sigma_3(\tau) = \sigma_\mathrm{H}$, $\sigma_1(\tau) = \sigma_4(\tau) = \sigma_\mathrm{L}$ だから，

$$V_2 \tau_\mathrm{h}{}^3 = V_3 \tau_l{}^3, \qquad V_3 = \left(\frac{\tau_\mathrm{h}}{\tau_l}\right)^3 V_2$$

$$V_1 \tau_\mathrm{h}{}^3 = V_4 \tau_l{}^3, \qquad V_4 = \left(\frac{\tau_\mathrm{h}}{\tau_l}\right)^3 V_1$$

となる．

(b) 最初の等温膨張中に取り出される熱 Q_h は，式 (7.1) を積分して，

$$Q_\mathrm{h} = Q_{1\to 2} = \tau_\mathrm{h} \int_{\sigma_\mathrm{L}}^{\sigma_\mathrm{H}} \mathrm{d}\sigma = \tau_\mathrm{h}(\sigma_\mathrm{H} - \sigma_\mathrm{L}) = \frac{4\pi^2 \tau_\mathrm{h}{}^4}{45\hbar^3 c^3}(V_2 - V_1)$$

となる．

最初の等温膨張中に気体に対してなされる仕事 $W_{1\to 2}$ は，式 (7.3) から

$$W_{1\to 2} = U_2 - U_1 - Q_{1\to 2}$$

となる．ここで，式 (3.15) から

$$U = \frac{\pi^2 V}{15\hbar^3 c^3} \tau^4$$

だから

$$U_2 - U_1 = \frac{\pi^2 \tau_\mathrm{h}{}^4}{15\hbar^3 c^3}(V_2 - V_1)$$

である．

したがって，$W_{1\to 2}$ は次のように表される．

$$W_{1\to 2} = -\frac{\pi^2 \tau_\mathrm{h}{}^4}{45\hbar^3 c^3}(V_2 - V_1) = -\frac{Q_\mathrm{h}}{4}$$

これから，最初の等温膨張中に気体によってなされる仕事 $W'_{1\to 2}$ は，

$$W'_{1\to 2} = -W_{1\to 2} = \frac{\pi^2 \tau_\mathrm{h}{}^4}{45\hbar^3 c^3}(V_2 - V_1) = \frac{Q_\mathrm{h}}{4}$$

となる．

(c) 二つの等エントロピー過程 $2 \to 3$ と $4 \to 1$ を考える．式 (7.3) において $\mathrm{d}\sigma = 0$ だから，$2 \to 3$ の過程で気体に対してなされる仕事 $W_{2\to 3}$ と $4 \to 1$ の過程で気体に対してなされる仕事 $W_{4\to 1}$ は，それぞれ次のようになる．

$$W_{2\to 3} = U_3 - U_2 = \frac{\pi^2}{15\hbar^3 c^3}(\tau_l{}^4 V_3 - \tau_\mathrm{h}{}^4 V_2) = \frac{\pi^2 \tau_\mathrm{h}{}^3}{15\hbar^3 c^3}(\tau_l - \tau_\mathrm{h})V_2$$

$$W_{4\to 1} = U_1 - U_4 = \frac{\pi^2}{15\hbar^3 c^3}(\tau_\mathrm{h}{}^4 V_1 - \tau_l{}^4 V_4) = \frac{\pi^2 \tau_\mathrm{h}{}^3}{15\hbar^3 c^3}(\tau_\mathrm{h} - \tau_l)V_1$$

なお，最後の等号のところで，問題 7.3(a) の結果を用いた．これらの式から，

$$W_{2\to 3} + W_{4\to 1} = \frac{\pi^2 \tau_{\rm h}^3}{15\hbar^3 c^3}(\tau_l - \tau_{\rm h})(V_2 - V_1) = \frac{3}{4}\frac{\tau_l - \tau_{\rm h}}{\tau_{\rm h}} Q_{\rm h} \neq 0$$

となり，理想気体とは違って，お互いに打ち消し合っていないことがわかる．

(d) $3 \to 4$ の過程で気体に対してなされる仕事 $W_{3\to 4}$ は，問題 7.3(a) と同様にして，

$$W_{3\to 4} = U_4 - U_3 - Q_{3\to 4}$$

である．ここで，

$$Q_{3\to 4} = \tau_l(\sigma_{\rm L} - \sigma_{\rm H}) = \frac{4\pi^2 \tau_l^4}{45\hbar^3 c^3}(V_4 - V_3)$$

$$U_4 - U_3 = \frac{\pi^2 \tau_l^4}{15\hbar^3 c^3}(V_4 - V_3)$$

だから

$$W_{3\to 4} = -\frac{\pi^2 \tau_l^4}{45\hbar^3 c^3}(V_4 - V_3) = \frac{\pi^2 \tau_{\rm h}^4}{45\hbar^3 c^3}\frac{\tau_l}{\tau_{\rm h}}(V_2 - V_1) = \frac{\tau_l}{\tau_{\rm h}}\frac{Q_{\rm h}}{4}$$

となる．ここで，問題 7.3(a) の結果を用いた．

したがって，1 サイクルの間に気体によってなされる全仕事 W は，

$$W = -(W_{1\to 2} + W_{2\to 3} + W_{3\to 4} + W_{4\to 1}) = \frac{\tau_{\rm h} - \tau_l}{\tau_{\rm h}} Q_{\rm h}$$

となる．これから，エネルギー変換効率 η は，

$$\eta = \frac{W}{Q_{\rm h}} = \frac{\tau_{\rm h} - \tau_l}{\tau_{\rm h}} = \eta_{\rm C}$$

となり，カルノー効率 $\eta_{\rm C}$ と一致する．

7.4 熱機関-冷却機の直列接続 熱機関については，式 (7.8) と式 (7.9) において，$l \to r$ と置換したものになるから，

$$Q_{\rm r} \geq Q_{\rm h}\frac{\tau_{\rm r}}{\tau_{\rm h}}$$

$$W_{\rm e} = Q_{\rm h} - Q_{\rm r} \leq \frac{\tau_{\rm h} - \tau_{\rm r}}{\tau_{\rm h}} Q_{\rm h}$$

である．

また，冷却機では，式 (7.14) と式 (7.15) において，h → l, l → r と置換したものになるから，

$$Q_l \geq Q_r \frac{\tau_l}{\tau_r}$$

$$W_r = Q_l - Q_r \geq \frac{\tau_l - \tau_r}{\tau_r} Q_r \geq \frac{\tau_l - \tau_r}{\tau_h} Q_h$$

である．なお，最後の不等号のところで，

$$Q_r \geq Q_h \frac{\tau_r}{\tau_h}$$

を用いた．

したがって，正味の仕事 W は，

$$W = W_e - W_r = Q_h - Q_l \leq \frac{\tau_h - \tau_l}{\tau_h} Q_h$$

となる．これは，式 (7.10) と同じであり，正味の変換効率は，熱機関と冷却機を直列接続しても大きくならない．

7.5 熱的な汚染 式 (7.8) において，$Q_l = 1500\,\mathrm{MW}$, $T_h = 500°\mathrm{C} = 773\,\mathrm{K}$, $T_l = 20°\mathrm{C} = 293\,\mathrm{K}$ だから，

$$Q_h \leq \frac{T_h}{T_l} Q_l = 3957\,\mathrm{MW}$$

となる．したがって，このプラントから取り出すことのできる電力 W は，

$$W = Q_h - Q_l \leq 2457\,\mathrm{MW}$$

となる．すなわち，最大電力 $W_{\max}$ は，$2457\,\mathrm{MW}$ である．

T_h がさらに $100°\mathrm{C}$ 上昇すると，$T_h = 873\,\mathrm{K}$ となるから，このとき $Q_h \leq 4469\,\mathrm{MW}$ である．したがって，最大電力 $W'_{\max}$ は，

$$W'_{\max} = 4469\,\mathrm{MW} - 1500\,\mathrm{MW} = 2969\,\mathrm{MW}$$

となる．

7.6 エアコンディショナー (a) 時間を t とすると，題意から

$$\frac{\mathrm{d}Q_l}{\mathrm{d}t} = A(T_h - T_l)$$

である．ここで，式 (7.11) を用いると，

$$P = \frac{\mathrm{d}W}{\mathrm{d}t} = \frac{T_h - T_l}{T_l} \frac{\mathrm{d}Q_l}{\mathrm{d}t} = \frac{A(T_h - T_l)^2}{T_l}$$

となる．これを書き換えると，
$$AT_l^2 - (2AT_h + P)T_l + AT_h^2 = 0$$
だから，この2次方程式の解として，
$$T_l = T_h + \frac{P}{2A} - \left[\left(T_h + \frac{P}{2A}\right)^2 - T_h^2\right]^{1/2}$$
が得られる．なお，ここで $T_h > T_l$ を用いた．

(b) 問題 7.6(a) から
$$A = \frac{T_l}{(T_h - T_l)^2} P = 1.45 \times 10^3 \, \text{W} \cdot \text{K}^{-1}$$
となる．

7.7 冷却機内の電球 式 (7.11) において，
$$W = \frac{T_h - T_l}{T_l} Q_l = Q_l$$
だから，
$$T_l = \frac{T_h}{2}$$
となる．したがって，室温を $T_h = 300\,\text{K}$ とすると，冷却機内の温度は，$T_l = 150\,\text{K}$ となり，室温よりも下がることがわかる．

7.8 地熱のエネルギー 式 (7.9) から
$$\text{d}W = \frac{T_h - T_l}{T_h} \text{d}Q_h = -MC \frac{T_h - T_l}{T_h} dT_h$$
となる．したがって，
$$W = -MC \int_{T_i}^{T_f} \frac{T_h - T_l}{T_h} dT_h = -MC \left[T_f - T_i - T_l \ln\left(\frac{T_f}{T_i}\right)\right]$$
が得られる．これに $M = 10^{14}\,\text{kg} = 10^{17}\,\text{g}$, $C = 1\,\text{J} \cdot \text{g}^{-1} \cdot \text{K}^{-1}$, $T_i = 600°\text{C} = 873\,\text{K}$, $T_f = 110°\text{C} = 383\,\text{K}$, $T_l = 20°\text{C} = 293\,\text{K}$ を代入すると，
$$W = 2.49 \times 10^{19}\,\text{J} = 6.91 \times 10^{12}\,\text{kW} \cdot \text{h}$$
となる．

7.9 非金属性の固体の $T=0$ までの冷却 題意から
$$đQ_l = -C\,dT_l = -aT_l^3\,dT_l$$
である．ここで，式 (7.11) を用いると，
$$đW = \frac{T_h - T_l}{T_l}đQ_l = -a(T_h - T_l)T_l^2\,dT_l$$
となる．したがって，冷却機が必要とする電気エネルギー W は，
$$W = -a\int_{T_i}^0 (T_h - T_l)T_l^2\,dT_l = \frac{a}{12}T_i^4$$
と表される．

7.10 フェルミ気体の非可逆膨張 (a) 粒子 1 個あたりの平均エネルギー $\langle\epsilon\rangle$ は膨張前後で変化しない．そして，この値は，式 (6.3) と式 (6.5) から，
$$\langle\epsilon\rangle = \frac{3}{5}\epsilon_F = \frac{3\hbar^2}{10M}\left(\frac{3\pi^2 N}{V_i}\right)^{2/3}$$
で与えられる．膨脹後の気体が理想気体としてふるまうためには，膨張後の濃度 n が $n \ll 2n_Q$ を満たす必要がある．このとき，
$$\langle\epsilon\rangle = \frac{3}{2}\tau$$
だから，
$$\tau = \frac{2}{5}\epsilon_F = \frac{\hbar^2}{5M}\left(\frac{3\pi^2 N}{V_i}\right)^{2/3}$$
となる．ここで式 (5.14) を用いると，
$$n = \frac{N}{V_f} \ll 2n_Q = 2\left(\frac{M\tau}{2\pi\hbar^2}\right)^{3/2} = \frac{3}{5}\left(\frac{\pi}{10}\right)^{1/2}\frac{N}{V_i}$$
だから
$$\frac{V_f}{V_i} \gg \frac{5}{3}\left(\frac{10}{\pi}\right)^{1/2} \simeq 3$$
が導かれる．
　(b) 求める温度 T_b は，上の式に数値を代入して，次のようになる．
$$T_b = \frac{\tau_b}{k_B} = 7800\,\text{K}$$
　(c) 求める温度 T_c は，上の式に数値を代入して，次のようになる．
$$T_c = \frac{\tau_c}{k_B} = 9.16 \times 10^5\,\text{K}$$

8 章

8.1 絶対零度付近での熱膨張 (a) 式 (8.7)–(8.9) から

$$\mu = \left(\frac{\partial G}{\partial N}\right)_{\tau,p}, \quad \sigma = -\left(\frac{\partial G}{\partial \tau}\right)_{N,p}, \quad V = \left(\frac{\partial G}{\partial p}\right)_{N,\tau}$$

である．したがって，次の関係が導かれる．

$$\left(\frac{\partial V}{\partial \tau}\right)_{p,N} = \left[\frac{\partial}{\partial \tau}\left(\frac{\partial G}{\partial p}\right)_{N,\tau}\right]_{p,N} = \left[\frac{\partial}{\partial p}\left(\frac{\partial G}{\partial \tau}\right)_{N,p}\right]_{\tau,N} = -\left(\frac{\partial \sigma}{\partial p}\right)_{\tau,N}$$

$$\left(\frac{\partial V}{\partial N}\right)_{p,\tau} = \left[\frac{\partial}{\partial N}\left(\frac{\partial G}{\partial p}\right)_{N,\tau}\right]_{p,\tau} = \left[\frac{\partial}{\partial p}\left(\frac{\partial G}{\partial N}\right)_{\tau,p}\right]_{N,\tau} = \left(\frac{\partial \mu}{\partial p}\right)_{N,\tau}$$

$$\left(\frac{\partial \mu}{\partial \tau}\right)_{N,p} = \left[\frac{\partial}{\partial \tau}\left(\frac{\partial G}{\partial N}\right)_{\tau,p}\right]_{N,p} = \left[\frac{\partial}{\partial N}\left(\frac{\partial G}{\partial \tau}\right)_{N,p}\right]_{\tau,p} = -\left(\frac{\partial \sigma}{\partial N}\right)_{\tau,p}$$

(b) 式 (8.21) を式 (8.24) に代入すると，

$$\alpha = \frac{1}{V}\left(\frac{\partial V}{\partial \tau}\right)_p = -\frac{1}{V}\left(\frac{\partial \sigma}{\partial p}\right)_\tau$$

となる．熱力学の第 3 法則によると，$\tau \to 0$ のとき，σ は一定値に近づく．この結果，

$$\left(\frac{\partial \sigma}{\partial p}\right)_\tau \to 0$$

となる．したがって，$\tau \to 0$ のとき，α は 0 に近づく．

8.2 水素の熱解離 (a) 反応 $e + H^+ \rightleftarrows H$ に対して，

$$\nu(e) = 1, \quad \nu(H^+) = 1, \quad \nu(H) = -1$$

である．スピンを無視すると，電子も陽子も内部自由エネルギーをもたない．したがって，式 (8.20) から

$$K(\tau) = \frac{n_Q(e)n_Q(H^+)}{n_Q(H)}\exp\left[\frac{F_{\text{int}}(H)}{\tau}\right]$$

$$\cong n_Q(e)\exp\left[\frac{F_{\text{int}}(H)}{\tau}\right]$$

となる．ここで，H^+ と H の質量がほぼ等しいから，

$$n_Q(H^+) \cong n_Q(H)$$

となることを利用した．

イオン化エネルギーを I とすると，

$$F_{\mathrm{int}}(\mathrm{H}) = -I$$

だから

$$K(\tau) = \frac{[\mathrm{e}][\mathrm{H}^+]}{[\mathrm{H}]} \cong n_{\mathrm{Q}}(\mathrm{e}) \exp\left(-\frac{I}{\tau}\right)$$

となる．

ここでは，スピンを無視したが，スピンを考慮しても，同じ結果が得られる．この理由をこれから説明しよう．電子のスピンを考慮した場合，

$$F_{\mathrm{int}}(\mathrm{e}) = -\tau \ln 2, \qquad F_{\mathrm{int}}(\mathrm{H}^+) = 0, \qquad F_{\mathrm{int}}(\mathrm{H}) = -\tau \ln 2 - I$$

であるが，

$$\nu(\mathrm{e}) = 1, \qquad \nu(\mathrm{H}^+) = 1, \qquad \nu(\mathrm{H}) = -1$$

だから，お互いに打ち消し合う．したがって，スピンを無視したときの結果と等しくなる．

さて，すべての電子と陽子が，水素原子のイオン化により生じていれば，陽子の濃度は電子の濃度に等しい．そして，電子濃度は，次式で与えられる．

$$[\mathrm{e}] = [\mathrm{H}]^{1/2} n_{\mathrm{Q}}^{1/2} \exp\left(-\frac{I}{2\tau}\right)$$

ここで，指数関数の指数部が $\frac{1}{2}I$ であって，I ではないことに注意してほしい．これは，この因子が，単なるボルツマン因子ではないことを示している．

(b) スピンを考慮しなければ，第 1 励起電子状態は 4 重に縮退している．したがって，第 1 励起電子状態の濃度 [H(exc)] は，

$$[\mathrm{H(exc)}] = 4[\mathrm{H}] \exp\left(-\frac{3}{4}\frac{I}{\tau}\right) = 2.04 \times 10^{13} \,\mathrm{cm}^{-3}$$

となる．

また，

$$n_{\mathrm{Q}} \equiv \left(\frac{m\tau}{2\pi\hbar^2}\right)^{3/2} = 8.64 \times 10^{20} \,\mathrm{cm}^{-3}$$

だから，これを問題 8.2(a) の結果に代入して，

$$[\mathrm{e}] = [\mathrm{H}]^{1/2} n_{\mathrm{Q}}^{1/2} \exp\left(-\frac{I}{2\tau}\right) = 1.28 \times 10^{15} \,\mathrm{cm}^{-3}$$

となる．

8.3 半導体におけるドナー不純物のイオン化 中性ドナー濃度を n_d, イオン化したドナー濃度を $n_\mathrm{d}{}^+$, 電子の濃度を n_e とすると, 式 (8.25) と同様にして

$$\frac{n_\mathrm{e} n_\mathrm{d}{}^+}{n_\mathrm{d}} = n_\mathrm{Q}(\mathrm{Si}) \exp\left(-\frac{I_\mathrm{d}}{\tau}\right)$$

となる. ここで, $n_\mathrm{Q}(\mathrm{Si})$ はシリコン結晶中の電子の量子濃度, I_d はドナーのイオン化エネルギーである.

$n_\mathrm{Q}(\mathrm{Si})$ は, 電子の質量 m を有効質量 m^* で置き換えて,

$$n_\mathrm{Q}(\mathrm{Si}) = \left(\frac{m^* \tau}{2\pi \hbar^2}\right)^{3/2}$$

となる. また, 水素原子のイオン化エネルギー I は,

$$I = \frac{me^4}{2\hbar^2} \quad (\mathrm{CGS}), \qquad I = \frac{me^4}{2(4\pi\varepsilon_0 \hbar)^2} \quad (\mathrm{SI})$$

だから, ドナーのイオン化エネルギー I_d は, 電子の質量 m を有効質量 m^* に, また e^2 を e^2/ε に置き換えて

$$I_\mathrm{d} = \frac{m^* e^4}{2\varepsilon^2 \hbar^2} \quad (\mathrm{CGS}), \qquad I_\mathrm{d} = \frac{m^* e^4}{2(4\pi\varepsilon\varepsilon_0 \hbar)^2} \quad (\mathrm{SI})$$

となる. ここで, ε_0 は真空の誘電率, ε は半導体の (比) 誘電率である.

ドーピング濃度を n_d0 とし, $n_\mathrm{e} = n_\mathrm{d}{}^+$ とおくと,

$$n_\mathrm{d} = n_\mathrm{d0} - n_\mathrm{d}{}^+ = n_\mathrm{d0} - n_\mathrm{e}$$

だから

$$n_\mathrm{e}{}^2 = (n_\mathrm{d0} - n_\mathrm{e}) n_\mathrm{Q}(\mathrm{Si}) \exp\left(-\frac{I_\mathrm{d}}{\tau}\right)$$

となる. したがって,

$$\begin{aligned} n_\mathrm{e} &= -\frac{1}{2} n_\mathrm{Q}(\mathrm{Si}) \exp\left(-\frac{I_\mathrm{d}}{\tau}\right) \\ &\quad + \frac{1}{2} \left[n_\mathrm{Q}{}^2(\mathrm{Si}) \exp\left(-\frac{2I_\mathrm{d}}{\tau}\right) + 4 n_\mathrm{d0} n_\mathrm{Q}(\mathrm{Si}) \exp\left(-\frac{I_\mathrm{d}}{\tau}\right)\right]^{1/2} \\ &= 2.72 \times 10^{16} \,\mathrm{cm}^{-3} \end{aligned}$$

となる.

8.4 生物重合体の成長 (a) 平衡定数 K_N は，次のように表される．

$$K_1 = \frac{[1]^2}{[2]}, \quad K_2 = \frac{[1][2]}{[3]}, \quad K_3 = \frac{[1][3]}{[4]}, \quad \cdots$$

したがって，次の関係が導かれる．

$$K_1 K_2 K_3 \cdots K_N = \frac{[1]^{N+1}}{[N+1]}, \quad [N+1] = \frac{[1]^{N+1}}{K_1 K_2 K_3 \cdots K_N}$$

(b) 式 (8.20) において $\nu_1 = 1, \nu_N = 1, \nu_{N+1} = -1$ だから，

$$K_N = \frac{n_Q(N) n_Q(1)}{n_Q(N+1)} \exp\left(\frac{F_{N+1} - F_N - F_1}{\tau}\right)$$

となる．ただし，

$$n_Q(N) = \left(\frac{M_N \tau}{2\pi\hbar^2}\right)^{3/2}$$

であり，M_N は N 個の単量体から構成される重合体分子の質量，F_N はこの重合体分子に対するヘルムホルツの自由エネルギーである．

(c) 式 (8.27) から

$$K_N \simeq n_Q(1) = \left(\frac{M_N \tau}{2\pi\hbar^2}\right)^{3/2}$$

となる．また，式 (8.26) から

$$[N+1] = \frac{[1]^{N+1}}{K_1 K_2 K_3 \cdots K_N}, \quad [N] = \frac{[1]^N}{K_1 K_2 K_3 \cdots K_{N-1}}$$

だから

$$\frac{[N+1]}{[N]} = \frac{[1]}{K_N} \simeq \frac{[1]}{n_Q(1)} = 3.70 \times 10^{-8}$$

となる．

(d) 大きな重合体を得るためには，$[N+1] \geq [N]$ となる必要がある．したがって，問題 8.4(c) の結果から

$$K_N \simeq n_Q(1) \exp\left(\frac{\Delta F}{\tau}\right) \leq [1]$$

が必要な条件である．したがって，

$$\Delta F \leq \tau \ln\left(\frac{[1]}{n_Q(1)}\right) = -0.43\,\mathrm{eV}$$

となる．

8.5 粒子-反粒子間の平衡 (a) 粒子のスピンを無視すると，内部自由エネルギーはゼロである．したがって，式 (8.20) から

$$K(\tau) = n_Q(\mathrm{A}^+) n_Q(\mathrm{A}^-) \exp\left(-\frac{\Delta}{\tau}\right) = n^+ n^-$$

となる．ただし，

$$n_Q(\mathrm{A}^+) = n_Q(\mathrm{A}^-) = n_Q = \left(\frac{M\tau}{2\pi\hbar^2}\right)^{3/2}$$

である．以上から，$n = n^+ = n^-$ のとき，

$$n = \left(\frac{M\tau}{2\pi\hbar^2}\right)^{3/2} \exp\left(-\frac{\Delta}{2\tau}\right)$$

となる．
 (b) 問題 8.5(a) の結果に数値を代入して

$$n = 5.76 \times 10^{14}\,\mathrm{cm}^{-3}$$

となる．
 (c) それぞれの粒子の内部自由エネルギーは，$-\tau \ln 2$ である．したがって，

$$K(\tau) = n_Q{}^2 \exp\left(\frac{2\tau \ln 2 - \Delta}{\tau}\right) = n^+ n^- = n^2$$

となる．これから

$$n = n_Q \exp\left(\ln 2 - \frac{\Delta}{2\tau}\right) = 2 n_Q \exp\left(-\frac{\Delta}{2\tau}\right)$$

となる．

9 章

9.1 ファン・デル・ワールス気体 (a) 式 (5.14) から

$$n_Q = \left(\frac{M\tau}{2\pi\hbar^2}\right)^{3/2}$$

であり，また式 (9.22) から

$$F = -N\tau \left[\ln\left(\frac{n_Q(V-Nb)}{N}\right) + 1\right] - \frac{N^2 a}{V}$$

である．これらを式 (2.26) に代入すると，次の結果が得られる．

$$\sigma = -\left(\frac{\partial F}{\partial \tau}\right)_V = N\left[\ln\left(\frac{n_Q(V-Nb)}{N}\right)+1\right]+\frac{3}{2}N$$
$$= N\left[\ln\left(\frac{n_Q(V-Nb)}{N}\right)+\frac{5}{2}\right]$$

(b) 問題 9.1(a) の結果と式 (2.24) から，次の結果が得られる．

$$U = F + \tau\sigma = \frac{3}{2}N\tau - \frac{N^2 a}{V}$$

(c) 式 (9.23) から

$$pV = \left(\frac{N\tau}{V-Nb}-\frac{N^2 a}{V^2}\right)V = \frac{N\tau}{1-\frac{Nb}{V}}-\frac{N^2 a}{V}$$
$$\simeq N\tau\left(1+\frac{Nb}{V}\right)-\frac{N^2 a}{V} = N\tau + \frac{N^2 b\tau}{V} - \frac{N^2 a}{V}$$

となる．これと問題 9.1(b) の結果から，

$$H(\tau, V) = U + pV = \frac{5}{2}N\tau + \frac{N^2 b\tau}{V} - \frac{2N^2 a}{V}$$

が得られる．

ここで，$pV \simeq N\tau$ を利用すると，

$$\frac{1}{V} \simeq \frac{p}{N\tau}$$

だから，これを上の式に代入すると

$$H(\tau, p) = \frac{5}{2}N\tau + Nbp - \frac{2Nap}{\tau}$$

となる．

9.2 水に対する $\mathrm{d}T/\mathrm{d}p$ 式 (9.14) から

$$\frac{\mathrm{d}T}{\mathrm{d}p} = \frac{1}{k_\mathrm{B}}\frac{\mathrm{d}\tau}{\mathrm{d}p} = \frac{k_\mathrm{B}T^2}{pL}$$

となる．ここで，

$$k_\mathrm{B} = 1.38\times 10^{-23}\,\mathrm{J\cdot K^{-1}}, \qquad T = 100°\mathrm{C} = 373\,\mathrm{K}, \qquad p = 1\,\mathrm{atm}$$

であり，水分子 1 個あたりの潜熱 L は，

$$L = 2260\,\text{J} \cdot \text{g}^{-1} \times \frac{18\,\text{g}}{6.02 \times 10^{23}} = 6.76 \times 10^{-20}\,\text{J}$$

だから，次の結果が得られる．

$$\frac{\mathrm{d}T}{\mathrm{d}p} = 28.4\,\text{K/atm}$$

9.3 氷の気化熱 式 (9.17) に数値を代入すると，

$$3.88\,\text{mm Hg} = p_0 \exp\left(-\frac{L_0}{271R}\right)$$
$$4.58\,\text{mm Hg} = p_0 \exp\left(-\frac{L_0}{273R}\right)$$

である．これから

$$\frac{3.88\,\text{mm Hg}}{4.58\,\text{mm Hg}} = \exp\left(-\frac{L_0}{271R} + \frac{L_0}{273R}\right)$$

となる．ここで，$R = 8.31\,\text{J} \cdot \text{mol}^{-1} \cdot \text{K}^{-1}$ を用いると，

$$L_0 = 5.11 \times 10^4\,\text{J} \cdot \text{mol}^{-1}$$

が得られる．

9.4 気体−固体の平衡 (1) (a) 固体の分配関数 Z_s は，

$$Z_\text{s} = \sum_{n_x} \sum_{n_y} \sum_{n_z} \exp\left[-\frac{(n_x + n_y + n_z)\hbar\omega - \epsilon_0}{\tau}\right]$$
$$= \exp\left(\frac{\epsilon_0}{\tau}\right)\left[\sum_n \exp\left(-\frac{n\hbar\omega}{\tau}\right)\right]^3 = \frac{\exp(\epsilon_0/\tau)}{[1 - \exp(-\hbar\omega/\tau)]^3}$$

と表される．固体の自由エネルギー F_s は，

$$F_\text{s} = -\tau \ln Z_\text{s}$$

であり，原子 1 個あたりのギブスの自由エネルギー G_s は，

$$G_\text{s} = F_\text{s} + pv_\text{s} = \mu_\text{s}$$

で与えられる．固体の化学ポテンシャル μ_s の中で pv_s の寄与は小さいから，固体の絶対活動度 λ_s は，

$$\lambda_s \equiv \exp\left(\frac{\mu_s}{\tau}\right) \simeq \exp\left(\frac{F_s}{\tau}\right) = \exp(-\ln Z_s)$$
$$= \frac{1}{Z_s} = \exp\left(-\frac{\epsilon_0}{\tau}\right)\left[1 - \exp\left(-\frac{\hbar\omega}{\tau}\right)\right]^3$$

となる．
一方，気体の絶対活動度 λ_g は，

$$\lambda_g = \frac{n}{n_Q} = \frac{p}{\tau n_Q} = \frac{p}{\tau}\left(\frac{2\pi\hbar^2}{M\tau}\right)^{3/2}$$

であり，平衡状態では $\lambda_s = \lambda_g$ だから，蒸気圧 p は，

$$p = \tau\left(\frac{M\tau}{2\pi\hbar^2}\right)^{3/2}\exp\left(-\frac{\epsilon_0}{\tau}\right)\left[1 - \exp\left(-\frac{\hbar\omega}{\tau}\right)\right]^3$$

となる．$\tau \gg \hbar\omega$ のとき

$$\left[1 - \exp\left(-\frac{\hbar\omega}{\tau}\right)\right]^3 \cong \left[1 - \left(1 - \frac{\hbar\omega}{\tau}\right)\right]^3 = \left(\frac{\hbar\omega}{\tau}\right)^3$$

だから，次の結果が得られる．

$$p \cong \left(\frac{M}{2\pi}\right)^{3/2}\frac{\omega^3}{\tau^{1/2}}\exp\left(-\frac{\epsilon_0}{\tau}\right)$$

(b) 問題 9.4(a) の結果から，

$$\ln p = -\frac{1}{2}\ln\tau - \frac{\epsilon_0}{\tau} + \text{constant}$$

である．これを式 (9.14) に代入すると，原子1個あたりの潜熱 L は，

$$L = \tau^2\frac{d}{d\tau}\ln p = \epsilon_0 - \frac{1}{2}\tau$$

となる．

9.5 気体-固体の平衡 (2) (a) 固体に対するヘルムホルツの自由エネルギー F_s は，

$$F_s = U_s - \tau\sigma_s$$

であり，いま
$$\sigma_s = 0, \qquad U_s = -N_s \epsilon_0$$
だから
$$F_s = -N_s \epsilon_0$$
となる．一方，気体に対するヘルムホルツの自由エネルギー F_g は，式 (5.20) から
$$F_g = N_g \tau \left[\ln \left(\frac{N_g}{n_Q V} \right) - 1 \right]$$
である．したがって，次の結果が得られる．
$$F = F_s + F_g = -N_s \epsilon_0 + N_g \tau \left[\ln \left(\frac{N_g}{n_Q V} \right) - 1 \right]$$

(b) 原子の総数 $N = N_s + N_g$ が一定だから，問題 9.5(a) の結果は，
$$F = -(N - N_g)\epsilon_0 + N_g \tau \left[\ln \left(\frac{N_g}{n_Q V} \right) - 1 \right]$$
と表される．N_g に対して自由エネルギーが最小となる条件は，
$$\frac{\partial F}{\partial N_g} = \epsilon_0 + \tau \ln \left(\frac{N_g}{n_Q V} \right) = 0$$
であり，このとき
$$N_g = n_Q V \exp \left(-\frac{\epsilon_0}{\tau} \right)$$
となる．これを上の式に代入すると，自由エネルギーの最小値 $F_{\min}$ は，
$$F_{\min} = -N \epsilon_0 - \tau n_Q V \exp \left(-\frac{\epsilon_0}{\tau} \right)$$
で与えられる．

(c) 問題 9.5(b) の結果を式 (2.26) に代入すると，次の結果が得られる．
$$p = -\left(\frac{\partial F}{\partial V} \right)_\tau = \tau n_Q \exp \left(-\frac{\epsilon_0}{\tau} \right)$$

9.6 超伝導状態への転移 (1) (a) 超伝導状態と常伝導状態の自由エネルギーをそれぞれ $F_S(\tau)$, $F_N(\tau)$ とすると,

$$\frac{F_N(\tau) - F_S(\tau)}{V} = \frac{B_c{}^2(\tau)}{2\mu_0}$$

である. これを τ で偏微分すると,

$$\frac{1}{V}\left[\left(\frac{\partial F_N}{\partial \tau}\right)_V - \left(\frac{\partial F_S}{\partial \tau}\right)_V\right] = \frac{B_c}{\mu_0}\frac{\partial B_c}{\partial \tau}$$

となる. 式 (2.26) から

$$\sigma = -\left(\frac{\partial F}{\partial \tau}\right)_V$$

だから, 上の式は

$$\frac{\sigma_S - \sigma_N}{V} = \frac{1}{2\mu_0}\frac{\mathrm{d}}{\mathrm{d}\tau}B_c{}^2 = \frac{B_c}{\mu_0}\frac{\mathrm{d}B_c}{\mathrm{d}\tau}$$

と書き換えられる. ただし, B_c は τ のみの関数だから,

$$\frac{\partial B_c}{\partial \tau} = \frac{\mathrm{d}B_c}{\mathrm{d}\tau}$$

である. 温度が高くなると B_c が減少するから, この右辺は負である. すなわち, 超伝導状態の相では, 常伝導相よりもエントロピーは低い. したがって, 超伝導相は常伝導相よりも秩序だっているということができる.

また, $\tau \to 0$ のとき, $\sigma_S \to 0$, $\sigma_N \to 0$ なので, 上の式から

$$\left[\frac{\mathrm{d}B_c}{\mathrm{d}\tau}\right]_{\tau=0} = 0$$

となる.

(b) 三つの結果それぞれについて, 以下で説明する.
1. $\tau = \tau_c$ では, 超伝導状態と常伝導状態は, 平衡状態にある. したがって,

$$F_S(\tau_c) = F_N(\tau_c)$$

が成り立つ. また, 式 (2.26) と $\sigma_S = \sigma_N$ から,

$$\left[\frac{\partial F_S}{\partial \tau}\right]_{\tau=\tau_c} = \left[\frac{\partial F_N}{\partial \tau}\right]_{\tau=\tau_c}$$

である. 以上から $\tau = \tau_c$ において F_S と F_N は交わるのではなく, 一体となることがわかる.

2. 式 (2.24) から
$$U = F + \tau\sigma$$
である. したがって,
$$U_\mathrm{S}(\tau_\mathrm{c}) = F_\mathrm{S}(\tau_\mathrm{c}) + \tau_\mathrm{c}\sigma_\mathrm{S}(\tau_\mathrm{c}), \quad U_\mathrm{N}(\tau_\mathrm{c}) = F_\mathrm{N}(\tau_\mathrm{c}) + \tau_\mathrm{c}\sigma_\mathrm{N}(\tau_\mathrm{c})$$
と表される. いま,
$$F_\mathrm{S}(\tau_\mathrm{c}) = F_\mathrm{N}(\tau_\mathrm{c}), \qquad \sigma_\mathrm{S}(\tau_\mathrm{c}) = \sigma_\mathrm{N}(\tau_\mathrm{c})$$
だから, 次式が成り立つ.
$$U_\mathrm{S}(\tau_\mathrm{c}) = U_\mathrm{N}(\tau_\mathrm{c})$$

3. 転移の潜熱 L は, 式 (9.10) のように
$$L = \tau(\sigma_\mathrm{N} - \sigma_\mathrm{S})$$
と表される. $\tau = \tau_\mathrm{c}$ では $\sigma_\mathrm{S} = \sigma_\mathrm{N}$ だから, $L = 0$ となる. すなわち, このとき, 転移と関係のある潜熱は存在しない. 一方, $\tau < \tau_\mathrm{c}$ において, 磁場の中で超伝導状態から常伝導状態への転移が生じるとき, 単位体積あたりの潜熱 L_V は,
$$L_V = \frac{\tau(\sigma_\mathrm{N} - \sigma_\mathrm{S})}{V} = -\tau \frac{B_\mathrm{c}}{\mu_0} \frac{\mathrm{d}B_\mathrm{c}}{\mathrm{d}\tau} > 0$$
となる. ここで, 式 (9.25) を用いた.

(c) 式 (2.11) から
$$C_V \equiv \tau \left(\frac{\partial \sigma}{\partial \tau}\right)_V$$
である. したがって, 単位体積あたりの熱容量 C_S と C_N の差 ΔC は,
$$\Delta C = C_\mathrm{S} - C_\mathrm{N} = \frac{\tau}{V}\left(\frac{\partial \sigma_\mathrm{S}}{\partial \tau}\right)_V - \frac{\tau}{V}\left(\frac{\partial \sigma_\mathrm{N}}{\partial \tau}\right)_V = \frac{\tau}{2\mu_0} \frac{\mathrm{d}^2}{\mathrm{d}\tau^2} B_\mathrm{c}^2$$
と表される. ここで, 式 (9.25) を用いた.

$\tau \ll \tau_\mathrm{c}$ の場合,
$$\Delta C \simeq -C_\mathrm{N} = -\gamma\tau$$
である. したがって,
$$\gamma = -\frac{1}{2\mu_0}\left[\frac{\mathrm{d}^2}{\mathrm{d}\tau^2} B_\mathrm{c}^2\right]_{\tau=0} = -\left[\frac{1}{\mu_0}\frac{\mathrm{d}}{\mathrm{d}\tau}\left(B_\mathrm{c}\frac{\mathrm{d}B_\mathrm{c}}{\mathrm{d}\tau}\right)\right]_{\tau=0}$$
$$= -\frac{1}{\mu_0}\left[\left(\frac{\mathrm{d}B_\mathrm{c}}{\mathrm{d}\tau}\right)^2 + B_\mathrm{c}\frac{\mathrm{d}^2 B_\mathrm{c}}{\mathrm{d}\tau^2}\right]_{\tau=0} = -\frac{1}{\mu_0} B_\mathrm{c}\left[\frac{\mathrm{d}^2 B_\mathrm{c}}{\mathrm{d}\tau^2}\right]_{\tau=0}$$
となる. ここで, 問題 9.6(a) の結果を用いた.

9.7 超伝導状態への転移 (2) 式 (9.27) に式 (9.28) を代入すると,

$$\gamma = \frac{2B_{c0}{}^2}{\mu_0 \tau_c{}^2}$$

となるから,C_N は

$$C_N = \gamma\tau = \frac{2B_{c0}{}^2}{\mu_0 \tau_c}\left(\frac{\tau}{\tau_c}\right)$$

と表される.この結果を式 (9.26) に代入すると,C_S は

$$C_S = C_N + \frac{\tau}{2\mu_0}\frac{\mathrm{d}^2}{\mathrm{d}\tau^2}B_c{}^2 = \frac{6B_{c0}{}^2}{\mu_0 \tau_c}\left(\frac{\tau}{\tau_c}\right)^3$$

となる.以上から,次の関係が得られる.

$$\frac{C_S(\tau_c)}{C_N(\tau_c)} = 3$$

また,

$$C_S = \frac{\tau}{V}\left(\frac{\partial \sigma_S}{\partial \tau}\right)_V, \qquad C_N = \frac{\tau}{V}\left(\frac{\partial \sigma_N}{\partial \tau}\right)_V$$

であり,$\tau \to 0$ のとき,$\sigma_S \to 0$,$\sigma_N \to 0$ だから,

$$\sigma_S = V\int_0^\tau \frac{C_S}{\tau}\mathrm{d}\tau = \frac{2B_{c0}{}^2 V}{\mu_0 \tau_c}\left(\frac{\tau}{\tau_c}\right)^3$$

$$\sigma_N = V\int_0^\tau \frac{C_N}{\tau}\mathrm{d}\tau = \frac{2B_{c0}{}^2 V}{\mu_0 \tau_c}\left(\frac{\tau}{\tau_c}\right)$$

が導かれる.

この結果から,単位体積あたりの潜熱 L_V は,

$$L_V = \frac{\tau(\sigma_N - \sigma_S)}{V} = \frac{2B_{c0}{}^2}{\mu_0}\left(\frac{\tau}{\tau_c}\right)^2\left[1 - \left(\frac{\tau}{\tau_c}\right)^2\right]$$

となる.

以上の結果を図 16 に示す.

9.8 1 次の結晶変態 (a) 式 (3.32) と式 (3.33) から,フォノンのエネルギー $U(\tau)$ と熱容量 C_V は,

$$U(\tau) \simeq \frac{3\pi^4 N \tau^4}{5(k_B \theta)^3}, \qquad C_V = \left(\frac{\partial U}{\partial \tau}\right)_V = \frac{12\pi^4 N}{5}\left(\frac{\tau}{k_B \theta}\right)^3$$

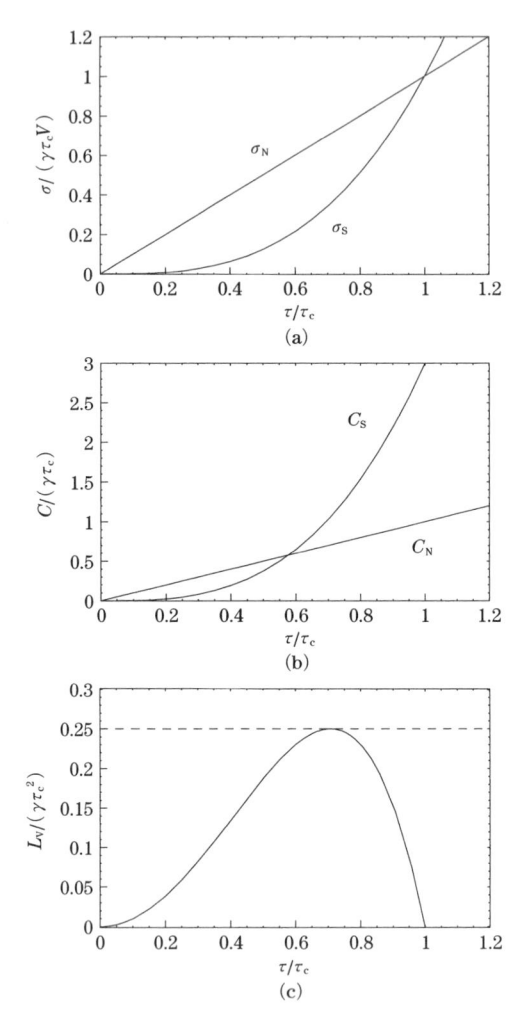

図 16　超伝導状態と常伝導状態におけるエントロピー σ, 単位体積あたりの熱容量 C, 潜熱 $L_V = \tau(\sigma_N - \sigma_S)/V$ を τ/τ_c の関数として示す.

で与えられる. ここで, デバイ温度 θ は, 式 (3.30) に示したように, 次式で定義されている.

$$\theta = \frac{\hbar v}{k_B}\left(\frac{6\pi^2 N}{V}\right)^{1/3}$$

式 (2.11) から
$$C_V \equiv \tau \left(\frac{\partial \sigma}{\partial \tau}\right)_V$$
だから
$$\sigma = \int_0^\tau \frac{C_V}{\tau} \, d\tau = \frac{4\pi^4 N}{5} \left(\frac{\tau}{k_B \theta}\right)^3 = \frac{2\pi^2 V \tau^3}{15 \hbar^3 v^3}$$
となる．したがって，自由エネルギー密度 F/V は，これらを式 (2.24) に代入して，
$$\frac{F}{V} = \frac{U - \tau \sigma}{V} = -\frac{\pi^4 N \tau^4}{5(k_B \theta)^3 V} = -\frac{\pi^2 \tau^4}{30 \hbar^3 v^3}$$
と表される．

(b) 問題 9.8(a) の結果から
$$\frac{F_\alpha}{V_\alpha} = -\frac{\pi^2 \tau^4}{30 \hbar^3 v_\alpha^3} + U_\alpha(0), \quad \frac{F_\beta}{V_\beta} = -\frac{\pi^2 \tau^4}{30 \hbar^3 v_\beta^3} + U_\beta(0)$$
とおくことができる．ただし，$U_\alpha(0)$ と $U_\beta(0)$ は，$\tau = 0$ におけるエネルギー密度である．

$\tau = \tau_c$ では
$$\frac{F_\alpha}{V_\alpha} = \frac{F_\beta}{V_\beta}$$
だから
$$-\frac{\pi^2 \tau_c^4}{30 \hbar^3 v_\alpha^3} + U_\alpha(0) = -\frac{\pi^2 \tau_c^4}{30 \hbar^3 v_\beta^3} + U_\beta(0)$$
が成り立つ．したがって，次の結果が得られる．
$$\tau_c^4 = \frac{30 \hbar^3}{\pi^2} [U_\beta(0) - U_\alpha(0)] \left(\frac{1}{v_\beta^3} - \frac{1}{v_\alpha^3}\right)^{-1}$$

(c) 問題 9.8(a) の結果から，単位体積あたりの潜熱 L_V は，
$$L_V = \frac{\tau(\sigma_\beta - \sigma_\alpha)}{V} = \frac{2\pi^2 \tau^4}{15 \hbar^3} \left(\frac{1}{v_\beta^3} - \frac{1}{v_\alpha^3}\right)$$
となる．したがって，次の結果が得られる．
$$L_V(\tau_c) = \frac{2\pi^2 \tau_c^4}{15 \hbar^3} \left(\frac{1}{v_\beta^3} - \frac{1}{v_\alpha^3}\right) = 4[U_\beta(0) - U_\alpha(0)]$$
ここで，問題 9.8(b) の結果を用いた．

10 章

10.1 2相平衡における化学ポテンシャル 二つの原子 A と B の化学ポテンシャル μ_A と μ_B は，式 (4.6) から

$$\mu_A = \left(\frac{\partial F}{\partial N_A}\right)_{N_B}, \quad \mu_B = \left(\frac{\partial F}{\partial N_B}\right)_{N_A}$$

で与えられる．ここで，N_A と N_B は，それぞれ原子 A, B の数である．

全原子数を N とすると，この混合物の自由エネルギー $F(x)$ は，式 (10.1)–(10.3) から，

$$F(x) = Nf(x) = (N_A + N_B)f(x), \quad x = \frac{N_B}{N} = 1 - \frac{N_A}{N}$$

である．また，次の関係が成り立つ．

$$\left(\frac{\partial x}{\partial N_A}\right)_{N_B} = -\frac{x}{N}, \quad \left(\frac{\partial x}{\partial N_B}\right)_{N_A} = \frac{1-x}{N}$$

したがって，これらを上の式に代入すると，

$$\mu_A = f(x) + N\frac{\partial f}{\partial x}\left(\frac{\partial x}{\partial N_A}\right)_{N_B} = f(x) - xf'(x)$$

$$\mu_B = f(x) + N\frac{\partial f}{\partial x}\left(\frac{\partial x}{\partial N_B}\right)_{N_A} = f(x) + (1-x)f'(x)$$

が導かれる．この式は μ_A と μ_B が，図 10.1 の $x=0$ と $x=1$ を通る鉛直軸と，図の中の 2 点の共通接線との交点で与えられることを示している．

10.2 不純物の析出係数 $x \ll 1$ のとき，$\ln(1-x) \simeq -x$ だから，

$$(1-x)\ln(1-x) \simeq -x + x^2 \simeq -x$$

となる．したがって，式 (10.5) から，混合のエントロピー σ_M は，

$$\sigma_M = N(x - x\ln x)$$

と表され，原子 1 個あたりの自由エネルギー $f(x)$ は，

$$f(x) = f_0(x) - \frac{\tau\sigma_M}{N} = f_0(0) + xf_0'(0) - \tau(x - x\ln x)$$

となる．これを x で微分すると，

$$f'(x) = f_0'(0) + \tau\ln x$$

が導かれる．この式が液相と固相の両方に対して成り立つから，液相と固相が平衡状態にあるときは，

$$f_L{'}(x_L) = f_S{'}(x_S)$$

すなわち

$$f_{0L}{'}(0) + \tau \ln x_L = f_{0S}{'}(0) + \tau \ln x_S$$

となる．これは

$$f_{0L}{'}(0) - f_{0S}{'}(0) = \tau \ln\left(\frac{x_S}{x_L}\right) = \tau \ln k$$

と書き換えられるから，析出係数 k は，

$$k = \exp\left[-\frac{f_{0S}{'}(0) - f_{0L}{'}(0)}{\tau}\right]$$

と表される．$f_{0S}{'} - f_{0L}{'} = 1\,\mathrm{eV}$, $T = 1000\,\mathrm{K}$ のとき，

$$k = 9.22 \times 10^{-6}$$

となる．

多くの系に対して $k \ll 1$ であるが，その場合，融解と部分的再凝固により融解物中の僅少部分を除去し，物質の純度を上げることができる．この原理は，半導体のゾーン精製法 (zone refining) のように，物質の純化に幅広く利用されている．

10.3 2元合金の凝固領域 液体の中の極微量の残留物が固化するとき，この残留物から形成される固体は，この残留物と同じ組成になるはずである．しかし，同時にこれらの組成は平衡状態にある．したがって，この現象は固体と液体の曲線が一致する点，すなわち $x = 0$, $\tau = \tau_A$ でのみ生じる．

10.4 シリコン中への金の合金化 (a) 蒸着した Au の層厚を t_{Au}, 融解した Si の層厚を t_{Si} とすると，Au, Si それぞれの単位面積あたりのモル数 n_{Au}, n_{Si} は，

$$n_{Au} = \frac{t_{Au}\rho_{Au}}{M_{Au}}, \quad n_{Si} = \frac{t_{Si}\rho_{Si}}{M_{Si}}$$

と表される．ここで，$\rho_{Au} = 19.3\,\mathrm{g \cdot cm^{-3}}$ と $M_{Au} = 197$ はそれぞれ Au の密度と原子量，$\rho_{Si} = 2.33\,\mathrm{g \cdot cm^{-3}}$ と $M_{Si} = 28$ はそれぞれ Si の密度と原子量である．液体 Au–Si 合金における Au と Si それぞれの存在比を x_{Au}, x_{Si} とし，

$$n_{Au} = x_{Au}n, \quad n_{Si} = x_{Si}n$$

とおくと，次の関係が成り立つ．

$$\frac{t_{Au}\rho_{Au}}{x_{Au}M_{Au}} = \frac{t_{Si}\rho_{Si}}{x_{Si}M_{Si}}$$

したがって，

$$t_{Si} = t_{Au}\frac{\rho_{Au}M_{Si}}{\rho_{Si}M_{Au}}\frac{x_{Si}}{x_{Au}}$$

となる．$T = 400\,°C$ では，$x_{Si} = 0.32$, $x_{Au} = 1 - x_{Si} = 0.68$ だから

$$t_{Si} = 554\,\text{Å}$$

となる．

(b) $T = 800\,°C$ では，$x_{Si} = 0.44$, $x_{Au} = 0.56$ だから

$$t_{Si} = 925\,\text{Å}$$

となる．

11 章

11.1 ファン・デル・ワールス気体としてのヘリウム　(a) 式 (11.5) に式 (11.6) と $V_l = 2Nb$ を代入すると，

$$H = \frac{5}{2}N\tau + \frac{N}{2V}V_l(\tau - \tau_{inv})$$

となる．ここで，膨張したヘリウムが理想気体であるとし，

$$V \simeq \frac{N\tau}{p}$$

と近似すると，

$$H = \frac{5}{2}N\tau + \frac{pV_l}{2}\left(1 - \frac{\tau_{inv}}{\tau}\right)$$

と表される．この式から

$$H_{out} - H_{in} = \frac{V_l}{2}(p_{out} - p_{in})\left(1 - \frac{\tau_{inv}}{\tau_{in}}\right)$$

が導かれる．

また，潜熱を ΔH とすると，

$$H_{\text{out}} - H_{\text{liq}} \simeq \Delta H + \frac{5}{2}(\tau_{\text{in}} - \tau_{\text{liq}})N$$

となる．これらを式 (11.8) に代入すると，液化係数 λ は，次式で与えられる．

$$\lambda = \frac{H_{\text{out}} - H_{\text{in}}}{H_{\text{out}} - H_{\text{liq}}} = \frac{\dfrac{V_l}{2}(p_{\text{out}} - p_{\text{in}})\left(1 - \dfrac{\tau_{\text{inv}}}{\tau_{\text{in}}}\right)}{\Delta H + \dfrac{5}{2}(\tau_{\text{in}} - \tau_{\text{liq}})N}$$

(b) 数値を問題 11.1(a) の結果に代入すると，

$$\lambda = 3.37 \times 10^{-2}$$

となる．この値は，実験値の約 1/3 の値である．この理由は，問題 11.1(a) において，膨張したヘリウムが理想気体であると近似したためである．

11.2 理想カルノー液化機 (a) 温度 T と $T_0(>T)$ の間で動作するカルノー冷却機を考える．これを用いて，理想気体の温度を T から $T-dT$ まで下げるのに必要な仕事 dW は，式 (5.29)，式 (7.11)，式 (7.12) から

$$dW = \frac{dQ}{\gamma_c} = \frac{C_p}{\gamma_c}dT = \frac{5}{2}R\left(\frac{T_0}{T} - 1\right)dT$$

$$\gamma_c = \frac{T}{T_0 - T}, \quad C_p = \frac{5}{2}N_0 k_B = \frac{5}{2}R$$

と表される．ここで，N_0 はアボガドロ数であり，R は気体定数である．

これから，予備冷却のための仕事 W_1 は，次のようになる．

$$W_1 = \int_{T_b}^{T_0} \frac{5}{2}R\left(\frac{T_0}{T} - 1\right)dT = \frac{5}{2}R\left[T_0 \ln\left(\frac{T_0}{T_b}\right) - (T_0 - T_b)\right]$$

次に温度 T_b で気体を液化するためには，潜熱 ΔH を取り除かなければいけない．このための仕事 W_2 は，次のようになる．

$$W_2 = \frac{\Delta H}{\gamma_c} = \frac{T_0 - T_b}{T_b}\Delta H$$

以上から，単原子理想気体 1 モルを液化するのに必要な仕事 W_L は，

$$W_L = W_1 + W_2 = \frac{5}{2}RT_0\left[\ln\left(\frac{T_0}{T_b}\right) - \frac{T_0 - T_b}{T_0}\right] + \frac{T_0 - T_b}{T_b}\Delta H$$

となる．

(b) いま，$T_0 = 300\,\text{K}$ であり，

$$T_\text{b} = 4.18\,\text{K}, \qquad \Delta H = 0.082\,\text{kJ}\cdot\text{mol}^{-1}$$

を式 (11.11) に代入すると，

$$W_\text{L} = 26.3\,\text{kJ}\cdot\text{mol}^{-1}$$

となる．また，$V_l = 32.0 \times 10^{-3}\,l\cdot\text{mol}^{-1}$ であり，

$$1\,\text{J} = \frac{1}{3600}\,\text{W}\cdot\text{h}$$

だから，$\text{kW}\cdot\text{h}\cdot l^{-1}$ を単位として示すと，次のようになる．

$$W_\text{L} = 0.228\,\text{kW}\cdot\text{h}\cdot l^{-1}$$

11.3 クロード・サイクル型ヘリウム液化機 (a) $T_\text{in} = 15\,\text{K}$, $p_\text{in} = 30\,\text{atm}$ では，$\lambda = 0.18$, $V_l = 32.0 \times 10^{-3}\,l\cdot\text{mol}^{-1}$ である．気体の流量は $1\,\text{mol}\cdot\text{s}^{-1}$ だから，体積液化レート $\text{d}V/\text{d}t$ は，

$$\frac{\text{d}V}{\text{d}t} = \lambda \times 1\,\text{mol}\cdot\text{s}^{-1} \times V_l \times 3600\,\text{s}\cdot\text{h}^{-1} = 20.7\,l\cdot\text{h}^{-1}$$

となる．
開放冷却系では，冷却負荷 $\text{d}Q/\text{d}t$ は，

$$\frac{\text{d}Q}{\text{d}t} = \frac{\Delta H}{V_l}\frac{\text{d}V}{\text{d}t} = 0.71\,\text{W}\cdot\text{h}\cdot l^{-1} \times 20.7\,l\cdot\text{h}^{-1} = 14.7\,\text{W}$$

となる．ここで，

$$\frac{\Delta H}{V_l} = 0.71\,\text{W}\cdot\text{h}\cdot l^{-1}$$

を用いた．
一方，閉じた系では，$58\,\text{W}$ であり，開放系の約 4 倍である．
(b) 液化装置に流れ込む全エンタルピーは，

$$H(\text{gas in}) = H(T_\text{c}, p_\text{c})$$

である．一方，液化装置から流出するエンタルピーは，次の三つの部分から成り立っている．

$$H(\text{work out}) = W_\text{e}$$

$$H(\text{gas out}) = (1-\lambda)H(T_\text{c}, p_\text{out})$$

$$H(\text{liquid out}) = \lambda H_\text{liq} = H(T_\text{in}, p_\text{in}) - (1-\lambda)H(T_\text{in}, p_\text{out})$$

流入するエンタルピーと流出するエンタルピーが平衡状態にあるときは，

$$H(\text{gas in}) = H(\text{work out}) + H(\text{gas out}) + H(\text{liquid out})$$

が成り立つ．また，この式の中のエンタルピーが，

$$H(T, P) = \frac{5}{2}RT$$

と近似できるとすると，

$$\begin{aligned}W_\text{e} &= H(T_\text{c}, p_\text{c}) - H(T_\text{in}, p_\text{in}) \\ &\quad - (1-\lambda)[H(T_\text{c}, p_\text{out}) - H(T_\text{in}, p_\text{out})] \\ &\simeq \frac{5}{2}\lambda R(T_\text{c} - T_\text{in})\end{aligned}$$

が導かれる．

等エントロピー膨張の間に気体に対してなされる仕事は，膨張前後のエネルギー差に等しい．したがって，気体が膨張エンジンに温度 T_e で入り，温度 T_in で出るとすると，

$$W_\text{e} = \frac{3}{2}R(T_\text{e} - T_\text{in})$$

となる．これが，式 (11.12) と等しいとすると，$T_\text{c} = 50°\text{C}$ のとき

$$T_\text{e} = T_\text{in} + \frac{5}{3}\lambda(T_\text{c} - T_\text{in}) = 107.4 \text{ K}$$

となる．また，式 (11.1) から

$$p_\text{c} = p_\text{in} \left(\frac{T_\text{e}}{T_\text{in}}\right)^{5/2} = 4115 \text{ atm}$$

が得られる．

(c) 1 モルの理想気体を p_out から p_c まで等温的に圧縮するのに必要な仕事 W_c は，

$$\begin{aligned}W_\text{c} &= \int p\,\text{d}V = N_0 k_\text{B} T_\text{c} \int \frac{\text{d}V}{V} = RT_\text{c} \ln\left(\frac{V_\text{out}}{V_\text{c}}\right) \\ &= RT_\text{c} \ln\left(\frac{p_\text{c}}{p_\text{out}}\right) = 22.3 \text{ kJ} \cdot \text{mol}^{-1}\end{aligned}$$

である．気体流量が $1 \text{ mol} \cdot \text{s}^{-1}$ だから，圧縮機のパワー $\text{d}W_\text{c}/\text{d}t$ は，

$$\frac{\text{d}W_\text{c}}{\text{d}t} = 22.3 \text{ kW}$$

となる．ここで，問題 11.3(b) の結果と $p_{\text{out}} = 1\,\text{atm}$ を用いた．

冷却性能係数 γ は，

$$\gamma = \frac{Q}{W_{\text{c}}} = \frac{\mathrm{d}Q/\mathrm{d}t}{\mathrm{d}W_{\text{c}}/\mathrm{d}t}$$

だから，問題 11.3(a) の結果を利用すると，

開放系では $\gamma = 6.59 \times 10^{-4}$

閉じた系では $\gamma = 2.60 \times 10^{-3}$

となる．一方，カルノーの極限，すなわちカルノー係数 γ_{c} は，

$$\gamma_{\text{c}} = \frac{T_{\text{liq}}}{T_{\text{c}} - T_{\text{liq}}} = 1.32 \times 10^{-2}$$

である．

11.4 蒸発冷却の限界 大気圧 (760 Torr) における理想気体 1 mol の体積は，室温で約 24 l である．したがって，蒸発したヘリウム気体が室温まで暖められたときの体積 V は，圧力 p を用いて，

$$V = 24\,l \cdot \text{mol}^{-1} \times \frac{760\,\text{Torr}}{p} = \frac{1.824 \times 10^4\,\text{Torr} \cdot l \cdot \text{mol}^{-1}}{p}$$

となる．蒸発レート r は，排気速度 S と体積 V を用いて，次のように表される．

$$r = \frac{S}{V} = \frac{pS}{1.824 \times 10^4\,\text{Torr} \cdot l \cdot \text{mol}^{-1}}$$

また，蒸発レート r は，冷却負荷 $\mathrm{d}Q/\mathrm{d}t$ と潜熱 ΔH を用いて，

$$r = \frac{\mathrm{d}Q/\mathrm{d}t}{\Delta H}, \qquad \Delta H = 0.082\,\text{kJ} \cdot \text{mol}^{-1}$$

と表すこともできる．

蒸発レート r に関する二つの式を比較すると，圧力 p は次式で与えられる．

$$p = 222.4\,\text{Torr} \cdot l \cdot \text{J}^{-1} \times \frac{1}{S}\frac{\mathrm{d}Q}{\mathrm{d}t}$$

(a) 冷却負荷 $\mathrm{d}Q/\mathrm{d}t = 0.1\,\text{W}$，排気速度 $S = 10^2\,l \cdot \text{s}^{-1}$ のとき，

$$p = 2.22 \times 10^{-1}\,\text{Torr}$$

となる．

したがって，常用対数を用いて補間すると，$T_{\min}$ は次のようになる．
$$T_{\min} = 0.98\,\mathrm{K} + (1.27\,\mathrm{K} - 0.98\,\mathrm{K}) \times \log_{10} 2.22 = 1.08\,\mathrm{K}$$

(b) 冷却負荷 $\mathrm{d}Q/\mathrm{d}t = 10^{-3}\,\mathrm{W}$，排気速度 $S = 10^3\,l\cdot\mathrm{s}^{-1}$ のとき，
$$p = 2.22 \times 10^{-4}\,\mathrm{Torr}$$
となる．このとき，$T_{\min}$ は次のようになる．
$$T_{\min} = 0.56\,\mathrm{K} + (0.66\,\mathrm{K} - 0.56\,\mathrm{K}) \times \log_{10} 2.22 = 0.59\,\mathrm{K}$$

11.5 消磁冷却の初期温度 等エントロピー消磁過程では，磁気モーメントとフォノンのエントロピーの和が一定である．

1個のイオンの磁気モーメントを m とする．磁場 (磁束密度 B) の中にイオンが N_m 個存在するとき，磁気モーメントのエントロピー σ_m は，問題1.2の結果から，次のように表される．
$$\sigma_\mathrm{m} = \sigma_0 - \frac{U^2}{2m^2 B^2 N_\mathrm{m}} = \sigma_0 - \frac{m^2 B^2 N_\mathrm{m}}{2\tau^2}$$
ただし，最後の等号のところで
$$\frac{1}{\tau} = \left(\frac{\partial \sigma}{\partial U}\right)_B = -\frac{U}{m^2 B^2 N_\mathrm{m}}$$
を用いた．

有効相互作用磁場 B_Δ を無視すると，消磁過程における磁気エントロピーの変化 $\Delta\sigma_\mathrm{m}$ は，
$$\Delta\sigma_\mathrm{m} = \frac{m^2 B^2 N_\mathrm{m}}{2\tau_\mathrm{i}^2} = \frac{N_\mathrm{m}}{2}\left(\frac{T_\mathrm{m}}{T_\mathrm{i}}\right)^2$$
となる．ただし，冷却後のエントロピーは，十分小さいとして無視した．ここで
$$T_\mathrm{i} = \frac{\tau_\mathrm{i}}{k_\mathrm{B}}$$
は初期温度であり，また
$$T_\mathrm{m} = \frac{mB}{k_\mathrm{B}} = \frac{\mu_\mathrm{B} B}{k_\mathrm{B}} = \frac{9.27 \times 10^{-24}\,\mathrm{J\cdot T^{-1}} \times 10\,\mathrm{T}}{1.38 \times 10^{-23}\,\mathrm{J\cdot K^{-1}}} = 6.72\,\mathrm{K}$$
である．なお，$\mu_\mathrm{B} = 9.27 \times 10^{-24}\,\mathrm{J\cdot T^{-1}}$ は，ボーア磁子である．

次にフォノンのエントロピー σ_p を考える．フォノン数を N_p とすると，式(2.11)と式(3.33)から，
$$\sigma_\mathrm{p} = \int \frac{C_V}{\tau}\,\mathrm{d}\tau = \frac{4\pi^4 N_\mathrm{p}}{5}\left(\frac{T}{\theta}\right)^3$$

と表される.したがって,温度 T_i から T_f まで冷却したときの σ_p の変化 $\Delta\sigma_p$ は,

$$\Delta\sigma_p = \frac{4\pi^4 N_p}{5} \frac{T_f{}^3 - T_i{}^3}{\theta^3}$$

となる.

$\Delta\sigma_m + \Delta\sigma_p = 0$ とおくと,次の結果が導かれる.

$$T_f = T_i \left[1 - \left(\frac{T_0}{T_i}\right)^5\right]^{1/3}, \qquad T_0 = \left[\frac{5}{8\pi^4}\frac{N_m}{N_p} T_m{}^2 \theta^3\right]^{1/5}$$

$N_m = N_p$ とし,$\theta = 100\,\mathrm{K}$, $T_m = 6.72\,\mathrm{K}$ を代入すると,

$$T_0 = 12.4\,\mathrm{K}$$

となる.

以上から,$T_f = 0.1\,T_i$ となるためには,

$$T_i = 1.0002\,T_0 \simeq 12.4\,\mathrm{K}$$

が必要であることがわかる.

ただし,$T_i \leq T_0$ では,冷却可能な温度は,フォノンではなく有効相互作用磁場 B_Δ によって決まるので,注意してほしい.

12 章

12.1 不純物の軌道 (a) 式 (12.19) から,ドナーのイオン化エネルギー $\Delta\epsilon_d$ は,次のように求められる (CGS ガウス単位系).

$$\Delta\epsilon_d = \frac{e^4 m_e}{2\varepsilon^2 \hbar^2} = \frac{13.6}{\varepsilon^2}\frac{m_e}{m}\,\mathrm{eV} = \frac{13.6}{18^2} \times 0.015\,\mathrm{eV}$$
$$= 6.30 \times 10^{-4}\,\mathrm{eV} = 0.63\,\mathrm{meV}$$

(b) 式 (12.20) から,基底状態の軌道半径 a_d は,次のように求められる (CGS ガウス単位系).

$$a_d = \frac{\varepsilon \hbar^2}{m_e e^2} = \frac{0.53\,\varepsilon}{m_e/m}\,\text{Å} = \frac{0.53 \times 18}{0.015}\,\text{Å} = 636\,\text{Å}$$

(c) 隣り合った不純物原子の軌道が重なるためには,ボーア半径を半径とする球の中に 1 個の不純物原子が存在すればよい.このとき,ドナー濃度 N_d は,次のようになる.

$$N_d = \left(\frac{4\pi}{3} a_d{}^3\right)^{-1} = 9.28 \times 10^{14}\,\mathrm{cm}^{-3} \simeq 10^{15}\,\mathrm{cm}^{-3}$$

この軌道の重なりによって，不純物バンドが形成される．そして，ある不純物サイト (impurity site) から隣のイオン化した不純物サイトに電子がホッピング (hopping) し，その結果，電流が流れるようになる．

12.2 ドナー 電子がドナー準位を占有しているとき，ドナーは中性である．この電子は，原子間の結合に寄与しておらず，そのスピンは，上向き，下向きの2通りをとりうる．すなわち，中性ドナー1個につき，二つの状態が存在する．この様子を図 17 (a) に示す．

一方，ドナーがイオン化されているとき，ドナーは周囲の原子と結合しており，図 17 (b) に示すように，結合に寄与していない電子をもっていない．このため，イオン化されたドナー1個につき，一つの状態だけが存在する．

ドナー濃度を N_d，中性ドナーの濃度を n_d，イオン化されたドナーの濃度を $n_d^+ = N_d - n_d$ とし，ドナー準位のエネルギーを ϵ_d とおく．このとき，中性ドナーに対するヘルムホルツの自由エネルギー $F = U - TS$ $(S = k_B \sigma)$ を考える．

内部エネルギー U は，

$$U = n_d \epsilon_d$$

である．また，状態数 g は，

$$g = \frac{N_d!}{n_d!(N_d - n_d)!} \times 2^{n_d} \times 1^{n_d^+} = \frac{N_d!}{n_d!(N_d - n_d)!} \times 2^{n_d}$$

で与えられるから，エントロピー σ は，

$$\sigma = \ln g = \ln \frac{N_d!}{n_d!(N_d - n_d)!} \times 2^{n_d}$$

$$\cong N_d \ln N_d - n_d \ln n_d - (N_d - n_d) \ln(N_d - n_d) + n_d \ln 2$$

となる．ここで，スターリングの公式

$$\ln n! \cong n \ln n - n \quad (n \gg 1)$$

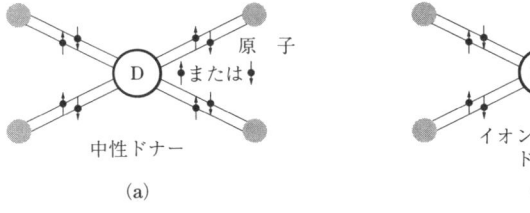

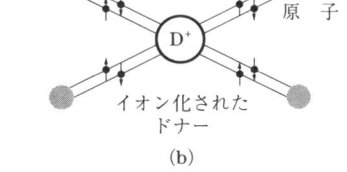

図 17 (a) 中性ドナーと (b) イオン化されたドナー

を用いた．

以上から，ヘルムホルツの自由エネルギー F は，
$$F = n_\mathrm{d}\epsilon_\mathrm{d} - k_\mathrm{B}T[N_\mathrm{d}\ln N_\mathrm{d} - n_\mathrm{d}\ln n_\mathrm{d} - (N_\mathrm{d} - n_\mathrm{d})\ln(N_\mathrm{d} - n_\mathrm{d}) + n_\mathrm{d}\ln 2]$$
となる．したがって，化学ポテンシャル μ は，
$$\mu = \frac{\partial F}{\partial n_\mathrm{d}} = \epsilon_\mathrm{d} - k_\mathrm{B}T\ln\left[\frac{2(N_\mathrm{d} - n_\mathrm{d})}{n_\mathrm{d}}\right]$$
で与えられる．これから，
$$2(N_\mathrm{d} - n_\mathrm{d}) = n_\mathrm{d}\exp\left(\frac{\epsilon_\mathrm{d} - \mu}{k_\mathrm{B}T}\right)$$
すなわち，
$$2N_\mathrm{d} = \left[2 + \exp\left(\frac{\epsilon_\mathrm{d} - \mu}{k_\mathrm{B}T}\right)\right]n_\mathrm{d}$$
が得られる．この結果，ドナーが中性である確率 $f(D)$ は，
$$f(D) = \frac{n_\mathrm{d}}{N_\mathrm{d}} = \frac{2}{2 + \exp[(\epsilon_\mathrm{d} - \mu)/k_\mathrm{B}T]} = \frac{1}{1 + \frac{1}{2}\exp[(\epsilon_\mathrm{d} - \mu)/k_\mathrm{B}T]}$$
となる．したがって，ドナーがイオン化されている確率 $f(D^+)$ は，次のようになる．
$$f(D^+) = 1 - f(D) = \frac{1}{1 + 2\exp[(\mu - \epsilon_\mathrm{d})/k_\mathrm{B}T]}$$

12.3 アクセプター 電子がアクセプター準位を占有しているとき，アクセプターはイオン化されている．この電子は，原子間の結合に寄与している．つまり，

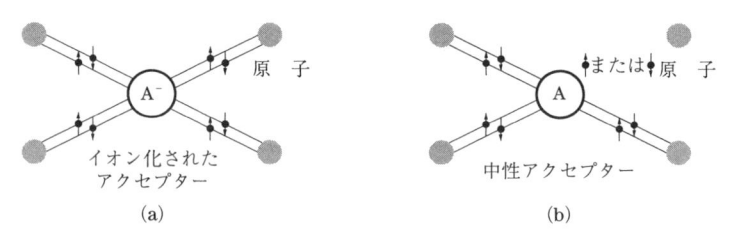

図 18 (a) イオン化されたアクセプターと (b) 中性アクセプター

イオン化されたアクセプターは，結合に寄与しない電子をもっていない．このため，イオン化されたアクセプター 1 個につき，一つの状態だけが存在する．この様子を図 18 (a) に示す．

一方，アクセプターが中性のとき，周囲の原子のうち 1 個が，図 18 (b) に示すように，結合に寄与していない電子を 1 個だけもっている．そのスピンは，上向き，下向きの 2 通りをとりうる．すなわち，中性アクセプター 1 個につき，二つの状態が存在する．

アクセプター濃度を N_a, 中性アクセプターの濃度を n_a, イオン化されたアクセプターの濃度を $n_a^- = N_a - n_a$ とし，アクセプター準位のエネルギーを ϵ_a とおく．このとき，イオン化されたアクセプターに対するヘルムホルツの自由エネルギー $F = U - k_B T \sigma$ を考える．

内部エネルギー U は，

$$U = n_a^- \epsilon_a$$

である．また，状態数 g は，

$$g = \frac{N_a!}{n_a^-!(N_a - n_a^-)!} \times 2^{n_a} \times 1^{n_a^-} = \frac{N_a!}{n_a^-!(N_a - n_a^-)!} \times 2^{N_a - n_a^-}$$

で与えられるから，エントロピー σ は，

$$\sigma = \ln g = \ln \frac{N_a!}{n_a^-!(N_a - n_a^-)!} \times 2^{N_a - n_a^-}$$
$$\cong N_a \ln N_a - n_a^- \ln n_a^- - (N_a - n_a^-) \ln(N_a - n_a^-) + (N_a - n_a^-) \ln 2$$

となる．ここで，スターリングの公式

$$\ln n! \cong n \ln n - n \quad (n \gg 1)$$

を用いた．

以上から，ヘルムホルツの自由エネルギー F は，

$$F = n_a^- \epsilon_a - k_B T [N_a \ln N_a - n_a^- \ln n_a^-]$$
$$+ k_B T [(N_a - n_a^-) \ln(N_a - n_a^-) - (N_a - n_a^-) \ln 2]$$

となる．したがって，化学ポテンシャル μ は，

$$\mu = \frac{\partial F}{\partial n_a^-} = \epsilon_a - k_B T \ln \left(\frac{N_a - n_a^-}{2 n_a^-} \right)$$

で与えられる．これから，

$$N_a - n_a^- = 2 n_a^- \exp \left(\frac{\epsilon_a - \mu}{k_B T} \right)$$

すなわち,

$$N_\mathrm{a} = \left[1 + 2\exp\left(\frac{\epsilon_\mathrm{a} - \mu}{k_\mathrm{B}T}\right)\right] n_\mathrm{a}^-$$

が得られる. この結果, アクセプターがイオン化されている確率 $f(A^-)$ は,

$$f(A^-) = \frac{n_\mathrm{a}^-}{N_\mathrm{a}} = \frac{1}{1 + 2\exp[(\epsilon_\mathrm{a} - \mu)/k_\mathrm{B}T]}$$

となる. したがって, アクセプターが中性である確率 $f(A)$ は, 次のようになる.

$$f(A) = 1 - f(A^-) = \frac{1}{1 + \frac{1}{2}\exp[(\mu - \epsilon_\mathrm{a})/k_\mathrm{B}T]}$$

12.4　n 型半導体　(a) アクセプターのエネルギー ϵ_a は, ドナーのエネルギー ϵ_d に比べて低いので, ドナー電子の一部はアクセプター準位に落ち込み, すべてのアクセプター準位はイオン化しているとする. すなわち, イオン化されたアクセプターの濃度 n_a^- がアクセプターの濃度 N_a と等しいとする.

伝導電子の濃度を n_e, ドナー濃度を N_d, ドナーが中性である確率を $f(D)$ とすると, 電気中性条件は,

$$n_\mathrm{e} + N_\mathrm{a} = N_\mathrm{d}[1 - f(D)]$$

となる. これから,

$$N_\mathrm{d} - N_\mathrm{a} - n_\mathrm{e} = N_\mathrm{d} f(D)$$

となる. これらの式の比をとると,

$$\frac{n_\mathrm{e} + N_\mathrm{a}}{N_\mathrm{d} - N_\mathrm{a} - n_\mathrm{e}} = \frac{1 - f(D)}{f(D)} = \frac{1}{2}\exp\left(\frac{\epsilon_\mathrm{d} - \mu}{k_\mathrm{B}T}\right)$$

となる. ここで, 問題 12.2 の結果を用いた. 両辺に式 (12.10) をかけると,

$$\frac{n_\mathrm{e}(n_\mathrm{e} + N_\mathrm{a})}{N_\mathrm{d} - N_\mathrm{a} - n_\mathrm{e}} = \frac{1}{2} n_\mathrm{c} \exp\left(\frac{\epsilon_\mathrm{d} - \epsilon_\mathrm{c}}{k_\mathrm{B}T}\right)$$
$$= \frac{1}{2} n_\mathrm{c} \exp\left(-\frac{\Delta\epsilon_\mathrm{d}}{k_\mathrm{B}T}\right)$$

となる. ここで, $\Delta\epsilon_\mathrm{d} = \epsilon_\mathrm{c} - \epsilon_\mathrm{d}$ は, ドナーのイオン化エネルギーである. $\Delta\epsilon_\mathrm{d} \gg k_\mathrm{B}T$ のとき $N_\mathrm{d} \gg n_\mathrm{e} \gg N_\mathrm{a}$ だから,

$$n_\mathrm{e} \cong \left(\frac{n_\mathrm{c} N_\mathrm{d}}{2}\right)^{1/2} \exp\left(-\frac{\Delta\epsilon_\mathrm{d}}{2k_\mathrm{B}T}\right)$$

が得られる.

(b) $T = 4\,\mathrm{K}$ では, $k_\mathrm{B}T = 3.45 \times 10^{-4}\,\mathrm{eV} \ll \Delta\epsilon_\mathrm{d} = 1\,\mathrm{meV}$ である. したがって,

$$n_\mathrm{c} \equiv 2\left(\frac{m_\mathrm{e}k_\mathrm{B}T}{2\pi\hbar^2}\right)^{3/2}$$
$$= 2 \times \left[\frac{0.01 \times 9.11 \times 10^{-28}\,\mathrm{g} \times 1.38 \times 10^{-16}\,\mathrm{erg\cdot K^{-1}} \times 4\,\mathrm{K}}{2\pi \times (1.05 \times 10^{-27}\,\mathrm{erg\cdot s})^2}\right]^{3/2}$$
$$= 3.91 \times 10^{13}\,\mathrm{cm}^{-3}$$

である. これらの数値と $N_\mathrm{d} = 10^{13}\,\mathrm{cm}^{-3}$ を問題 12.4(a) の結果に代入すると, 伝導電子の濃度 n_e は, 次のようになる.

$$n_\mathrm{e} \cong \left(\frac{3.91 \times 10^{13}\,\mathrm{cm}^{-3} \times 10^{13}\,\mathrm{cm}^{-3}}{2}\right)^{1/2} \times \exp\left(-\frac{10^{-3}\,\mathrm{eV}}{2 \times 3.45 \times 10^{-4}\,\mathrm{eV}}\right)$$
$$= 3.28 \times 10^{12}\,\mathrm{cm}^{-3}$$

12.5 わずかにドープされた半導体 式 (12.23) から, $\Delta n \ll n_\mathrm{i}$ のとき, 電子の濃度 n_e は

$$n_\mathrm{e} = n_\mathrm{i}\left[1 + \left(\frac{\Delta n}{2n_\mathrm{i}}\right)^2\right]^{1/2} + \frac{1}{2}\Delta n$$
$$\simeq n_\mathrm{i}\left[1 + \frac{1}{2}\left(\frac{\Delta n}{2n_\mathrm{i}}\right)^2\right] + \frac{1}{2}\Delta n$$
$$\simeq n_\mathrm{i} + \frac{1}{2}\Delta n$$

となる. 同じようにして, 式 (12.24) から, 正孔の濃度 n_h は, 次のようになる.

$$n_\mathrm{h} \simeq n_\mathrm{i} - \frac{1}{2}\Delta n$$

12.6 真性伝導率と最小伝導率 (a) 式 (12.23) と式 (12.24) を用いると,

$$\sigma = e(n_\mathrm{e}\tilde{\mu}_\mathrm{e} + n_\mathrm{h}\tilde{\mu}_\mathrm{h})$$
$$= \frac{e}{2}(\tilde{\mu}_\mathrm{e} + \tilde{\mu}_\mathrm{h})\left[(\Delta n)^2 + 4n_\mathrm{i}^2\right]^{1/2} + \frac{e}{2}(\tilde{\mu}_\mathrm{e} - \tilde{\mu}_\mathrm{h})\Delta n$$

となる. これが, Δn に関して最小となるのは, 次の場合である.

$$\frac{\partial \sigma}{\partial(\Delta n)} = \frac{e}{2}(\tilde{\mu}_\mathrm{e} + \tilde{\mu}_\mathrm{h})\left[(\Delta n)^2 + 4n_\mathrm{i}^2\right]^{-1/2}\Delta n + \frac{e}{2}(\tilde{\mu}_\mathrm{e} - \tilde{\mu}_\mathrm{h}) = 0$$

したがって，

$$(\tilde{\mu}_\mathrm{e} + \tilde{\mu}_\mathrm{h})\Delta n = -(\tilde{\mu}_\mathrm{e} - \tilde{\mu}_\mathrm{h})\left[(\Delta n)^2 + 4n_\mathrm{i}^2\right]^{1/2}$$

となる．ここで，$\tilde{\mu}_\mathrm{e} > \tilde{\mu}_\mathrm{h}$ だから $\Delta n < 0$ である．両辺を2乗して整理すると，

$$(\Delta n)^2 = \frac{(\tilde{\mu}_\mathrm{e} - \tilde{\mu}_\mathrm{h})^2}{\tilde{\mu}_\mathrm{e}\tilde{\mu}_\mathrm{h}} n_\mathrm{i}^2$$

となり，$\Delta n < 0$ から，次の結果が得られる．

$$\Delta n = -\frac{\tilde{\mu}_\mathrm{e} - \tilde{\mu}_\mathrm{h}}{(\tilde{\mu}_\mathrm{e}\tilde{\mu}_\mathrm{h})^{1/2}} n_\mathrm{i}$$

これを上の式に代入すると，最小伝導率 σ_min は，

$$\sigma_\mathrm{min} = 2e(\tilde{\mu}_\mathrm{e}\tilde{\mu}_\mathrm{h})^{1/2} n_\mathrm{i}$$

となる．
一方，真性半導体では $n_\mathrm{e} = n_\mathrm{h} = n_\mathrm{i}$ だから，伝導率 σ_i は，

$$\sigma_\mathrm{i} = e(\tilde{\mu}_\mathrm{e} + \tilde{\mu}_\mathrm{h})n_\mathrm{i}$$

となる．したがって，最小伝導率 σ_min と真性半導体の伝導率 σ_i の比は，次のようになる．

$$\frac{\sigma_\mathrm{min}}{\sigma_\mathrm{i}} = \frac{2(\tilde{\mu}_\mathrm{e}\tilde{\mu}_\mathrm{h})^{1/2}}{\tilde{\mu}_\mathrm{e} + \tilde{\mu}_\mathrm{h}}$$

(b) 300 K において $k_\mathrm{B}T = 25.9\,\mathrm{meV}$ である．これと，表12.1の値を式(12.15)に代入する．まず，Siに対して

$$n_\mathrm{i} = (n_\mathrm{c}n_\mathrm{v})^{1/2}\exp\left(-\frac{\epsilon_\mathrm{g}}{2k_\mathrm{B}T}\right) = 4.37 \times 10^9\,\mathrm{cm}^{-3}$$

となる．以上を問題12.6(a)の結果に代入すると，次の結果が得られる．

$$\Delta n = -4.37 \times 10^9\,\mathrm{cm}^{-3} \quad (\text{p型})$$

$$\sigma_\mathrm{min}(\mathrm{Si}) = 1.13 \times 10^{-6}\,\Omega^{-1}\cdot\mathrm{cm}^{-1}$$

$$\sigma_\mathrm{i}(\mathrm{Si}) = 1.28 \times 10^{-6}\,\Omega^{-1}\cdot\mathrm{cm}^{-1}$$

$$\frac{\sigma_\mathrm{min}(\mathrm{Si})}{\sigma_\mathrm{i}(\mathrm{Si})} = 0.883$$

InSb に対して，同様のことを繰り返すと，次の結果が得られる．

$$n_\mathrm{i} = (n_\mathrm{c} n_\mathrm{v})^{1/2} \exp\left(-\frac{\epsilon_\mathrm{g}}{2k_\mathrm{B}T}\right) = 1.63 \times 10^{16}\,\mathrm{cm}^{-3}$$

$$\Delta n = -1.64 \times 10^{17}\,\mathrm{cm}^{-3} \quad (\text{p 型})$$

$$\sigma_\mathrm{min}(\mathrm{InSb}) = 39.6\,\Omega^{-1} \cdot \mathrm{cm}^{-1}$$

$$\sigma_\mathrm{i}(\mathrm{InSb}) = 203\,\Omega^{-1} \cdot \mathrm{cm}^{-1}$$

$$\frac{\sigma_\mathrm{min}(\mathrm{InSb})}{\sigma_\mathrm{i}(\mathrm{InSb})} = 0.195$$

12.7 抵抗率と不純物濃度 300 K において $k_\mathrm{B}T = 25.9\,\mathrm{meV}$ である．また，

$$n_\mathrm{c} = 1.0 \times 10^{19}\,\mathrm{cm}^{-3}, \quad n_\mathrm{v} = 5.2 \times 10^{18}\,\mathrm{cm}^{-3}, \quad \epsilon_\mathrm{g} = 0.67\,\mathrm{eV}$$

であり，これらを式 (12.15) に代入すると，

$$n_\mathrm{i} = (n_\mathrm{c} n_\mathrm{v})^{1/2} \exp\left(-\frac{\epsilon_\mathrm{g}}{2k_\mathrm{B}T}\right) = 1.66 \times 10^{13}\,\mathrm{cm}^{-3}$$

となる．

(a) 式 (12.27) を用いると，伝導率 σ は，

$$\sigma = e(n_\mathrm{e}\tilde{\mu}_\mathrm{e} + n_\mathrm{h}\tilde{\mu}_\mathrm{h}) = e\left[\tilde{\mu}_\mathrm{e}\Delta n + (\tilde{\mu}_\mathrm{e} + \tilde{\mu}_\mathrm{h})\frac{n_\mathrm{i}^2}{\Delta n}\right]$$

となる．両辺に Δn をかけて整理すると，次式が得られる．

$$\tilde{\mu}_\mathrm{e}(\Delta n)^2 - \frac{\sigma}{e}\Delta n + (\tilde{\mu}_\mathrm{e} + \tilde{\mu}_\mathrm{h})n_\mathrm{i}^2 = 0$$

この 2 次方程式を解くと，次のようになる．

$$\Delta n = \frac{1}{2\tilde{\mu}_\mathrm{e}}\frac{\sigma}{e} \pm \frac{1}{2\tilde{\mu}_\mathrm{e}}\left[\left(\frac{\sigma}{e}\right)^2 - 4\tilde{\mu}_\mathrm{e}(\tilde{\mu}_\mathrm{e} + \tilde{\mu}_\mathrm{h})n_\mathrm{i}^2\right]^{1/2}$$

$$= 7.45 \times 10^{13}\,\mathrm{cm}^{-3},\ 5.51 \times 10^{12}\,\mathrm{cm}^{-3}$$

このうち，

$$n_\mathrm{h} \simeq \frac{n_\mathrm{i}^2}{\Delta n} \ll n_\mathrm{i}$$

を満たすものが解であり，

$$\Delta n = 7.45 \times 10^{13}\,\mathrm{cm}^{-3}$$

となる.

(b) 式 (12.28) を用いると，伝導率 σ は，

$$\sigma = e\left[\tilde{\mu}_\mathrm{h}|\Delta n| + (\tilde{\mu}_\mathrm{e} + \tilde{\mu}_\mathrm{h})\frac{n_\mathrm{i}^2}{|\Delta n|}\right]$$

となる．両辺に $|\Delta n|$ を掛けて整理すると，次式が得られる．

$$\tilde{\mu}_\mathrm{h}|\Delta n|^2 - \frac{\sigma}{e}|\Delta n| + (\tilde{\mu}_\mathrm{e} + \tilde{\mu}_\mathrm{h})n_\mathrm{i}^2 = 0$$

この2次方程式を解くと，次のようになる．

$$|\Delta n| = \frac{1}{2\tilde{\mu}_\mathrm{h}}\frac{\sigma}{e} \pm \frac{1}{2\tilde{\mu}_\mathrm{h}}\left[\left(\frac{\sigma}{e}\right)^2 - 4\tilde{\mu}_\mathrm{h}(\tilde{\mu}_\mathrm{e} + \tilde{\mu}_\mathrm{h})n_\mathrm{i}^2\right]^{1/2}$$
$$= 1.53 \times 10^{14}\,\mathrm{cm}^{-3},\ \ 1.13 \times 10^{13}\,\mathrm{cm}^{-3}$$

このうち，

$$n_\mathrm{e} \simeq \frac{n_\mathrm{i}^2}{|\Delta n|} \ll n_\mathrm{i}$$

を満たすものが解であり，

$$|\Delta n| = 1.53 \times 10^{14}\,\mathrm{cm}^{-3}$$

となる．

12.8 InSbにおける電子と正孔の濃度 アクセプターによる補償がないとして $n_\mathrm{a}^- = 0$ とすると，式 (12.21) と式 (12.33) から

$$n_\mathrm{e} - n_\mathrm{h} = n_\mathrm{d}^+ = n_\mathrm{c}, \qquad n_\mathrm{e}n_\mathrm{h} \simeq n_\mathrm{i}^2 \exp\left(-\frac{n_\mathrm{e}}{\sqrt{8}\,n_\mathrm{c}}\right)$$

となる．ここで

$$r = \frac{n_\mathrm{e}}{n_\mathrm{c}}$$

を用いると，

$$r(r-1) = \left(\frac{n_\mathrm{i}}{n_\mathrm{c}}\right)^2 \exp\left(-\frac{r}{\sqrt{8}}\right) = 0.126 \exp\left(-\frac{r}{\sqrt{8}}\right)$$

となる．ただし，最後の等号のところで，問題 12.6 の結果を用いた．

この超越方程式を逐次代入法によって解く．すなわち，適切な初期値を r_0 とし，

$$r_{n+1} = f(r_n) \quad (n = 0, 1, 2, \cdots)$$

とおいて，超越方程式を解く．

実際の解のまわりの十分広い範囲にわたって，$|f'(r)| < 1$ ならば，上の過程は収束する．また，超越方程式の右辺が正であり，$r > 0$ だから $r > 1$ となる．超越方程式の両辺を r で割って整理すると，次のようになる．

$$r = f(r) = 1 + \frac{0.126}{r} \exp\left(-\frac{r}{\sqrt{8}}\right)$$

$r_0 = 1$ からはじめると，

$$r_1 = 1.0885,\ r_2 = 1.0788,\ r_3 = 1.0798,\ r_4 = 1.0797,\ r_5 = 1.0797$$

となるから，$r = 1.08$ と決定できる．したがって，次の結果が得られる．

$$n_e = 1.08 n_c = 4.97 \times 10^{16}\,\text{cm}^{-3}$$

$$n_h = n_e - n_c = 3.68 \times 10^{15}\,\text{cm}^{-3}$$

また，$r = 1.08$ を式 (12.31) と式 (12.32) に代入して

$$\mu - \epsilon_c = k_B T \left(\ln r + \frac{r}{\sqrt{8}}\right) = 1.90 \times 10^{-21}\,\text{J} = 11.9\,\text{meV}$$

となる．

12.9 ビルトイン電場 ドーピング濃度が空間分布をもっていると，キャリア分布も位置に依存する．したがって，伝導帯の底のエネルギー ϵ_c や，価電子帯の頂上のエネルギー ϵ_v も位置に依存する．

いま，

$$n_a^- = n_h = n_1 \exp[-\alpha(x - x_1)], \quad \alpha > 0 \quad (x_2 > x_1)$$

とおくと，

$$n_2 = n_1 \exp[-\alpha(x_2 - x_1)]$$

と表される．したがって，上の式で導入した α は，次のようになる．

$$\alpha = \frac{1}{x_2 - x_1} \ln\left(\frac{n_1}{n_2}\right)$$

これを式 (12.29) に代入し，熱平衡状態で μ が場所によらないことを利用すると，次の結果が得られる．

$$\epsilon_{\rm v} = \mu - k_{\rm B} T \ln\left(\frac{n_{\rm v}}{n_{\rm h}}\right) = -k_{\rm B} T \alpha(x - x_1) + {\rm constant}$$

静電ポテンシャルを φ とすると，電場 E は

$$E = -\frac{\partial \varphi}{\partial x} = \frac{1}{e}\frac{\partial \epsilon_{\rm c}}{\partial x} = \frac{1}{e}\frac{\partial \epsilon_{\rm v}}{\partial x}$$

と表される．これに上の式を代入すると，ビルトイン電場 E は，

$$E = -\frac{k_{\rm B} T \alpha}{e} = -\frac{k_{\rm B} T}{e}\frac{1}{x_2 - x_1}\ln\left(\frac{n_1}{n_2}\right) = -1.78 \times 10^4 \,{\rm V \cdot cm^{-1}}$$

となる．

このような不純物の分布は，多くの n–p–n トランジスターのベース領域の中で生じる．注入された電子は，ビルトイン電場によってベースを横切ることができる．

13 章

13.1 マクスウェル分布における平均速度 (a) 粒子の速度を v とすると，式 (13.9) から

$$\begin{aligned}\langle v^2 \rangle &= \int_0^\infty v^2 P(v)\,{\rm d}v \\ &= 4\pi \left(\frac{M}{2\pi\tau}\right)^{3/2}\int_0^\infty v^4 \exp\left(-\frac{Mv^2}{2\tau}\right){\rm d}v \\ &= \frac{3\tau}{M}\end{aligned}$$

である．したがって，二乗平均速度 $v_{\rm rms}$ は，次のようになる．

$$v_{\rm rms} = \langle v^2\rangle^{1/2} = \left(\frac{3\tau}{M}\right)^{1/2}$$

また，

$$\langle v^2 \rangle = \langle v_x{}^2\rangle + \langle v_y{}^2\rangle + \langle v_z{}^2\rangle$$

かつ

$$\langle v_x{}^2\rangle = \langle v_y{}^2\rangle = \langle v_z{}^2\rangle$$

だから,
$$\langle v_x{}^2\rangle^{1/2} = \left(\frac{\tau}{M}\right)^{1/2} = \frac{v_{\text{rms}}}{\sqrt{3}}$$
となる.これらの結果は,理想気体の平均運動エネルギーに対する式から,直接得ることもできる.

(b) マクスウェル分布が v に関して最大となるのは,次の場合である.
$$\frac{\mathrm{d}P}{\mathrm{d}v} = 4\pi\left(\frac{M}{2\pi\tau}\right)^{3/2} v\left(2 - \frac{Mv^2}{\tau}\right)\exp\left(-\frac{Mv^2}{2\tau}\right) = 0$$
この解として,
$$v = 0, \qquad v = \left(\frac{2\tau}{M}\right)^{1/2}$$
が存在するが,$P(v)$ が最大となるのは
$$v = \left(\frac{2\tau}{M}\right)^{1/2}$$
のときである.したがって,最大確率速度 v_{mp} は,次のようになる.
$$v_{\text{mp}} = \left(\frac{2\tau}{M}\right)^{1/2}$$

最大確率速度は,マクスウェル分布を速度 v の関数として表したときに,マクスウェル分布の最大値を与える.ここで,
$$v_{\text{mp}} < v_{\text{rms}} = \left(\frac{3}{2}\right)^{1/2} v_{\text{mp}} = 1.225\, v_{\text{mp}}$$
であることに注意してほしい.

(c) 式 (13.9) から,次の結果が得られる.
$$\begin{aligned}
\bar{c} &= \int_0^\infty v P(v)\,\mathrm{d}v \\
&= 4\pi\left(\frac{M}{2\pi\tau}\right)^{3/2} \int_0^\infty v^3 \exp\left(-\frac{Mv^2}{2\tau}\right)\mathrm{d}v \\
&= \left(\frac{8\tau}{\pi M}\right)^{1/2}
\end{aligned}$$

これと問題 13.1(a) の結果から，v_rms と $\bar{c}$ の比は次のようになる．

$$\frac{v_\mathrm{rms}}{\bar{c}} = \left(\frac{3\pi}{8}\right)^{1/2} = 1.085$$

(d) 円筒座標系を用いて考える．速度ベクトルと z 軸とがなす角の大きさを θ とすると，$v_z = v\cos\theta$ だから，

$$\bar{c}_z = \langle |v_z| \rangle = \frac{1}{4\pi} \int_0^{2\pi} \mathrm{d}\varphi \int_0^\pi |\cos\theta|\sin\theta\,\mathrm{d}\theta \int_0^\infty vP(v)\,\mathrm{d}v$$
$$= \frac{1}{2}\bar{c} = \left(\frac{2\tau}{\pi M}\right)^{1/2}$$

となる．

13.2 ビーム中の平均運動エネルギー (a) 分子の速度が v と $v+\mathrm{d}v$ の間にある，分子の濃度を $\mathrm{d}n$ とすると，

$$\mathrm{d}n = nP(v)\,\mathrm{d}v$$

である．これと式 (13.9)，式 (13.57) から，粒子の流束密度 J_n について，次式が成り立つ．

$$\mathrm{d}J_n = \frac{1}{4}v\,\mathrm{d}n = \pi\left(\frac{M}{2\pi\tau}\right)^{3/2} nv^3 \exp\left(-\frac{Mv^2}{2\tau}\right)\mathrm{d}v$$

ここで，エネルギー流束密度を J_E とすると，

$$\mathrm{d}J_E = \frac{1}{2}Mv^2 \mathrm{d}J_n = \frac{1}{2}\pi\left(\frac{M}{2\pi\tau}\right)^{3/2} Mnv^5 \exp\left(-\frac{Mv^2}{2\tau}\right)\mathrm{d}v$$

と表される．したがって，運動エネルギーの平均値 $\langle \epsilon \rangle$ は，次のようになる．

$$\langle \epsilon \rangle = \frac{\displaystyle\int_0^\infty \mathrm{d}J_E}{\displaystyle\int_0^\infty \mathrm{d}J_n} = 2\tau$$

(b) オーブンの孔を出た分子のうちで，第 2 の孔を通る分子の割合を f とすると，

$$\mathrm{d}J_n = \frac{1}{4}fv\,\mathrm{d}n, \qquad \mathrm{d}J_E = \frac{1}{2}Mv^2\,\mathrm{d}J_n$$

となる．したがって，第2の孔を通り抜ける分子の平均運動エネルギー $\langle\epsilon\rangle$ は，次のようになる．

$$\langle\epsilon\rangle = \frac{\int_0^\infty dJ_E}{\int_0^\infty dJ_n} = 2\tau$$

13.3 熱伝導率と電気伝導率の比 気体の濃度を n，粒子の移動度を $\tilde{\mu}$ とすると，電気伝導率 σ は，

$$\sigma = qn\tilde{\mu}$$

で与えられる．

また，熱伝導率 K は，式 (13.14) と式 (13.32) から，

$$K = \frac{\tau\tilde{\mu}}{q}\hat{C}_V = \frac{3}{2}\frac{n\tau\tilde{\mu}}{q}$$

と表される．ただし，

$$\hat{C}_V = \frac{3}{2}n$$

を用いた．したがって，次の結果が得られる．

$$\frac{K}{\tau\sigma} = \frac{3}{2q^2}$$

一方，通常の単位で表すと，

$$\hat{C}_V = \frac{3}{2}nk_B$$

だから

$$K = \frac{\tau\tilde{\mu}}{q}\hat{C}_V = \frac{3}{2}\frac{nk_B\tau\tilde{\mu}}{q} = \frac{3}{2}\frac{nk_B{}^2T\tilde{\mu}}{q}, \quad \tau = k_BT$$

となる．したがって，この場合，次のように表される．

$$\frac{K}{T\sigma} = \frac{3k_B{}^2}{2q^2}$$

この結果は，**ヴィーデマン-フランツの比** (Wiedemann–Franz ratio) として知られている．

13.4 金属の熱伝導率 (a) 銅の伝導電子は，縮退したフェルミ気体である．式 (6.14) から，熱容量 C_el は，

$$C_\text{el} = \frac{1}{2}\pi^2 N k_\text{B}\frac{T}{T_\text{F}}$$

である．したがって，単位体積あたりの熱容量 $\hat{C}_\text{el}$ は，

$$\hat{C}_\text{el} = \frac{C_\text{el}}{V} = \frac{1}{2}\pi^2 \frac{N}{V} k_\text{B}\frac{T}{T_\text{F}} = \frac{1}{2}\pi^2 n k_\text{B}\frac{T}{T_\text{F}} = 20\,\text{mJ}\cdot\text{cm}^{-3}\cdot\text{K}^{-1}$$

となる．ここで，

$$n = \frac{N}{V} = 8\times 10^{22}\,\text{cm}^{-3}$$

を用いた．

(b) 平均自由行程 l は，フェルミ速度 v_F と緩和時間 τ_c を用いて，

$$l = v_\text{F}\tau_\text{c}$$

と表される．したがって，拡散係数 D は，式 (13.46) から

$$D = \frac{1}{3}v_\text{F}^2\tau_\text{c} = \frac{1}{3}v_\text{F}l = 208\,\text{cm}^2\cdot\text{s}^{-1}$$

となる．ただし，$l = 400\times 10^{-8}\,\text{cm}$ である．

これと問題 13.4(a) の結果を式 (13.14) に代入すると，熱伝導率 K は，次のようになる．

$$K = D\hat{C}_\text{el} = 4.16\,\text{J}\cdot\text{cm}^{-1}\cdot\text{s}^{-1}\cdot\text{K}^{-1}$$

(c) 電気伝導率 σ は，式 (13.56) から

$$\sigma = \frac{nq^2\tau_\text{c}}{m} = 5.76\times 10^{-2}\,\text{g}^{-1}\cdot\text{cm}^{-3}\cdot\text{s}\cdot\text{C}^2 = 5.76\times 10^5\,\Omega^{-1}\cdot\text{cm}^{-1}$$

となる．ただし，電子の質量は $m = 9.11\times 10^{-28}\,\text{g}$ で，緩和時間 τ_c は，

$$\tau_\text{c} = \frac{l}{v_\text{F}} = 2.56\times 10^{-14}\,\text{s}$$

である．

13.5 ボルツマンの方程式と熱伝導率 (a) 式 (5.26) を式 (13.40) に代入すると,

$$f_0 = \frac{n}{n_Q} \exp\left(-\frac{\epsilon}{\tau}\right) = n \left(\frac{2\pi\hbar^2}{m\tau}\right)^{3/2} \exp\left(-\frac{\epsilon}{\tau}\right)$$

となる. ただし, 最後の等号のところで, 式 (5.14) を用いた.
したがって,

$$\frac{df_0}{dx} = \frac{df_0}{d\tau}\frac{d\tau}{dx} = \left(-\frac{3}{2\tau} + \frac{\epsilon}{\tau^2}\right) f_0 \frac{d\tau}{dx}$$

が得られる. これを式 (13.39) に代入すると, 次の結果が得られる.

$$f \simeq f_0 - v_x \tau_c \frac{df_0}{dx} = f_0 - v_x \tau_c \left(-\frac{3}{2\tau} + \frac{\epsilon}{\tau^2}\right) f_0 \frac{d\tau}{dx}$$

(b) x 方向のエネルギー流束を J_u とすると, 次式のようになる.

$$\begin{aligned} J_u &= \int v_x \epsilon f D(\epsilon)\, d\epsilon \\ &= \int v_x \epsilon f_0 D(\epsilon)\, d\epsilon - \frac{d\tau}{dx} \tau_c \int v_x{}^2 \left(-\frac{3\epsilon}{2\tau} + \frac{\epsilon^2}{\tau^2}\right) f_0\, D(\epsilon)\, d\epsilon \\ &= -\left(\frac{d\tau}{dx}\right) \tau_c \int v_x{}^2 \left(-\frac{3\epsilon}{2\tau} + \frac{\epsilon^2}{\tau^2}\right) f_0 D(\epsilon)\, d\epsilon \end{aligned}$$

(c) 式 (13.72) に

$$v_x{}^2 = \frac{2\epsilon}{3m}$$

を代入し, 式 (13.13) を用いると,

$$J_u = -\left(\frac{d\tau}{dx}\right) \tau_c \int \frac{2\epsilon}{3m} \left(-\frac{3\epsilon}{2\tau} + \frac{\epsilon^2}{\tau^2}\right) f_0 D(\epsilon)\, d\epsilon = -K \frac{d\tau}{dx}$$

となる. したがって,

$$K = \tau_c \int \frac{2\epsilon}{3m} \left(-\frac{3\epsilon}{2\tau} + \frac{\epsilon^2}{\tau^2}\right) f_0 D(\epsilon)\, d\epsilon$$

が得られる. これに式 (13.44) を代入すると,

$$K = \frac{5n\tau\tau_c}{m}$$

となる.

13.6 管を通しての流れ 管の中心からの距離 r が $r < a$ の領域を考える．この領域では，圧力 p による力は，$F_p = \pi r^2 p$ である．また，この領域を取り巻く流体によって，境界部に粘性力 F_v が働く．境界部の面積は $2\pi r L$ だから，粘性力 F_v は，式 (13.15) から

$$F_v = -2\pi r L \eta \frac{\mathrm{d}v}{\mathrm{d}r}$$

で与えられる．ここで，η は液体の粘性係数，v は流速である．粘性力 F_v は，圧力 p による力 F_p に等しいから，

$$\pi r^2 p = -2\pi r L \eta \frac{\mathrm{d}v}{\mathrm{d}r}$$

すなわち，

$$\frac{\mathrm{d}v}{\mathrm{d}r} = -\frac{p}{2\eta L} r$$

となる．$r = a$ で $v = 0$ だから，これを積分すると，次式が得られる．

$$v = -\int_a^r \frac{p}{2\eta L} r \, \mathrm{d}r = \frac{p}{4\eta L}(a^2 - r^2)$$

したがって，単位時間あたりに管を通って流れる体積 $\mathrm{d}V/\mathrm{d}t$ は，

$$\frac{\mathrm{d}V}{\mathrm{d}t} = 2\pi \int_0^a rv \, \mathrm{d}r = \frac{\pi a^4}{8\eta L} p$$

となる．

13.7 管の速度 孔，管のコンダクタンスをそれぞれ S_h，S_t とすると，管の速度 S_T は，

$$\frac{1}{S_\mathrm{T}} = \frac{1}{S_\mathrm{h}} + \frac{1}{S_\mathrm{t}}$$

で与えられる．
孔の面積は，

$$A = \frac{\pi d^2}{4}$$

だから，孔のコンダクタンス S_h は，式 (13.59) から

$$S_\mathrm{h} = \frac{\pi d^2 \bar{c}}{16}$$

となる．一方，管のコンダクタンスは，式 (13.69) から

$$S_\text{t} = \frac{2\tau d^3}{3M\bar{c}L}$$

となる．以上から，管の速度 S_T は，

$$S_\text{T} = \left(\frac{16}{\pi d^2 \bar{c}} + \frac{3M\bar{c}L}{2\tau d^3}\right)^{-1} = \frac{\pi d^3 \bar{c}}{12L + 16d} = \frac{\pi \bar{c}}{12}\frac{d^3}{L + \frac{4}{3}d}$$

となる．ただし，問題 13.1(c) の結果を用いた．

0 °C で

$$\bar{c} = 0.8\,\bar{c}(\text{N}_2) + 0.2\,\bar{c}(\text{O}_2) = 4.44 \times 10^4\,\text{cm}\cdot\text{s}^{-1}$$

であり，また

$$\frac{1}{2}M\bar{c}^2 = \frac{3}{2}k_\text{B}T$$

だから，20°C では，

$$\bar{c} = 4.44 \times 10^4\,\text{cm}\cdot\text{s}^{-1} \times \left(\frac{293\,\text{K}}{273\,\text{K}}\right)^{1/2} = 4.60 \times 10^4\,\text{cm}\cdot\text{s}^{-1}$$

となる．したがって，L と d の単位をセンチメートルとすると，管の速度 S_T は，20 °C では，次のようになる．

$$\begin{aligned}
S_\text{T} &= \frac{13.45 \times 10^4\,\text{cm}\cdot\text{s}^{-1}}{12}\frac{d^3}{L + \frac{4}{3}d}\\
&\simeq \frac{12d^3}{L + \frac{4}{3}d} \times 10^3\,\text{cm}^3\cdot\text{s}^{-1}\\
&= \frac{12d^3}{L + \frac{4}{3}d}\;\;l\cdot\text{s}^{-1}
\end{aligned}$$

14 章

14.1 パルスのフーリエ解析 デルタ関数は，フーリエ積分によって，次のように表すことができる．

$$\theta(x,0) = \delta(x) = \frac{1}{2\pi}\int_{-\infty}^{\infty}\text{d}k\,\exp(\text{i}kx)$$

時間が経過すると，パルスは，
$$\theta(x,t) = \frac{1}{2\pi} \int_{-\infty}^{\infty} dk \, \exp[i(kx - \omega t)]$$
あるいは，式 (14.9) を用いて，
$$\theta(x,t) = \frac{1}{2\pi} \int_{-\infty}^{\infty} dk \, \exp(ikx - Dk^2 t)$$
となる．いま，
$$ikx - Dk^2 t = u_0{}^2 - (u - u_0)^2 = 2uu_0 - u^2$$
とおく．ただし，
$$u = (Dt)^{1/2} k, \qquad u_0 = \frac{ikx}{2u} = \frac{ix}{2(Dt)^{1/2}}$$
である．これから，
$$dk = \frac{du}{(Dt)^{1/2}}$$
となる．したがって，
$$\int_{-\infty}^{\infty} dk \, \exp\left(ikx - Dk^2 t\right) = \frac{1}{(Dt)^{1/2}} \exp\left(u_0{}^2\right) \int_{-\infty}^{\infty} du \, \exp\left[-(u - u_0)^2\right]$$
$$= \left(\frac{\pi}{Dt}\right)^{1/2} \exp\left(-\frac{x^2}{4Dt}\right)$$
が得られる．この結果，
$$\theta(x,t) = \frac{1}{2\pi} \int_{-\infty}^{\infty} dk \, \exp(ikx - Dk^2 t)$$
$$= \frac{1}{(4\pi Dt)^{1/2}} \exp\left(-\frac{x^2}{4Dt}\right)$$
が導かれる．

この方法を拡張して，$t = 0$ で与えられた任意の分布について，その後の時間発展を記述することができる．その分布が $f(x, 0)$ ならば，デルタ関数の定義によって，
$$f(x, 0) = \int dx' \, f(x', 0) \delta(x - x')$$

と表すことができる．$\delta(x-x')$ の時間発展は，この問題の結果によって，

$$\theta(x-x',t) = \frac{1}{(4\pi Dt)^{1/2}} \exp\left[-\frac{(x-x')^2}{4Dt}\right]$$

で与えられる．したがって，時刻 t において，分布 $f(x,0)$ は，次のように発展する．

$$f(x,t) = \frac{1}{(4\pi Dt)^{1/2}} \int dx'\, f(x',0) \exp\left[-\frac{(x-x')^2}{4Dt}\right]$$

14.2 2次元および3次元での拡散 (a) 2次元では $r^2 = x^2 + y^2$，3次元では $r^2 = x^2 + y^2 + z^2$ だから，

$$\theta_2(t) = \theta(x,t)\theta(y,t), \quad \theta_3(t) = \theta(x,t)\theta(y,t)\theta(z,t)$$

と表すことができる．ここで

$$\theta(u,t) = \frac{C}{(4\pi Dt)^{1/2}} \exp\left(-\frac{u^2}{4Dt}\right), \quad u = x, y, z$$

であり，

$$D\frac{\partial^2 \theta(u,t)}{\partial u^2} = \frac{\partial \theta(u,t)}{\partial t}$$

を満たす．ただし，C は定数である．

θ_2 を式 (14.7) の左辺に代入すると，

$$(左辺) = D\nabla^2 \theta_2 = \theta(x,t) D\frac{\partial^2 \theta(y,t)}{\partial y^2} + \theta(y,t) D\frac{\partial^2 \theta(x,t)}{\partial x^2}$$

$$= \theta(x,t)\frac{\partial \theta(y,t)}{\partial t} + \theta(y,t)\frac{\partial \theta(x,t)}{\partial t} = \frac{\partial}{\partial t}[\theta(x,t)\theta(y,t)]$$

$$= \frac{\partial \theta_2}{\partial t} = (右辺)$$

となり，式 (14.7) を満たす．したがって，θ_2 は式 (14.7) の解である．同様にして，θ_3 も式 (14.7) の解であることが示される．

(b) 問題 14.2(a) で示したように，

$$\theta_2(t) = \frac{C^2}{4\pi Dt} \exp\left(-\frac{x^2+y^2}{4Dt}\right)$$

$$\theta_3(t) = \frac{C^3}{(4\pi Dt)^{3/2}} \exp\left(-\frac{x^2+y^2+z^2}{4Dt}\right)$$

である．したがって，

$$C_2 = \frac{C^2}{4\pi D}, \quad C_3 = \frac{C^3}{(4\pi D)^{3/2}}$$

となる．また，$C=1$ のとき，θ_2 と θ_3 は規格化される．

14.3 土の中の温度変化 最低温度 $\theta_{\min}$ は,

$$\theta_{\min} = \theta_0 - \theta_{\mathrm{d}}\left[\exp\left(-\frac{z}{L_{\mathrm{d}}}\right) + \exp\left(-\frac{z}{L_{\mathrm{a}}}\right)\right]$$

と表される.ここで,L_{d} は 1 日に対する侵入深さ,L_{a} は 1 年に対する侵入深さである.1 日の周期 $T_{\mathrm{d}} = 24\,\mathrm{hr} = 86400\,\mathrm{s}$ と 1 年の周期 $T_{\mathrm{a}} = 365\,\mathrm{days} = 31536000\,\mathrm{s}$ を用いると,

$$L_{\mathrm{d}} = \left(\frac{2D}{\omega_{\mathrm{d}}}\right)^{1/2} = \left(\frac{DT_{\mathrm{d}}}{\pi}\right)^{1/2} = 5.24\,\mathrm{cm} \simeq 5\,\mathrm{cm}$$

$$L_{\mathrm{a}} = \left(\frac{2D}{\omega_{\mathrm{a}}}\right)^{1/2} = \left(\frac{DT_{\mathrm{a}}}{\pi}\right)^{1/2} = 100.2\,\mathrm{cm} \simeq 1\,\mathrm{m}$$

となる.なお,ここで

$$\omega_{\mathrm{d}} = \frac{2\pi}{T_{\mathrm{d}}}, \qquad \omega_{\mathrm{a}} = \frac{2\pi}{T_{\mathrm{a}}}$$

である.

$\theta_0 = \theta_{\mathrm{d}} = 10°\mathrm{C}$ であり,$\theta_{\min} = 0\,°\mathrm{C}$ とすると,

$$\exp(-z) + \exp\left(-\frac{z}{0.05}\right) = 1, \qquad z = -0.05\ln[1 - \exp(-z)]$$

となる.この方程式を逐次代入法によって解く.
$z_0 = 1$ からはじめると,

$$z_1 = 2.29 \times 10^{-2},\ z_2 = 0.189,\ z_3 = 8.80 \times 10^{-2},\ z_4 = 0.124,$$

$$z_5 = 0.108,\ z_6 = 0.114,\ z_7 = 0.111,\ z_8 = 0.113,\ z_9 = 0.112,$$

$$z_{10} = 0.112$$

となるから,

$$z = 0.112\ \mathrm{m} = 11.2\,\mathrm{cm}$$

と決定できる.

14.4 平板の冷却 図 19 のように,平板内の温度分布が周期 $4a$ の正弦波の一部であると考える.

このとき,温度分布 $\theta(x,t)$ は次のように表される.

$$\theta(x,t) - \theta_0 = \sum_n A_n(t)\cos\frac{n\pi x}{2a} \qquad (n\ \text{は奇数})$$

$$A_n(t) = \frac{1}{2a}\int_{-2a}^{2a}[\theta(x,t) - \theta_0]\cos\frac{n\pi x}{2a}\,\mathrm{d}x$$

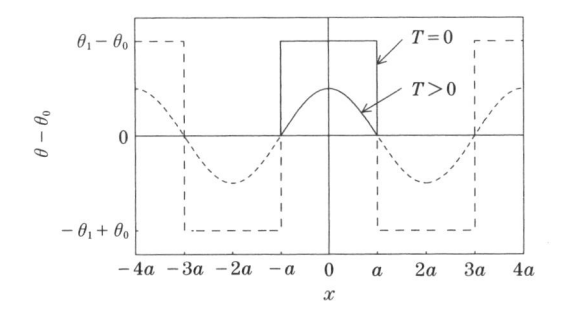

図 19 平板内の温度分布

$t = 0$ のときは，
$$A_n(0) = \frac{2}{2a}(\theta_1 - \theta_0) \int_0^a \cos\frac{n\pi x}{2a}\,dx = \frac{2}{n\pi}(\theta_1 - \theta_0)$$
である．

$\theta(x,t)$ に関する上の式を式 (14.7) に代入すると，
$$-D\sum_n \left(\frac{n\pi}{2a}\right)^2 A_n(t) \cos\frac{n\pi x}{2a} = \sum_n \dot{A}_n(t) \cos\frac{n\pi x}{2a}$$
となる．ただし，$A_n(t)$ の上のドットは，時間に関する微分を表す．これが，すべての x について成り立つためには，
$$\dot{A}_n(t) = -D\left(\frac{n\pi}{2a}\right)^2 A_n(t)$$
となることが必要である．したがって，
$$A_n(t) = A_n(0)\exp\left[-D\left(\frac{n\pi}{2a}\right)^2 t\right] = \frac{2}{n\pi}(\theta_1 - \theta_0)\exp\left[-D\left(\frac{n\pi}{2a}\right)^2 t\right]$$
が導かれる．

十分時間が経過すると，$A_1 \gg A_2 \gg \cdots$ だから，平板の中心 $x = 0$ での温度 $\theta(0,t)$ と表面の温度 θ_0 の差は，
$$\theta(0,t) - \theta_0 = A_1(t) = \frac{2}{\pi}(\theta_1 - \theta_0)\exp\left(-\frac{D\pi^2}{4a^2}t\right)$$
となる．これが $0.01(\theta_1 - \theta_0)$ に等しくなる時間 t_d は，
$$t_d = \frac{4a^2}{D\pi^2}\ln\frac{200}{\pi}$$
で与えられる．

14.5 p–n 接合：一定の表面濃度からの不純物の拡散　式 (14.14) から

$$n_{\mathrm{d}}(x) = n_{\mathrm{d}}(0)\left[1 - \mathrm{erf}\left(\frac{x}{(4Dt)^{1/2}}\right)\right]$$

である．$n_{\mathrm{d}} = n_{\mathrm{a}}$ となるとき，

$$\mathrm{erf}\left(\frac{x}{(4Dt)^{1/2}}\right) = 1 - \frac{n_{\mathrm{a}}}{n_{\mathrm{d}}(0)} = 0.9$$

だから

$$x = 7.34 \times 10^{-7} t^{1/2} = Ct^{1/2}$$

である．したがって，次の結果が得られる．

$$C = 7.34 \times 10^{-7} \; \mathrm{cm} \cdot \mathrm{s}^{-1/2}$$

14.6 内部に熱源がある場合の熱拡散　式 (14.4) から，円筒や球に対して，

$$J_u = -K\frac{\mathrm{d}\tau}{\mathrm{d}r}$$

である．中心から距離 r の位置から外部に放出されるすべての熱は，半径 r の内側の領域で生成されるすべての熱に等しい．

(a) 円筒の長軸の長さを L，半径を R とする．

$$2\pi r L J_u = \pi r^2 L g_u$$

だから

$$J_u = -K\frac{\mathrm{d}\tau}{\mathrm{d}r} = \frac{1}{2}g_u r, \qquad \frac{\mathrm{d}\tau}{\mathrm{d}r} = -\frac{g_u}{2K}r$$

となる．したがって，

$$\tau(R) = -\int_0^R \frac{g_u}{2K} r \, \mathrm{d}r = -\frac{g_u R^2}{4K} + \tau(0)$$

が得られる．これから，中心における温度上昇は，次のようになる．

$$\tau(0) - \tau(R) = \frac{g_u R^2}{4K}$$

(b) 球の表面から外部に放出される熱は，球の内側で生成される熱に等しい．そこで，球の半径を R とすると，

$$4\pi r^2 L J_u = \frac{4}{3}\pi r^3 g_u$$

と表される．これから

$$J_u = -K \frac{d\tau}{dr} = \frac{1}{3} g_u r, \qquad \frac{d\tau}{dr} = -\frac{g_u}{3K} r$$

となる．したがって，

$$\tau(R) = -\int_0^R \frac{g_u}{2K} r \, dr = -\frac{g_u R^2}{6K} + \tau(0)$$

が得られる．これから，中心における温度上昇は，次のようになる．

$$\tau(0) - \tau(R) = \frac{g_u R^2}{6K}$$

14.7 原子炉の大きさの臨界値 式 (14.3) に生成項 n/t_0 を加えると，

$$\frac{\partial n}{\partial t} = \frac{n}{t_0} + D_n \nabla^2 n$$

となる．この方程式は，

$$n(x,y,z,t) \propto \exp\left(\frac{t}{t_1}\right) \cos(k_x x) \cos(k_y y) \cos(k_z z)$$

の形の解をもつから，これを上の方程式に代入すると，正味の時定数を t_1 として，

$$\frac{1}{t_1} = \frac{1}{t_0} - D_n \left(k_x{}^2 + k_y{}^2 + k_z{}^2\right)$$

が導かれる．ここで，$k_x L, k_y L, k_z L$ は π の整数倍である．中性子濃度が時間とともに増加する，すなわち，

$$\frac{\partial n}{\partial t} > 0$$

となるのは $t_1 > 0$ の場合であり，このとき

$$\frac{1}{t_0} > D_n \left(k_x{}^2 + k_y{}^2 + k_z{}^2\right)$$

となる．さて，k_x, k_y, k_z の最小値は π/L だから，次式が成り立つ．

$$\frac{1}{t_0} > D_n \left(k_x{}^2 + k_y{}^2 + k_z{}^2\right) \geq 3D_n \frac{\pi^2}{L^2}$$

この結果から，

$$L > \sqrt{3\pi^2 D_n t_0} \equiv L_{\text{crit}}$$

ならば，中性子濃度が時間とともに増加することがわかる．しかし，現実の原子炉では，中性子生成レート g_n が温度上昇と主に減少するので，このような増加は停止する．

付録A 熱物理学・統計物理学における物理量の関係

本書で扱った物理量の相互の関係をまとめて示す.

A.1 エントロピー σ, S

状態数(多重度関数)を $g(N,U)$ とすると,エントロピー σ, S は次式で表される.

$$\sigma(N,U) \equiv \ln g(N,U) \tag{A.1}$$

$$S = k_B \sigma \tag{A.2}$$

ここで, N は粒子数, U はエネルギー, k_B はボルツマン定数である.

A.2 温度 T, τ

絶対温度 T と基本温度 τ は,ボルツマン定数 k_B,エントロピー σ,内部エネルギー U を用いて,次のように表される.粒子数 N が一定であることに注意してほしい.

$$\frac{1}{T} = k_B \left(\frac{\partial \sigma}{\partial U}\right)_N = \left(\frac{\partial S}{\partial U}\right)_N \tag{A.3}$$

$$\frac{1}{\tau} = \left(\frac{\partial \sigma}{\partial U}\right)_N \tag{A.4}$$

$$\tau = k_B T = \tau(U,N) \tag{A.5}$$

$$\tau = \left(\frac{\partial U}{\partial \sigma}\right) = \tau(\sigma,N) \tag{A.6}$$

A.3　分配関数 Z

分配関数 $Z(\tau)$ は，状態 s のエネルギーが ϵ_s のとき，次式で定義される．

$$Z(\tau) = \sum_s \exp\left(-\frac{\epsilon_s}{\tau}\right) \tag{A.7}$$

A.4　熱容量 C_V

系の体積 V が一定の場合，熱容量 C_V は，

$$C_V \equiv \tau \left(\frac{\partial \sigma}{\partial \tau}\right)_V \tag{A.8}$$

で定義される．粒子数 N が一定ならば，次式のように表される．

$$C_V \equiv \left(\frac{\partial U}{\partial \tau}\right)_V \tag{A.9}$$

A.5　圧力 p

$$p = -\left(\frac{\partial U}{\partial V}\right)_\sigma \tag{A.10}$$

$$p = \tau \left(\frac{\partial \sigma}{\partial V}\right)_U \tag{A.11}$$

A.6　ヘルムホルツの自由エネルギー F

ヘルムホルツの自由エネルギー F は，次式で定義される．

$$F \equiv U - \tau\sigma \tag{A.12}$$

ヘルムホルツの自由エネルギー F を用いると，エントロピー σ と圧力 p は，

次のように表すこともできる.

$$\sigma = -\left(\frac{\partial F}{\partial \tau}\right)_V, \qquad p = -\left(\frac{\partial F}{\partial V}\right)_\tau \tag{A.13}$$

$$p = -\left(\frac{\partial U}{\partial V}\right)_\tau + \tau\left(\frac{\partial \sigma}{\partial V}\right)_\tau \tag{A.14}$$

また，分配関数 Z との間に

$$F = -\tau \ln Z \tag{A.15}$$

という関係がある.

A.7 化学ポテンシャル μ

化学ポテンシャル μ は系の粒子の流れを支配しており，次式で定義される.

$$\mu(\tau, V, N) \equiv \left(\frac{\partial F}{\partial N}\right)_{\tau,V} = -\tau\left(\frac{\partial \sigma}{\partial N}\right)_{U,V} \tag{A.16}$$

A.8 基本温度 τ, 圧力 p, 化学ポテンシャル μ

基本温度 τ, 圧力 p, 化学ポテンシャル μ は，エントロピー σ, エネルギー U, ヘルムホルツの自由エネルギー F を用いて表すことができる．これを表 A.1 に

表 A.1 基本温度 τ, 圧力 p, 化学ポテンシャル μ をエントロピー σ, エネルギー U, ヘルムホルツの自由エネルギー F の偏微分で表した．ここで，σ, U, F は，独立変数の関数である．

	$\sigma(U,V,N)$	$U(\sigma,V,N)$	$F(\tau,V,N)$
τ	$\frac{1}{\tau} = \left(\frac{\partial \sigma}{\partial U}\right)_{V,N}$	$\tau = \left(\frac{\partial U}{\partial \sigma}\right)_{V,N}$	—
p	$\frac{p}{\tau} = \left(\frac{\partial \sigma}{\partial V}\right)_{U,N}$	$-p = \left(\frac{\partial U}{\partial V}\right)_{\sigma,N}$	$-p = \left(\frac{\partial F}{\partial V}\right)_{\tau,N}$
μ	$-\frac{\mu}{\tau} = \left(\frac{\partial \sigma}{\partial N}\right)_{U,V}$	$\mu = \left(\frac{\partial U}{\partial N}\right)_{\sigma,V}$	$\mu = \left(\frac{\partial F}{\partial N}\right)_{\tau,V}$

まとめて示す.

A.9　熱力学の恒等式

系が熱平衡状態にあるときの熱力学の恒等式は，次式で与えられる.

$$\tau \mathrm{d}\sigma = \mathrm{d}U + p\,\mathrm{d}V \tag{A.17}$$

系が熱平衡かつ拡散平衡状態にあるときの熱力学の恒等式は，次式で与えられる.

$$\mathrm{d}U = \tau \mathrm{d}\sigma - p\,\mathrm{d}V + \mu\,\mathrm{d}N \tag{A.18}$$

A.10　ギブス和 $\mathcal{Z}$

系 $\mathcal{S}$ が熱浴 $\mathcal{R}$ と熱的に接触している場合，ボルツマン因子の和として分配関数 Z を定義した．一方，熱的接触かつ拡散接触している場合，ギブス因子の和としてギブス和 (Gibbs sum) $\mathcal{Z}$ を次式で定義する.

$$\mathcal{Z}(\mu,\tau) = \sum_{N=0}^{\infty} \sum_{s(N)} \exp\left(\frac{N\mu - \epsilon_{s(N)}}{\tau}\right) = \sum_{\mathrm{ASN}} \exp\left(\frac{N\mu - \epsilon_{s(N)}}{\tau}\right) \tag{A.19}$$

ここで，和はすべての粒子に対して，系のすべての状態にわたってとる．また，和に $N=0$ を含めることに注意してほしい.

A.11　エンタルピー H

エンタルピー H は，次式で定義される.

$$H = U + pV \tag{A.20}$$

A.12　ギブスの自由エネルギー G

ヘルムホルツの自由エネルギーは，体積と温度が一定の系に対する指標であった．これに対して，圧力と温度が一定の系に対する指標であるギブスの自由エネ

ルギー G は，次式で定義される．

$$G \equiv U - \tau\sigma + pV = F + pV = H - \tau\sigma \tag{A.21}$$

熱力学の恒等式を用いると，dG は

$$dG = \mu\,dN - \sigma\,d\tau + V\,dp \tag{A.22}$$

と表される．これから

$$\mu = \left(\frac{\partial G}{\partial N}\right)_{\tau,p} \tag{A.23}$$

$$\sigma = -\left(\frac{\partial G}{\partial \tau}\right)_{N,p} \tag{A.24}$$

$$V = \left(\frac{\partial G}{\partial p}\right)_{N,\tau} \tag{A.25}$$

という関係が導かれる．

参 考 文 献

[1] 久保亮五：統計力学, 改訂版 (共立出版, 1971).
[2] 戸田盛和, 久保亮五 編：岩波講座 現代物理学の基礎 5, 統計物理学, 第 2 版 (岩波書店, 1978).
[3] 原島 鮮：熱力学・統計力学, 改訂版 (培風館, 1978).
[4] 橋爪夏樹：熱・統計力学入門 (岩波書店, 1981).
[5] 砂川重信：熱・統計力学の考え方 (岩波書店, 1993).
[6] 久保亮五 編：大学演習 熱学・統計力学, 修訂版 (裳華房, 1998).
[7] 田崎晴明：熱力学—現代的な視点から (培風館, 2000).
[8] ランダウ, リフシッツ：統計物理学, 第 3 版 (上, 下) (岩波書店, 1980).
[9] E. Fermi: *Thermodynamics* (Dover, 1956) [加藤正昭 訳：フェルミ熱力学 (三省堂, 1973).
[10] C. Kittel: *Elementary Statistical Physics* (John Wiley & Sons, 1958) [斎藤信彦, 広岡 一 訳：統計物理 (サイエンス社, 1977)].
[11] F. Reif: Berkeley Physics Course Vol.5, *Statistical Physics* (McGraw-Hill, 1964) [久保亮五 監訳：統計物理 (上, 下) (丸善, 1970)].
[12] F. Reif: *Fundamentals of Statistical and Thermal Physics* (McGraw-Hill, 1965) [中山寿夫, 小林祐次 訳：統計熱物理学の基礎 (上, 中, 下) (吉岡書店, 1977, 1978, 1981)].
[13] E. Fermi: *Notes on Thermodynamics and Statistics* (The University of Chicago Press, 1966).
[14] C. Kittel and H. Kroemer: *Thermal Physics*, 2nd ed. (Freeman, 1980) [山下次郎, 福地 充 訳：キッテル熱物理学, 第 2 版 (丸善, 1983)].
[15] M. Toda, R. Kubo, and N. Saito: *Statistical Physics* I, Equilibrium Statistical Mechanics (Springer, 1983).
[16] R. Kubo, M. Toda, and N. Hashitsume: *Statistical Physics* II, Nonequilibrium Statistical Mechanics (Springer, 1985).
[17] R. Kubo: *Statistical Mechanics* (North-Holland, 1990).

[18] W. Greiner, L. Neise, and H. Stöcker: *Thermodynamics and Statistical Mechanics* (1995, Springer) [伊藤伸泰, 青木圭子 訳:熱力学・統計力学 (シュプリンガー・フェアラーク東京, 1999)].

索　引

あ　行

アインシュタイン温度　132
アインシュタイン凝縮　58
アインシュタイン凝縮温度　59
アインシュタインの関係　109
アクセプター　98

一般化された力　109
移動度　101

ヴィーデマン–フランツの比　237

エネルギーギャップ　97
エネルギー変換効率　63
エンタルピー　89
エントロピー　7

オーバーハウザー効果　133

か　行

外因性半導体　98
ガウス分布　2
化学ポテンシャル　30
拡散接触　29
拡散方程式　117
価電子帯　95
カルノー係数　66
カルノー効率　64
カルノー・サイクル　67
カルノーの不等式　65
乾断熱気温低下率　178

気体定数　80

軌道　1
軌道密度　56
擬フェルミ準位　100
ギブス因子　32
ギブスの自由エネルギー　72
ギブス和　33
基本温度　7

クラウジウス–クラペイロンの方程式　79
グランドカノニカル分配関数　34
クロード・サイクル　91

光子　19
誤差関数　119
古典分布関数　42
古典領域　44
混合のエネルギー　86
コンダクタンス　113

さ　行

サックール–テトロード方程式　45

質量作用の法則　75
縮退　55
縮退度　1
シュテファン–ボルツマン定数　22
シュテファン–ボルツマンの放射法則　21
ジュール–トムソン効果　90
蒸気圧方程式　79
状態密度　56
真性キャリア濃度　97
真性半導体　95

スターリングの近似　2

スピン 2
スピン差 2
スループット 113

正孔 95
析出係数 86
絶対活動度 34
潜熱 79

た 行

大気圧方程式 168
大分配関数 34
太陽定数 24
多重度 1
多重度関数 2

デバイ温度 23
伝導帯 95
伝導電子 95

閉じた系 4
ドナー 98
ドーピング 98
ド・ブロイ波長 43

な 行

熱機関 63
熱的接触 5
熱伝導方程式 117
熱伝導率 107
熱ポンプ 67
熱容量 12
熱浴 10
熱力学の恒等式 13
粘性係数 107

は, ま行

パウリの排他律 40
半導体 95

非縮退 96

比熱 12
ファン・デル・ワールスの状態方程式 81
フィックの法則 106
フェルミ液体 189
フェルミ・エネルギー 41
フェルミ温度 55
フェルミ準位 41, 96
フェルミ速度 56
フェルミ–ディラック分布関数 40
フェルミ粒子 4, 40
フォノン 22
不純物半導体 98
プランクの放射則 22
プランク分布関数 19
フーリエの法則 107
分散関係 118
分配関数 11

平均自由行程 107
平衡定数 74
ヘルムホルツの自由エネルギー 14

ポアソンの分布則 36
放射エネルギー流束密度 22
ボーズ–アインシュタイン分布関数 42
ボーズ粒子 41
ボルツマン因子 11
ボルツマン定数 7
ボルツマンの輸送方程式 110

マクスウェルの速度分布 105

や, ら行

有効状態密度 97

溶解度ギャップ 85

理想気体 44
理想気体の法則 44
量子濃度 43
臨界温度 78
リンデ・サイクル 90

冷却性能係数 66

熱物理学・統計物理学演習
キッテルの理解を深めるために

| | 平成 13 年 2 月 15 日　発　　　行 |
| | 令和 5 年 2 月 10 日　第 8 刷発行 |

著　者　　沼　居　貴　陽

発行者　　池　田　和　博

発行所　　丸善出版株式会社
　　　　　〒101–0051　東京都千代田区神田神保町二丁目17番
　　　　　編集：電話(03)3512–3267／FAX(03)3512–3272
　　　　　営業：電話(03)3512–3256／FAX(03)3512–3270
　　　　　https://www.maruzen-publishing.co.jp

ⓒ Takahiro Numai, 2001

印刷・製本／三美印刷株式会社

ISBN 978-4-621-04857-3 C3042　　　　Printed in Japan

本書の無断複写は著作権法上での例外を除き禁じられています。